普通高等教育机器人工程专业系列教材

移动机器人学

张智军　郭锦嘉　林文蔚　罗亚梅　编著

机 械 工 业 出 版 社

本书是一本全面介绍移动机器人设计与应用的书籍，由数学基础章节开篇，详细解释了机器人学中所需的线性代数、概率论和优化方法，为介绍后续复杂概念奠定基础；接着，讨论移动机器人的硬件知识，包括传感器、执行器和处理器等关键组件的选择与集成方法；并对机器人操作系统（ROS）进行了深入讲解，详述了其在机器人编程和模拟中的应用；在移动机器人运动学章节中，介绍了机器人的位置、姿态表示和运动控制策略，确保读者能够理解和应用这些关键概念；还深入探讨了移动机器人定位与建图、路径规划与自主导航，通过丰富的图示和实例，展示了如何在不确定的环境中实现精确的自我定位和高效的路径规划；书中进一步介绍了利用神经网络进行运动规划与控制的前沿技术，展现了人工智能在移动机器人领域的应用潜力；最后，探讨了移动机器人的人机交互技术，从简单的命令和控制到复杂的交互对话和合作行为，指出了提高机器人对人类需求响应性和友好度的方法。

本书不仅适合作为高等院校机器人工程专业的教材，也适合所有对移动机器人技术感兴趣的专业人士和爱好者。通过结合理论分析和实践案例，本书为读者指明了一条通往高效、智能移动机器人设计和应用的清晰路径。

本书配有授课电子课件、教案等配套资源，需要的教师可登录www.cmpedu.com 免费注册，审核通过后下载，或联系编辑索取（微信：18515977506，电话：010-88379753 ）。

图书在版编目（CIP）数据

移动机器人学 / 张智军等编著. -- 北京：机械工业出版社，2025.1. --（普通高等教育机器人工程专业系列教材）. -- ISBN 978-7-111-76583-7

Ⅰ. TP242

中国国家版本馆 CIP 数据核字第 2024FW9400 号

机械工业出版社（北京市百万庄大街 22 号　邮政编码 100037）

策划编辑：汤　枫　　　　　　　责任编辑：汤　枫
责任校对：樊钟英　李　婷　　　责任印制：邓　博
北京盛通数码印刷有限公司印刷

2025 年 1 月第 1 版第 1 次印刷
184mm×260mm · 12.75 印张 · 290 千字
标准书号：ISBN 978-7-111-76583-7
定价：59.00 元

电话服务　　　　　　　　　　　　网络服务

客服电话：010-88361066　　　机　工　官　网：www.cmpbook.com
　　　　　010-88379833　　　机　工　官　博：weibo.com/cmp1952
　　　　　010-68326294　　　金　书　网：www.golden-book.com
封底无防伪标均为盗版　　机工教育服务网：www.cmpedu.com

前　言

移动机器人技术集控制、通信、感知、机械等多个学科技术于一体，一直是学者们高度关注的研究领域。随着科学技术快速发展，移动机器人技术日趋成熟并逐渐应用于人们的日常生活中，如自动引导运输车（AGV）、迎宾机器人、辅助驾驶车辆等。应用场景越复杂，对移动机器人的智能化要求就越高。其中自主导航、移动避障、轨迹跟踪则是移动机器人最基础也是最关键的功能，对提升移动机器人的智能化具有非常重要的研究意义。

随着人工智能、传感器技术和自主控制系统的不断发展，移动机器人已经具备了更强的感知能力、智能决策能力和自主行动能力。从工业生产到日常生活，从室内环境到户外复杂地形，移动机器人正在发挥越来越重要的作用。移动机器人不仅可以在制造业领域发挥作用，还在服务、医疗、农业、物流等多个行业展现出了巨大潜力。本书旨在深入探讨移动机器人学的基础理论、技术方法和应用前景，为读者提供全面而系统的参考资料。

本书以移动机器人技术基本概念、基本理论、基本方法、典型工程实例为主线，介绍了移动机器人的不同类型、数学基础、硬件结构、控制系统、运动学、定位与建图、路径规划与自主导航、运动规划与优化控制以及人机交互等内容。全书共9章，第1章概述了移动机器人的应用和发展现状，介绍了各种类型的移动机器人；第2章讲述了研究移动机器人的数学基础；第3章讲述了移动机器人的硬件机构设计；第4章讲述了机器人操作系统（ROS）的安装和使用方法；第5章讲述了移动机器人运动学知识；第6章讲述了移动机器人的定位与建图方法；第7章讲述了移动机器人的路径规划和自主导航方法；第8章讲述了利用神经网络进行运动规划和优化控制的方法；第9章讲述了一些移动机器人人机交互的前沿技术。

通过本书的学习，读者将能掌握移动机器人学的基本原理和方法，了解移动机器人的构成要素和工作原理，掌握移动机器人的设计、控制和规划方法，以及应用于各种实际场景中的技术和解决方案。本书适合机器人工程、自动化及机电类专业本科生、大专生使用。作为研究生用书时，部分章节内容应适当加深。

本书由张智军、郭锦嘉、林文蔚、罗亚梅编著。其中郭锦嘉编写第4章、第7章和第8章，林文蔚编写第1章、第3章和第5章，罗亚梅编写第2章、第6章和第9章，蓝浩继参与了全书的文字校对和资料整理，全书由张智军统稿。

本书受华南理工大学研究生重点课程建设项目（教材）（D623006019）资助，部分资助来自国家自然科学基金项目（61976096 和 62373157）、国家高层次人才特殊支持计划（万人计划青年科技创新领军人才项目）（C7220060）、广东省科技计划国际科学研究合作项目（2023A0505050083）、广东省基础与应用基础研究基金（2020B1515120047）、广东省杰出青年科学基金项目（2017A030306009）、广东省特殊支持计划（2017TQ04X475）、华南理工大学-天下谷联合实验室（x2zdD8212590）、国家重点研发计划项目（2017YFB1002505）、广东省重点研发计划项目（2018B030339001）、广东省自然科学基金研究团队项目（1414060000024）、广东省软科学研究计划项目（2024A1010030001），在此表示感谢。

　　由于移动机器人技术的不断完善和广泛应用，对移动机器人功能和性能的要求也在不断提高，新兴技术对相关理论和方法产生着深远影响。因此，移动机器人学领域的理论和方法仍在不断发展和完善之中。本书在撰写过程中，受制于时间和资源的限制，难免存在不足之处，望读者能够理解并给予批评指正。最后，我们衷心感谢所有支持本书编写和出版的业者和个人，正是有了你们的支持和鼓励，本书才得以顺利完成。愿我们共同努力，推动移动机器人技术的发展，为人类社会的进步和发展做出应有贡献。

编　者

目　　录

第1章 绪论

近年来，随着科技的快速进步和创新，智能机器人的技术研究引起了学者们的广泛关注，未来智能机器人的研究和实际应用具有广阔的升级和开发空间。机器人技术不是仅涉及传统的机器人控制，而是集成了计算机科学、自动化、车辆工程、电气工程、机械电子工程等多学科的跨学科技术。目前，智能机器人是人工智能技术发展中较为活跃的研究领域之一，支持和推进智能机器人领域技术的研究，不仅能更好地促进中国制造业和服务业的智能化发展，还能推动信息处理技术、人工智能算法、控制科学等相关领域研究的进步，具有重要研究意义。

1.1 移动机器人概述

目前，机器人的研究快速发展，其研究应用分支领域逐渐趋于多元化。例如，工厂制造的工业机器人、医院和养老机构的医疗康复机器人、抢险救灾的特种机器人、商业中心的服务向导机器人以及自动导航的移动机器人等。其中，移动机器人是众多分支中应用较为广泛的，是各种类型机器人研究的基础。移动机器人又称为智能移动机器人，它集环境识别感知、实时动态决策与自主规划、运动控制等于一体，具有自主组织、自主运营和自主规划的功能。拥有完整的控制系统是移动机器人的主要特征，其通过如摄像头、雷达、声呐等传感器获取周围附近环境的信息，对移动中不断变化的环境信息做出相应的决策和判断，能够实现自我定位、独立感知周围环境、向执行器输出控制指令，最终驱动电动机根据指令完成运动过程。因此，移动机器人运行过程的研究覆盖领域广泛，其应用也越来越广泛。

移动机器人已经逐渐出现在日常生活的各个领域，其身影和应用随处可见。基于应用环境场景的不同来划分，移动机器人具体可应用于陆地、水下、空中以及航天四个环境场景。移动机器人在陆地场景应用众多（图1-1），如上海快仓智能科技有限公司研发的 AGV 物流分拣机器，其具有自动接收订单、定位自身和货物、货物分拣等功能，极大地提高了快递物流效率；又如服务业的迎宾机器人、送餐机器人、环境消杀机器人等，它们通常具备环境感知、自主导航、人机交互等功能，是陆地机器人的典型应用。在水下机器人方面，美国 Woods Hole 海洋研究所自主研发的水下自主机器人 Nereus，能对水深 10902m 的海底进行探测。在空中机器人方面，从民用的大疆飞行云台到美国军用的全球鹰无人机实战侦察，都应用了移动机器人技术。在航空移动机器人方面，我国于 2019 年成功发射"玉兔二号"到月球表面与"玉兔一号"互相拍照，到 2020 年"嫦娥五号"实现对月球的"绕""落""回"并取回 2kg 月壤，都体现了移动机器人应用。以驱动方式可以将移动机器人分为足式移动机器人、仿人形机器人和轮式移动机器人等。足式移动机器人受昆虫、动物的生理结构和运动方式启发，主要研究机器人运动的姿态控制、机器人在特殊地形上的运动；仿人形机器人则对人类进行仿生设计，以人类外表设计而成的机器人更加注重机器人与人类的交互体验研究；轮式移动机器人则直接通过电动机驱动轮子实现行走，结构简单，主要集中在高精度、高鲁棒性的运动控制、环境感知及无人导航研究上。

a）快仓 AGV   b）服务机器人

c）水下机器人   d）空中机器人

图 1-1　移动机器人应用

目前，轮式移动机器人是陆地移动机器人研究的代表，由于其驱动方式比普通机器人的运动更为灵活和机动，其担任的任务一般为体力消耗大或者危险的场所，代替人类完成危险任务，所以广泛应用于工业生产、服务行业、农牧业、军事等领域。在从未到达过的环境中自主导航建图是这类移动机器人的主要功能，其能够在任意的起点稳定、安全地到达目的地。移动机器人的运动过程通常包括环境感知、自主定位建图、路径规划和运动控制这四个部分。具体流程是通过移动机器人上的图像、距离传感器获取环境的特征和相对距离信息，计算机根据获取到的信息对自身位姿进行定位并进行地图构建，在已建好的地图上对目标地点进行路线分析导航，最终根据给定的路线命令控制移动机器人向目标地点驶去。在移动机器人基于感知的环境信息进行自主定位建图和路径规划的过程中，对未知环境的建图和定位本身就是一个矛盾的问题，学者们对此提出了同时定位与建图（Simultaneous Localization and Mapping，SLAM）方法。从 SLAM

的提出到现在，学者们提出了许多类型的算法框架，基本实现了移动机器人的自动导航功能。在运动控制上，主要研究重点集中在智能机器人轨迹跟踪控制方法上，通过设计可行稳定的控制律，机器人能够实时且稳定地跟踪给定的参考轨迹到达目标地点。随着神经网络的神经动力学的发展，轨迹跟踪方法的研究又有了新的发展，传统的模型预测控制算法、自适应控制、滑模控制等结合神经网络的研究开始出现，但效果仍然有待提高。综合上述移动机器人的应用和研究背景，对移动机器人的环境感知、自主导航和轨迹跟踪控制进行研究具有极其重要的理论意义和实际价值。

1.2　移动机器人的发展

移动机器人的研究始于 20 世纪 60 年代末期，目的是应用人工智能技术，实现在复杂环境下机器人系统的自主推理、规划和控制。

1.2.1　移动机器人发展历史

国外的移动机器人研究相较于国内起步早，美国是移动机器人研究成果较为突出的国家之一。早在 20 世纪 60 年代，全球第一台智能移动机器人 Shakey（图 1-2a）在美国斯坦福研究所的人工智能中心研发成功，它能感知周边环境信息，根据感知到的信息创建运动任务，在任务执行过程中自我推理并不断纠正错误，且能用简单的英语与人进行交流。因此，Shakey 的软、硬件架构和导航方法深刻影响着机器人的后续研究，推动了移动机器人的发展。随后，20 世纪 70 年代，斯坦福大学再一次成功开发了一种基于视觉传感器的移动机器人 Cart（图 1-2b），它具备利用自身的计算机来识别轨迹的能力，然后进行目标轨迹跟踪。20 世纪 80 年代之后，随着计算机算力的提升和人工智能算法理论研究的发展，机器学习、神经网络等人工智能算法的兴起，移动机器人的发展达到了更高的水平，极大地丰富了机器人的研究内容和应用场景。其中，美国、欧洲和日本都做出了理论研究突破。1997 年，在日本名古屋举办了第一届机器人足球世界杯（图 1-2c），来自美国、欧洲、澳大利亚和日本的 40 多支队伍参加了这次移动机器人足球比赛，使得移动机器人逐渐从理论走向大众应用。2003 年，美国宇航局已经开发出航天级移动机器人"火星漫游者"（MER）（图 1-2d）登陆火星执行任务，"火星漫游者"基于对两幅 256×256 大小的立体图像的跟踪，独立选择地形特征进行移动，并且可以计算火星漫游者运动姿态的 6 个自由度变化。近年来，波士顿动力（Boston Dynamics）公司开发了一款轮式机器人名为"Handle"，它的垂直起跳高度可以达到 1.2 m，能够在斜坡上行走并保持平衡不倒。

在移动机器人研究上，尽管国内起步较晚，但经过几代科研工作者的努力以及国家政策的支持，我国近年来在移动机器人方面的研究也取得了丰硕的学术和应用成果。1986 年，为了推动和发展国内智能机器人的研究，智能机器人技术被纳入国家"863"高技术研究发展计划中。1994 年，清华大学智能移动机器人自主研发成功，其中涉及的关键技术包括基于已知地图信息规划全局路径的技术、基于实时传感器信息规划路径的技术、信息融合技术以及智能机器人设计与搭建技术。2006 年，国防科技大学成功研发了具备自动驾驶功能的车辆"红旗 HQ3"，实现了机器人在高速公路上的自动驾驶和变线超车。2013 年，国家航天局在西昌发射"嫦娥三号"月球探测器，成功将"玉兔号"月球车（图 1-3a）送上月球，并超期服役到 2016 年，完成月球的无人探测任务。2019 年，"玉兔二号"月球车（图 1-3b）成功着陆月球背面，首次实现月球背面的着陆探测，对月球背面进行环境感知、路径规划导航，准确到达目标探测地点。同时，由于众多高校投身移动机器人的研究中，大量的研究成果成功孵化出成熟的商业机器人产品。总体来说，经过多年的发展，我国在移动机器人的关键技术上与国外的差距已经不大。如何降低搭建成本、如何结合多种传感器实现信息融合以及如何提高移动机器人的定位建图精度和运行鲁棒性，是当前移动机器人的研究热点。

a）Shakey 机器人

b）Cart 机器人

c）机器人世界杯

d）火星漫游者

图 1-2　国外移动机器人

a）"玉兔号"月球车

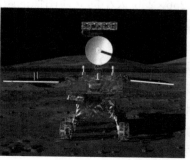
b）"玉兔二号"月球车

图 1-3　国内航天机器人

1.2.2 自主导航技术发展历史

移动机器人的自主定位建图和导航是指机器人在未知的环境中根据传感器信息实现定位、建图和导航功能，但定位和建图之间本身就是一个相互影响的问题。1988 年，Smith 等人对此提出了解决方案——同时定位与建图（SLAM）方法。SLAM 方法是移动机器人自主导航的技术基础，机器人只有在确定自身位姿的前提下，才能对已知的环境进行建模，并自主行驶到目标地点（图 1-4）。这一技术在自动驾驶、无人机、三维重建上应用广泛。从 SLAM 提出至今已经 30 余年，SLAM 技术的研究有了较大的发展，学者们提出了多种解决方案。其中，根据使用的理论不同，SLAM 主要可以分为基于滤波方法和基于图优化方法两种。

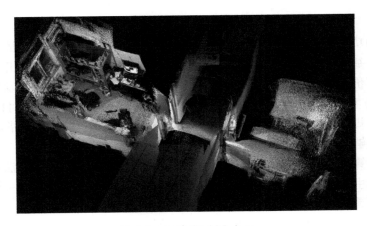

图 1-4　视觉 SLAM 点云

基于滤波的 SLAM 方法主要是基于贝叶斯理论，通过计算机器人的位置和路标的后验概率实现。在早期，滤波 SLAM 方法的主要代表是基于拓展卡尔曼滤波（Extend Kalman Filter，EKF）的 EKF-SLAM 算法，其通过环境噪声进行强假设，利用协方差矩阵对机器人的状态转移矩阵和地图路标进行估计，实现路标定位。随后，针对非线性的应用环境，基于粒子群滤波（Particle Filter，PF）的 Fast-SLAM 被提出，对地图位置信息利用粒子群算法进行非参数估计，每个粒子都具有独立的机器人位姿和对应的地图，同时结合 EKF 算法更新每个粒子对应的地图路标信息。但其通常要求路标的一致性已知，需要提前对路标进行确定，且由于粒子的数量要求比较多，该算法非常占用计算机资源。为了解决这些问题，Grisettiyz 等人提出了基于改进 Rao-Blackwellized Particle Filter（RBPF）的 SLAM 方法，通过改进粒子的建议分布和重采样方法降低粒子数量，并保持原有建图精度。这一算法就是经典的 Gmapping 算法，通常采用激光雷达实现。此外还有许多基于滤波的开源 SLAM 算法，如 Hector-SLAM 算法和 CRSM-SLAM 算法，这些算法在实现过程中都是以增量式的方式更新，所以基于滤波的 SLAM 方法也称为在线 SLAM（On-line SLAM）方法，通常应用于空间范围较小的室内环境。

基于图优化的 SLAM（Graph SLAM）方法，主要通过对机器人运动全过程的所有位姿以及所有路标的关系约束进行优化，求解最优的机器人位姿和地图路标位置。与基于滤波的 SLAM 方法增量式更新不同，这是一种全局的优化算法，称为完全 SLAM（Full-SLAM）方法。它把机器人的位姿抽象为点，位姿与位姿的转移和位姿与路标的观测作为边，而每一条边都是一个对位姿的非线性二次约束，图优化 SLAM 通过目标函数优化这些约束得到最接近真实情况的机器人位姿序列和路标位姿。谷歌公司开发的 Cartographer 算法就是其中一种可以应用激光雷达的图优化 SLAM 算法。相比于滤波 SLAM 方法，图优化 SLAM 方法具备回环检测，能进行全局地图优化，提高了建图的精度。此外，利用单目、双目、深度摄像头实现的图优化 SLAM 方法应用更加广泛，主要有 Karto-SLAM、LSD-SLAM、RGBD-SLAM、ORB-SLAM 等。视觉 SLAM 点云示意如图 1-4 所示。

1.2.3　机器人路径规划发展历史

路径规划功能是智能移动机器人自主导航的关键技术之一。其目标是在已经建立的地图环境中，基于一定路径评价指标，如最短路径、最短时间等，规划出从起始地点到目标地点的评价分数最高的无碰撞可行路径。随着路径规划研究的不断发展，移动机器人路径规划的主要研究方向是日趋复杂多变的环境，这些复杂的环境对机器人处理环境信息和路径规划是一个新的挑战，因此，路径规划算法不仅能以最优指标完成路径规划，还需要能够更快地对变化的环境做出路线调整。

路径规划算法通常可以拆分为全局路径规划算法和局部路径规划算法两个部分。全局路径规划的主要思路是，在先验地图的基础上，为移动机器人规划出一条从起始地点到目标地点、满足特定评价准则的最优路线，属于静态的路径规划算法；局部路径规划则是应用于动态变化的环境中，利用实时观测的传感器数据，对先验的地图信息补充实时的障碍信息，并根据数据规划出当前点到全局路径中的临时节点的最优路径，动态规划移动机器人的位姿变化路径，对全局路径规划进行补充，是一种动态的路径规划算法。

（1）全局路径规划

全局路径规划算法种类繁多。栅格法在室内移动机器人全局路径规划中应用较为广泛，其利用量化的栅格地图进行路径规划，是一种基于地图的路径规划方法（图 1-5）。Dijkstra 算法是早期基于地图的路径规划算法中的一种，其中心思想是以起始点为中心和搜索起点，对外围的节点进行逐层遍历搜索，选取每层中最短的可行路径节点，直到搜索到目标节点。虽然 Dijkstra 算法能够搜索得到全局地图中的最短路径，但其遍历节点过多，计算量过大。随后，学者们在 Dijkstra 算法的基础上加入了启发评价函数，提出了 A* 算法，对最优路径节点的搜索提供了搜索方向，极大地减少了盲目全局遍历时的节点数，同时可以保证最短路径的指标。后续的基于图全局路径规划算法都是基于 A* 算法的不断改进和变种，在 2007 年提出了 Theta* 算法，解决了 A* 算法因为地图栅格化带来的路径方向被人为限制导致的路径非最优的问题。Phi* 算法则根据 Theta* 算法，合理利用了历史的搜索信息来加快下一次搜索的速度，以增量的方式进行路径搜索，从而减少计算时间。另一种路径规划算法则是基于采样的节点搜索算法，主要包括快速扩展随机树（Rapidly-exploring Random Trees，RRT）算法、概率路图

（Probabilistic Road Map，PRM）法，这类算法的思想是对节点进行随机选取生成一个随机的路径节点树，当随机的树节点扩展到目标节点则停止搜索，并生成一条路径，得到全局规划的路径。

目前应用最为广泛的全局路径算法主要是 A* 算法和 RRT 算法，以这两种算法为路径规划基础的算法普遍应用于移动机器人的自主导航和自动驾驶领域。

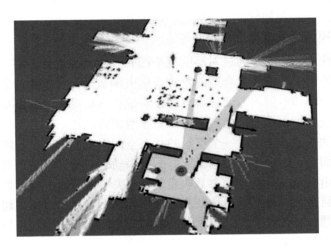

图 1-5　全局路径规划

（2）局部路径规划

人工势场（Artificial Potential Field）算法、时间弹性带（Timed Elastic Band，TEB）算法以及动态窗口算法（Dynamic Window Approach，DWA）都是较为常用和经典的局部路径规划算法。人工势场算法由 Khatib 研究提出，是一种基于虚拟力场的路径规划算法。该算法在环境中建立虚拟的力场环境，目标地点和障碍物分别会对移动机器人本体产生引力和斥力，机器人根据虚拟力场中合力的方向和大小进行行驶路径决策。相较于其他算法，人工势场算法实时性好，但传统的人工势场算法存在局部最优解和无法达到目标等问题，鲁棒性能有待提升。TEB 算法则是将局部路径规划问题转化为优化问题，通过对路径的长度、机器人的运动约束和动力约束、执行时间等多个目标进行加权优化，对这个多目标优化问题进行非线性优化，完成机器人的动态轨迹规划和运动控制。DWA 是由 Fox、Burgard、Thrun 等人提出的，通过以机器人为中心指定一个采样速度和角速度的动态窗口，并在窗口范围内进行采样，结合传感器的观测信息，对多个组可以到达临时窗口目标点的速度空间进行路径预测，以机器人的方向、与障碍的距离和机器人的速度大小参数作为评价标准来评估这些轨迹，最后，选择评分最高的一组速度作为下一个时间机器人的控制指令。

随着人工智能算法和计算机技术的快速发展，逐渐出现了与传统路径规划算法相结合的算法，既保留了传统算法的优势，同时加入了非线性的智能算法，从而实现更高精度、高鲁棒性的路径规划。这是当前较为热门的研究方向。

1.2.4　轨迹跟踪控制发展历史

　　轨迹跟踪是移动机器人底层运动系统的控制问题，一直是轮式移动机器人中被学者研究关注的热门方向。移动机器人的上层路径决策命令能否被准确无误地执行，其底层控制器的执行性能好坏是前提和关键。为了保证移动机器人能精确执行决策命令，早期的轨迹跟踪控制方法主要是基于运动方程为机器人底层执行器提供虚拟控制器，保证机器人能够渐近跟踪已经规划好的参考轨迹。国内外学者研究出了多种控制方法，主要包括反演控制、滑模控制、模型预测控制等。

　　在反演控制法中，主要是通过对高阶复杂的非线性系统进行分解，得到多个不同的低阶子系统，在各个子系统设计合适的李雅普诺夫函数确保稳定性，最后反演递推得到整个系统的可行控制律。但该方法的难点在于系统存在扰动和参数不确定性，在反演过程中求解整个系统的控制律是非常复杂的。对于滑模控制法，其主要的解决思路是基于机器人控制模型的表达式，设计一个可行的状态空间滑模面，通过控制律把系统状态量控制在这个滑模面上，实现系统根据设定好的参考轨迹进行运动。因此，机器人系统的控制质量完全是由设定好的滑模面参数决定的，解决了机器人系统参数和扰动干扰的问题。模型预测控制方法的基本思路是以系统当前的状态为起始状态，建立系统的状态转移方程的优化问题，对有限采样时间域内的控制优化问题进行求解，得到系统在预测时间域内最优的控制序列解，并将求解得到的序列第一个控制量，即当前时刻的控制量，作为系统控制输入，并不断迭代重复该过程实现最优控制。更重要的是，在求解具有非线性或多约束条件系统的优化问题上，模型预测控制方法也同样适用，其求解结构可以确保在系统的约束范围内，因此模型预测控制方法也常被应用于具有约束的机器人轨迹跟踪研究上。

1.2.5　神经网络求解发展历史

　　在应用模型预测控制算法求解机器人的轨迹跟踪问题时，需要将机器人的约束考虑进去，并将轨迹跟踪控制问题转化为标准的二次规划问题进行求解。二次规划问题是一种非线性的优化问题，目前学者们已经研究出多种求解方法，如全局逐次法、活动集法、障碍函数法和神经网络法等。其中，神经网络法在求解非线性二次规划优化问题时求解精度和效率都非常优秀。1986 年，Hopfield 等人就设计了一种递归神经网络求解线性规划问题，为应用神经网络求解优化问题奠定了理论基础。其并行求解能力、自适应性强和易于电路实现的特点，吸引了大量学者对神经网络方法的研究。原对偶神经网络是由Khoogar 等人研究提出的，其基本原理是应用 KKT（Karush-Kuhn-Tucker）条件和投影算子对二次规划的优化问题进行求解。但这种方法在求解过程中需要对矩阵求逆，通常会影响到其收敛性能的稳定性。为了解决原对偶神经网络的不稳定性问题，Wang 等人基于梯度下降法，设计提出了一种梯度神经网络（Gradient-based Neural Network，GNN），实现较为稳定快速地求解凸二次规划问题，但其只适用于时不变方程问题，对时变规划问题求解精度有限。为了解决这个问题，Zhang 等人利用模型的导数信息，设计提出了一种基于误差导数信息的递归神经网络，名为零化神经网络（Zeroing Neural

Network，ZNN），实现了对时变的二次规划问题的求解，进一步推动了神经网络求解二次规划问题的能力。

1.3　移动机器人的机构

一般而言，移动机器人的移动机构主要有轮式移动机构、履带式移动机构及足式移动机构，此外还有步进式移动机构、蠕动式移动机构、蛇行式移动机构和混合式移动机构，以适应不同的工作环境和场合。一般室内移动机器人通常采用轮式移动机构，室外移动机器人为了适应野外环境的需要，多采用履带式移动机构。而对于一些仿生机器人，通常都是采用类似某种生物行动方式的移动机构，最显而易见的就是蛇类机器人采用类蛇形移动机构。在众多的移动机构中，轮式机构的效率是最高的，但适应能力比较差。而移动适应能力最强的莫过于足式机构，但其低下的效率却让人不得不考虑是否采用。下面介绍轮式移动机构和足式移动机构。

1.3.1　轮式移动机构

轮式移动机器人（图 1-6a）是移动机器人中应用最多的一种机器人，在相对平坦的地面上，用轮式移动方式是相当优越的。轮式移动机构根据车轮的多少有一轮、二轮、三轮、四轮及多轮机构。一轮及二轮移动机构在实现上的障碍主要是稳定性问题，实际应用的轮式移动机构多采用三轮和四轮。

三轮移动机构一般是一个前轮、两个后轮。其中，前轮是万向轮，只起支撑作用；两个后轮独立运动，靠两个后轮的转速差实现转向。

四轮移动机构应用最为广泛，四轮机构可采用不同的方式实现驱动和转向，既可以使用后轮分散驱动，也可以用连杆机构实现四轮同步转向，这种方式比仅有前轮转向的车辆可实现更小的转弯半径。

履带机器人（图 1-6b）是一种基于履带驱动的移动机器人，广泛应用于复杂地形和特殊环境中的任务执行。履带机器人的核心优势在于其稳定的履带结构设计，能够分散重量、增加接地面积，从而减少地面对机器人移动的阻力。这种设计不仅提升了履带机器人的爬坡能力和抗倾覆能力，还使其在应对各种复杂地形时更加游刃有余。

a）轮式移动机器人　　　　　　　b）履带机器人

图 1-6　轮式移动机构

实际上大部分地形是不适合轮式或履带式的移动结构行走的，对于这些不适合轮式、履带式的地面，足式移动结构却能有很好的表现。足式移动结构在高低不平起伏较大的地面上是可以自由行动的，但是它行走时的晃动幅度偏大，同时在软地上行动效率低下。

1.3.2　足式移动机构

足式移动机构对崎岖路面具有很好的适应能力，足式运动方式的立足点是离散的点，可以在可能到达的地面上选择最优的支撑点，而轮式和履带式移动机构必须面临最坏地形上的几乎所有点。足式运动方式还具有主动隔振能力，尽管地面高低不平，机身的运动仍然可以相当平稳。足式移动机构在不平地面和松软地面上的运动速度较高，能耗较少。

现有的足式移动机器人（图 1-7）的足数分别为单足、双足、三足、四足、六足、八足，甚至更多。足的数目多时，适合重载和慢速运动。在实际中，由于双足和四足具有最好的适应性和灵活性，也最接近人类和动物，所以用得最多。

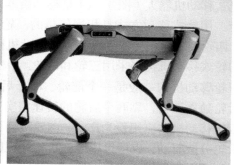

a) 六足移动机器人　　　　　　　　b) 波士顿动力四足移动机器人

图 1-7　足式移动机器人

1.4　移动机器人的分类

移动机器人的分类方式有多种，根据移动方式来分，可分为轮式移动机器人、足式移动机器人（单足式、双足式和多足式）、履带式移动机器人、爬行机器人、蠕动式机器人和游动式机器人等类型；按工作环境来分，可分为室内移动机器人和室外移动机器人；按控制体系结构来分，可分为功能式（水平式）结构机器人、行为式（垂直式）结构机器人和混合式机器人；按功能和用途来分，可分为医疗机器人、军用机器人、助残机器人和清洁机器人等。

1.4.1　管道移动机器人

20 世纪 70 年代，石油、化工、天然气及核工业的发展及管道维护的需要刺激了管道移动机器人（图 1-8）的研究。法国的 J. VR'ERTUT 最早开展管道移动机器人理论与样机的研究，他于 1978 年提出了轮腿式管内行走机构模型 IPRIVO。20 世纪 80 年代，日本的福田敏男等人充分利用法、美等国的研究成果和现代技术，开发了多种结构的管道移动机器人。韩国成均馆大学的 Hyouk R. C. 等人研制了天然气管道检测机器人 MRINSPECT 系列。我国管道移动机器人技术的研究已有 20 余年的历史，哈尔滨工业大学、中国科学院沈阳自动化研究所、上海交通大学、清华大学、浙江大学、北京石油化工学院、天津大学、太原理工大学、大庆石油管理局、胜利油田、中原油田等单位进行了这方面的研究工作。对于管道机器人的研究，以前对多轮支撑结构的研究较多，后转为研究传统轮式移动机器人直接用在圆形管道内的检测和维护。空间多轮结构的管道移动机器人的轮子与壁面接触时，接触点与轮心的连线在柱面的半径方向上，并且轮子的行驶方向与柱面的母线平行，这是单个轮子在管道曲面上位姿的一种特殊情况。轮式移动机器人在管道中运行时，由于管道尺寸大小不一、具有弯道和"T"型接头等，轮式移动机器人的每一个轮子在管道中的位姿是不可预测的，轮子的轴线方向可能不垂直于圆管的半径方向，所以有必要分析单个轮子在圆管曲面上任意位姿时满足纯翻滚和无侧滑条件下的运动学特性。对于轮式管道机器人在实际应用过程中遇到的问题，如在弯管和不规则管道中发生运动干涉，由于内耗造成的驱动力不足，由于壁面的变形以及机器人本身的误差，导致机器人在管道中偏离正确的姿态，甚至侧翻和卡死，国内外的研究人员主要从结构上，如采用差速器、柔性连接等进行解决，但这会使结构更加复杂，增加成本。

图 1-8　管道移动机器人

对于轮式排水管道机器人，除了在结构设计、材料选型上需要下功夫之外，主要的问题在于建立轮式机器人在圆管中的运动学模型，并设计相应的控制算法，使机器人能够自主行驶作业，也能够根据姿态信息，手工操作控制使其保持水平行驶作业，不出现侧翻、卡死、驱动力不足等现象，有良好的可控性。

为了建立轮式机器人在圆管中的运动学模型，并设计相应的运动控制算法，从理论上需要解决：

1) 确定单个轮子在管道曲面上任意位姿时轮心的瞬时速度，单个轮子在管道中运动学特性的问题在于对其位姿的描述以及其在满足纯翻滚和无侧滑条件下轮心的速度。

2) 分析轮式移动机器人在管道曲面的几何约束，推导出 6 个位姿坐标之间的关系。

轮式机器人在管道中运行在三维的柱面环境中，其位姿坐标从平面上的三维变成了空间的六维。但由于机器人在管道中运行时，具有特定的几何约束，这 6 个位姿坐标并不是互相独立的，所以有必要推导出这 6 个位姿坐标之间的关系。

3) 建立轮式移动机器人在圆管曲面上的运动学模型，推导运动学模型的难点在于如何建立控制输入与位姿坐标变化率之间的关系。机器人的控制输入直接影响轮心的速度，而轮心确定了机器人刚体的速度，所以需要分析机器人刚体速度与轮心速度之间的关系。这一问题的实质在于推导机器人的瞬时螺旋运动参数以及位姿变化率和控制输入的关系。

4) 根据运动学模型和作业要求设计相应的控制率，使机器人在管道中能够保持水平行驶。根据已经建立的运动学模型，把姿态角作为状态变量，通过姿态传感器的反馈，设计相应的控制率，控制机器人在管道中按照要求的姿态行驶。运动学模型主要用来设计控制率和运用李雅普诺夫 (Lyapunov) 函数对其进行稳定性分析。

目前，管道的检测和维护多采用管道移动机器人来进行。管道移动机器人是一种可沿管道内壁行走的机械，可以携带一种或多种传感器及操作装置，如 CCD 摄像机、位置和姿态传感器、超声传感器、涡流传感器、管道清理装置、管道焊接装置、简单的操作机械手等，在操作人员的控制下进行管道检测维修作业。

1.4.2 水下移动机器人

水下移动机器人也称为水下机器人、无人遥控潜水器（图 1-9），是一种工作于水下的极限作业机器人。水下机器人按照与水面支持设备（母船或平台）间联系方式的不同，可以分为两大类：一种是有缆水下机器人，习惯上称为遥控潜水器，简称 ROV；另一种是无缆水下机器人，习惯上称为自治潜水器，简称 AUV。有缆机器人都是遥控式的，按其运动方式分为拖拽式、（海底）移动式和浮游（自航）式三种。无缆水下机器人只能是自治式的，且只有观测型浮游式一种运动方式，但它的前景是光明的。

图 1-9　水下移动机器人

典型的遥控潜水器是由水面设备（包括操纵控制台、电缆绞车、吊放设备、供电系统等）和水下设备（包括中继器和潜水器本体）组成。潜水器本体在水下靠推进器运动，本体上装有观测设备（声呐系统、摄像机、照相机、照明灯等）和作业设备（机械手、切割器、清洗器等），能提供实时视频、声呐图像，机械手能抓起重物。因此，水下机器人在石油开发、海事执法取证、科学研究和军事等领域得到广泛应用。

潜水器的水下运动和作业，是由操作员在水面母舰上控制和监视的。电缆向本体提供动力和交换信息，中继器可减少电缆对本体运动的干扰。目前，越来越多的水下机器人从简单的遥控式向监控式发展，即由母舰计算机和潜水器本体计算机实行递阶控制，它能对观测信息进行加工，建立环境和内部状态模型。操作人员通过人机交互系统以面向过程的抽象符号或语言下达命令，并接收经计算机加工处理的信息，对潜水器的运行和动作过程进行监视并排除故障。智能水下机器人系统已开始研制，操作人员仅下达总任务，机器人就能根据识别和分析环境，自动规划行动、回避障碍、自主地完成指定任务。

无人有缆潜水器的发展趋势有以下优点：一是水深普遍在 6km；二是操纵控制系统多采用大容量计算机，实施资料处理和数字控制；三是潜水器上的机械手采用多功能能力反馈监控系统；四是增加推进器的数量与功率，以提高其顶流作业的能力和操纵性能。此外，还要特别注意潜水器的小型化和提高其观察能力。

由于水下机器人运行的环境复杂，水声信号的噪声大，水声传感器普遍存在精度较差、跳变频繁的缺点，因此水下机器人运动控制系统中，滤波技术显得极为重要。水下机器人运动控制中普遍采用的位置传感器为短基线或长基线水声定位系统，速度传感器为多普勒速度计。而多普勒速度计的不准确会影响水声定位系统的精度，主要源于声速误差、应答器响应时间的丈量误差、应答器位置即间距的校正误差等因素；而影响多普勒速度计精度的因素主要包括声速、海水中的介质物理化学特性、运载器的颠簸等。

近 20 年来，水下机器人有了很大的发展，它们既可军用又可民用。随着人类对海洋进一步的开发，21 世纪它们必将会有更广泛的应用，海洋科学研究、海上石油开发、海底矿藏勘测、海底打捞救生等，都需要开发海底载人潜水器和水下机器人技术。因此，发展水下机器人意义重大。

1.4.3　空中移动机器人

空中移动机器人在通信、气象、灾害监测、农业、地质、交通、广播电视等方面都有广泛的应用。目前其技术已趋成熟，性能日益完善，逐步向小型化、智能化、隐身化方向发展，同时与空中移动机器人相关的雷达、探测、测控、传输、材料等技术也正处于飞速发展的阶段。空中移动机器人主要分为仿昆虫飞行移动机器人、飞行移动机器人、四轴飞行器、微型飞行器等。微型飞行器的研制是一项包含了多种交叉学科的高、精、尖技术，其研究水平在一定程度上可以反映一个国家在微电机系统技术领域的实力，它的研制不仅是对其自身问题的解决，更重要的是，还能对其他许多相关技术领域的发展起推动作用，所以研制微型飞行器无论是从使用价值方面考虑，还是从推动技术发展考虑，对于我们国家来说都是迫切需要发展的一项研究工作。

　　无人驾驶飞机简称"无人机"（"UAV"）（图 1-10），是利用无线电遥控设备和自备的程序控制装置操纵的不载人飞行器。无人机最早在 20 世纪 20 年代出现，当时是作为训练用的靶机使用的。无人机是一个许多国家用于描述最新一代无人驾驶飞机的术语。从字面上讲，这个术语可以描述从风筝、无线电遥控飞机，到巡航导弹，但是在军方的术语中仅限于可重复使用的比空气重的飞行器。目前在航拍、农业、植保、微型自拍、快递运输、灾难救援、观察野生动物、监控传染病、测绘、新闻报道、电力巡检、救灾、影视拍摄等领域的应用，大幅拓展了无人机本身的用途，发达国家也在积极扩展行业应用与发展无人机技术。

图 1-10　无人机

　　与载人飞机相比，无人机具有体积小、造价低、使用方便、对作战环境要求低、战场生存能力较强等优点。由于无人机对未来空战有着重要的意义，世界各主要军事国家都在加紧进行无人驾驶飞机的研制工作。2013 年 11 月，中国民用航空局（CA）下发了《民用无人驾驶航空器系统驾驶员管理暂行规定》（以下简称为《规定》），由中国AOPA（航空器拥有者及驾驶员协会）负责民用无人机的相关管理。根据《规定》，中国内地无人机操作按照机型大小、飞行空域可分为 11 种情况，其中 116kg 以上的无人机和 4600m³ 以上的飞艇在融合空域飞行由民航局管理，其余情况，包括日渐流行的微型航拍飞行器在内的其他飞行，均由行业协会管理或由操作手自行负责。

　　国内外无人机相关技术飞速发展，无人机系统种类繁多、用途广、特点鲜明，其在尺寸、质量、航程、航时、飞行高度、飞行速度、任务等多方面都有较大差异。由于无人机的多样性，出于不同的考量会有不同的分类方法：

　　按飞行平台构型分类，无人机可分为固定翼无人机、旋翼无人机、无人飞艇、伞翼无人机、扑翼无人机等。

　　按用途分类，无人机可分为军用无人机和民用无人机。军用无人机可分为侦察无人机、诱饵无人机、电子对抗无人机、通信中继无人机、无人战斗机以及靶机等；民用无人机可分为巡查/监视无人机、农用无人机、气象无人机、勘探无人机以及测绘无人机等。

　　按尺度分类（民航法规），无人机可分为微型无人机、轻型无人机、小型无人机以及大型无人机。微型无人机是指空机质量小于或等于 7kg 的无人机；轻型无人机是指质量大于 7kg，但小于或等于 116kg 的无人机，且全功率平飞中，校正空速小于 100km/h、升限小于 3000m；小型无人机是指空机质量小于或等于 5700kg 的无人机微型和轻型无人机除外；大型无人机是指空机质量大于 5700kg 的无人机。

按活动半径分类，无人机可分为超近程无人机、近程无人机、短程无人机、中程无人机和远程无人机。超近程无人机活动半径在 15km 以内；近程无人机活动半径为 15～50km；短程无人机活动半径为 50～200km；中程无人机活动半径为 200～800km；远程无人机活动半径大于 800km。

按任务高度分类，无人机可以分为超低空无人机、低空无人机、中空无人机、高空无人机和超高空无人机。超低空无人机任务高度一般为 0～100m；低空无人机任务高度一般为 100～1000m；中空无人机任务高度一般为 1000～7000m；高空无人机任务高度一般为 7000～18000m；超高空无人机任务高度一般大于 18000m。2018 年 9 月，世界海关组织协调制度委员会（HSC）第 62 次会议决定，将无人机归类为"会飞的照相机"。无人机按照"会飞的照相机"归类，就可以按"照相机"监管，各国对照相机一般没有特殊的贸易管制要求，非常有利于中国高科技优势产品进入国外民用市场。

1.4.4 军事移动机器人

军事移动机器人也称为军用机器人（Military Robot）（图 1-11），是一种用于军事领域的具有某种仿人功能的自动机。从物资运输到搜寻勘探以及实战进攻，军用机器人的使用范围广泛。

a）陆地无人军用机器人　　　b）水下无人军用机器人　　　c）空中无人军用机器人

图 1-11　军用机器人

现代实用机器人，自 20 世纪 50 年代诞生以来，已风靡全球。机器人从事的行业，也由原来单一的工业，迅速扩展到农业、交通运输业、商业、科研等各行各业。机器人从军虽晚于其他行业，但自 20 世纪 60 年代崭露头角以来，日益受到各国军界的重视。军用机器人具有巨大的军事潜力、超人的作战效能，在未来的战争舞台上是一支不可忽视的军事力量。

早期的实用机器人（第一代），是一种固定程序、靠存储器控制，并仅有几个自由度的机器人。由于这代机器人大脑先天不足，四肢不全，又无"感官"，只能进行简单的"取—放"劳动，缺少起码的"军人品质"，除有选择地用于国防工业生产流水线上外，应征入伍者寥寥无几。到了 20 世纪 60 年代中期，电子技术有了重大突破，一种以小型电子计算机代替存储器控制的机器人出现了。机器人开始有了某种"感觉"和协调能力，能自主地或在人的控制下从事复杂一些的工作，这就为军事应用创造了条件。1966年，美国海军使用机器人"科沃"，潜至 750m 深的海底，成功地打捞起一枚失落的氢弹。这轰动一时的事件，使人们第一次看到了机器人潜在的军事使用价值。之后，美、苏等国又先后研制出军用航天机器人、危险环境工作机器人、无人驾驶侦察机等。机器人的战场应用也取得突破性进展。1969 年，美国在越南战争中，首次使用机器人驾驶的列车，为运输纵队排险除障，获得巨大成功。在英国陆军服役的机器人——"轮桶"，在反恐斗争中，更是身手不凡，屡建奇功，多次排除恐怖分子设置的汽车炸弹。这个时期，机器人虽然以新的姿态走上军事舞台，但由于这代机器人在智能上还比较低下，动作也很迟钝，加之身价太高，"感官"又不太敏锐，除用于军事领域某些高体能消耗和危险环境工作外，真正用于战场的还极少。

进入 20 世纪 70 年代，特别是到了 20 世纪 80 年代，随着人工智能技术的发展，各种传感器的开发使用，一种以微计算机为基础，以各种传感器为神经网络的智能机器人出现了。这代机器人四肢俱全，耳聪目明，智力也有了较大的提高，不仅能从事繁重的体力劳动，而且有了一定的思维、分析和判断能力，能更多地模仿人的功能，从事较复杂的脑力劳动。再加上机器人先天具备的刀枪不入、毒邪无伤、不生病、不疲倦、不食人间烟火、能夜以继日地高效率工作等。这些常人所不具备的优良品质激起了人们开发军用机器人的热情。如美国装备陆军的一种名叫"曼尼"的机器人，就是专门用于防化侦察和训练的智能机器人。该机器人身高 1.8m，会行走、蹲伏、呼吸和排汗，其内部安装的传感器，能感测到万分之一盎司的化学毒剂，并能自动分析、探测毒剂的性质，向军队提供防护建议和洗消的措施等。

军事是目前机器人使用较广泛的一个领域，随着现代战争逐渐向高新技术方向发展，机器人使用将大大减少战场上人员的伤亡。总之，随着智能机器人相继问世和科学技术的不断发展，军用机器人异军突起的时代已为期不远了。

1.4.5　服务移动机器人

服务移动机器人（图 1-12）集成人脸识别、语音识别、NLU 自然语言理解、SLAM 激光导航、超声波感应、红外感应、麦克风降噪等先进技术，具有人脸识别、语音识别、声源定位、回声消除、人脸识别、自动避障、智能导航、智能巡航、自动充电等功能，广泛应用于政务服务大厅、展厅等场景，为群众、客户提供迎宾接待、业务引导、地图导航、聊天娱乐、信息宣传等服务。

智能服务机器人是在非结构环境下为人类提供必要服务的多种高技术集成的智能化装备，主要以服务机器人和危险作业机器人应用需求为研究重点，研究设计方法、制造工艺、智能控制和应用系统集成等共性基础技术。

智能服务机器人技术集机械、电子、材料、计算机、传感器、控制等多门学科于一体，是国家高科技实力和发展水平的重要标志。国际智能服务机器人研究主要集中在德国、日本等国家，并成功应用于各个行业中。我国近些年在智能服务机器人研究方面也取得很多进展，很多机器人研发公司将研究重点转向智能服务机器人开发，如沈阳新松机器人自动化股份有限公司在智能服务机器人研究中取得很多成就，已经开发出三代智能服务机器人。

图 1-12　服务移动机器人

服务机器人是一种半自主或全自主工作、为人类提供服务的机器人，目前主要有医用机器人、家用机器人、娱乐机器人、导游机器人、智能轮椅等。智能轮椅是将智能移动机器人技术应用于电动轮椅，融合多领域的研究，包括移动机器人视觉、移动机器人导航和定位、模式识别、多种传感器融合及用户接口等，涉及机械、控制、传感器、人工智能等技术。

智能服务机器人的主要功能如下：

1）自动回充。在智能服务机器人运行工作中，其电量低于设置值时，会自动前往充电桩充电。

2）室内引导。先进的无人驾驶技术主动适应各种复杂环境，结合机器人上的超声波传感器来避让行人及障碍物。

3）远程监控。通过手机 APP，可实现手机实时远程音视频监控、远程遥控移动巡逻、远程发送指令、网点权限管理等。

4）排队取号。机器人与排队机直接通信，可以更方便智能取号，承担排队机的作用，减缓排队机的压力。

5）定制知识库。智能服务机器人具备丰富的行业内容知识，采用语料一键导入、敏感词检测、模糊语音匹配、热词识别等专业技术提升自然语言能力。

1.4.6　仿生移动机器人

仿生移动机器人（图 1-13）是指模仿生物、从事生物特点工作的机器人。目前在西方国家，机械宠物十分流行，另外，仿麻雀机器人可以担任环境监测的任务，具有广阔的开发前景。21 世纪人类进入老龄化社会，发展仿人机器人将弥补年轻劳动力的严重不足，解决老龄化社会的家庭服务和医疗等社会问题，并能开辟新的产业，创造新的就业机会。

模仿某些昆虫而制造出来的机器人并不简单。比如，国外有的科学家观察发现，蚂蚁的大脑很小，视力极差，但它的导航能力高超：当蚂蚁发现食物源后回去召唤同伴时，这一食物的映像始终存储在它的大脑里，利用大脑里的映像与眼前真实的景象相匹配的方法，循原路返回。科学家认为，模仿蚂蚁这一功能，可使机器人在陌生的环境中具有高超的探路能力。

图 1-13 仿生机器人

不论何时，对仿生机械（器）的研究都是多方面的，也就是既要发展模仿人的机器人，又要发展模仿其他生物的机械（器）。机器人问世之前，人们除研究制造自动人偶外，对机械动物也非常感兴趣，如诸葛亮制造的木牛流马、现代计算机先驱巴贝奇设计的鸡与羊玩具、法国著名工程师鲍堪松制造的凫水的铁鸭子等，都非常有名。

在机器人向智能机器人发展的过程中，就有人提出"反对机器人必须先会思考才能做事"的观点，并认为，用许多简单的机器人也可以完成复杂的任务。20 世纪 90 年代初，美国麻省理工学院的教授布鲁克斯在学生的帮助下，制造出一批蚊型机器人，取名昆虫机器人，这些小东西的行为和蟑螂十分相近。它们不会思考，只能按照人编制的程序动作。

几年前，科技工作者为圣地亚哥市动物园制造了电子机器鸟，它能模仿母兀鹰，准时给小兀鹰喂食；日本和俄罗斯制造了一种电子机器蟹，能进行深海探测、采集岩样、捕捉海底生物、进行海下电焊等作业。美国研制出一条名叫查理的机器金枪鱼，长 1.32m，由 2843 个零件组成。通过摆动躯体和尾巴，能像真的鱼一样游动，速度为 7.2km/h。它可以在海下连续工作数个月，测绘海洋地图和检测水下污染，也可以拍摄海洋生物。

有的科学家正在设计金枪鱼潜艇，其实也是一种金枪鱼机器人，行驶速度可达 20 节（1 节 =1 海里/h=1.852km/h），是名副其实的水下游动机器。它的灵活性远远高于现有的潜艇，几乎可以到达水下任何区域，由人遥控，可轻而易举地进入海底深处的海沟和洞穴，悄悄地溜进敌方的港口，进行侦察而不被发觉。作为军用侦察和科学探索工具，其发展和应用的前景十分广阔。

同样，研究制造昆虫机器人，其前景也是非常美好的。例如，有人研制了一种有弹性腿的机器昆虫，大小只有一张信用卡的 1/3 左右，可以像蟋蟀一样轻松地跳过障碍，1h 可前进 37m。这种机器昆虫最特殊的地方是突破了"牵动关节必须加发动机"的观念。发明家用的新方法是，由铅、锆、钛等金属条构成一个双压电晶片调节器。当充电时，调节器弯曲，充完电了它又弹回原状，反复充电，就成了振动条。在振动条上装有昆虫肢体，振动条振动就成了机器昆虫的动力，每次振动都会使这种爬行昆虫前进 2mm。通过一只"虫王"就可以控制一大群机器昆虫，由它以接力形式把控制指令传送给每个机器昆虫。应用这种机器昆虫可以在战场上侦察、运送物品，或在其他星球上进行探路。

移动机器人种类繁多，工厂中大量应用的自动导引小车还只是移动机器人大家庭中的一位成员。在不远的将来，将有更多种类的移动机器人在人们工作和生活中扮演重要的角色。

1.5　本章小结

移动机器人集环境识别感知、实时动态决策与自主规划、运动控制于一体，具有自主组织、自主运营和自主规划的功能。因此，移动机器人被广泛应用在很多领域。本章对移动机器人、SLAM 算法、路径规划以及轨迹跟踪的研究背景进行了简要的阐述，并介绍了各种类型的移动机器人，主要包括管道移动机器人、水下移动机器人、空中移动机器人、军事移动机器人、服务移动机器人和仿生移动机器人。

习题

1. 根据移动方式划分，移动机器人可以分为哪几类？
2. 根据使用的理论不同，SLAM 主要分为哪两种？
3. 路径规划主要分为哪两个部分？
4. 模型预测控制算法的基本思路是什么？
5. 移动机器人有哪些移动机构？
6. 请列举一些常见的仿生机器人。
7. 按作业空间来分，移动机器人可以分为哪几类？
8. 移动机器人的四大应用范围是什么？

第 2 章　数学基础

机器人在执行任务的过程中，会不断改变自身的位置以及姿态而进行相应的空间运动。更一般地，机器人的空间运动，由一系列相关部件的联合运动所得到。本章主要讨论机器人在空间运动过程中位置及姿态的数学描述，以及这些数学描述之间的相互转换关系。这些数学描述，正是后续进行机器人控制操作的基础。

2.1　空间向量运算

已知空间中一个基的两个基向量相互垂直，且长度为 1，这个基可以称为单位正交基，用 $\{i, j, k\}$ 表示。在空间中选择一点 O 和一个单位正交基 $\{i, j, k\}$，并以 O 点为原点，$\{i, j, k\}$ 的方向为正方向，建立三条数轴：X 轴、Y 轴、Z 轴，称为坐标轴。此时，建立了一个空间直角坐标系 $O\text{-}XYZ$，如图 2-1 所示，其中，O 点称为原点，i, j, k 称为坐标向量，每两个坐标轴及原点构成的平面，称为坐标平面，分别称为 XOY 平面、ZOY 平面、ZOX 平面。

在空间直角坐标系中，如果让右手的大拇指指向 X 轴的正向，食指指向 Y 轴的正向，中指指向 Z 轴的正向，那由这三个数轴 X 轴、Y 轴、Z 轴构成的直角坐标系称为右手直角坐标系。

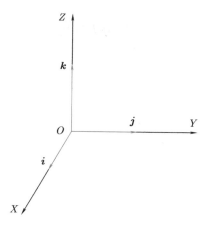

图 2-1　直角坐标系

如图 2-2 所示，对于一个给定的空间直角坐标系和向量 a，假设 i、j、k 为坐标向量，则存在唯一的有序实数组 (a_1, a_2, a_3)，使得 $a = a_1 i + a_2 j + a_3 k$，那么有序实数组 (a_1, a_2, a_3) 称为向量空间直角坐标系 $O\text{-}XYZ$ 中的坐标，记为组 (a_1, a_2, a_3)。

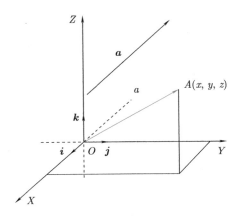

图 2-2　空间直角坐标系中的向量

在空间直角坐标系 $O\text{-}XYZ$ 中，对空间中的任意一点 A，存在唯一的有序实数组 (x, y, z)，使得 $\overrightarrow{OA} = x\boldsymbol{i} + y\boldsymbol{j} + z\boldsymbol{k}$，则有序实数组 (x, y, z) 叫作向量 $\overrightarrow{OA}$ 在向量空间直角坐标系 $O\text{-}XYZ$ 中的坐标，记作 $A(x, y, z)$。

在平面坐标中，已知平面向量有如下的性质：

1）若 $\boldsymbol{p} = x\boldsymbol{i} + y\boldsymbol{j}$ 为图 2-2 空间直角坐标系中的点，其中，$\boldsymbol{i}$、$\boldsymbol{j}$ 分别为 X 轴和 Y 轴上同方向的单位向量，那么点 $\boldsymbol{p}$ 的坐标为 (x, y)。

2）若 $\boldsymbol{a} = (a_1, a_2)$，$\boldsymbol{b} = (b_1, b_2)$，则 $\boldsymbol{a} + \boldsymbol{b} = (a_1 + b_1, a_2 + b_2)$，$\boldsymbol{a} - \boldsymbol{b} = (a_1 - b_1, a_2 - b_2)$，$\lambda\boldsymbol{a} = (\lambda a_1, \lambda a_2)(\lambda \in \mathbf{R})$。

3）$\boldsymbol{a}//\boldsymbol{b} \Leftrightarrow a_1 = \lambda b_1, a_2 = \lambda b_2(\lambda \in \mathbf{R})$。

4）对于任意两点 $A = (x_1, y_1)$，$B = (x_2, y_2)$，则向量 $\overrightarrow{AB} = (x_2 - x_1, y_2 - y_1)$。

与平面坐标向量类似，对于空间向量的直角坐标运算，假设 $\boldsymbol{a} = (a_1, a_2, a_3)$，$\boldsymbol{b} = (b_1, b_2, b_3)$，则有

1）$\boldsymbol{a} + \boldsymbol{b} = (a_1 + b_1, a_2 + b_2, a_3 + b_3)$。

2）$\boldsymbol{a} - \boldsymbol{b} = (a_1 - b_1, a_2 - b_2, a_3 - b_3)$。

3）$\lambda\boldsymbol{a} = (\lambda a_1, \lambda a_2, \lambda a_3)\,(\lambda \in \mathbf{R})$。

4）$\boldsymbol{a}//\boldsymbol{b} \Leftrightarrow a_1 = \lambda b_1, a_2 = \lambda b_2, a_3 = \lambda b_3(\lambda \in \mathbf{R})$。

5）对于任意两点 $A = (x_1, y_1, z_1)$，$B = (x_2, y_2, z_2)$，向量 $\overrightarrow{AB} = (x_2 - x_1, y_2 - y_1, z_2 - z_1)$。

事实上，对于第 5）点，如图 2-3 所示，向量 $\overrightarrow{AB}$ 是以 $A = (x_1, y_1, z_1)$ 为起点，$B = (x_2, y_2, z_2)$ 为终点的向量，分别过 A 和 B 作垂直于三个坐标轴的平面，这六个平面所围成的长方体，就是以 AB 为对角线。

假设 $\boldsymbol{i}, \boldsymbol{j}, \boldsymbol{k}$ 为坐标向量，那么有

$$\overrightarrow{AB} = \overrightarrow{AP} + \overrightarrow{AQ} + \overrightarrow{AR} = a_x\boldsymbol{i} + a_y\boldsymbol{j} + a_z\boldsymbol{k} \tag{2-1}$$

其中，$a_x = x_2 - x_1$，表示向量 $\overrightarrow{AB}$ 在 X 轴上的投影；$a_y = y_2 - y_1$，表示向量 $\overrightarrow{AB}$ 在 Y

轴上的投影；$a_z = z_2 - z_1$, 表示向量 $\overrightarrow{AB}$ 在 Z 轴上的投影。

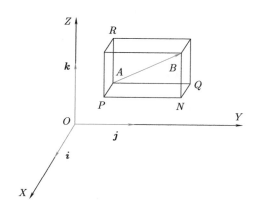

图 2-3　向量的坐标投影

也就是

$$\overrightarrow{AB} = (x_2 - x_1)\,\boldsymbol{i} + (y_2 - y_1)\,\boldsymbol{j} + (z_2 - z_1)\,\boldsymbol{k} \tag{2-2}$$

特别地，如果向量 $\overrightarrow{AB}$ 起点处在原点 O，也就是说，$A = (x_1, y_1, z_1) = (0,0,0)$, $B = (x_2, y_2, z_2) = (x, y, z)$, 此时

$$\overrightarrow{AB} = \overrightarrow{OB} = x\boldsymbol{i} + y\boldsymbol{j} + z\boldsymbol{k} \tag{2-3}$$

对于图 2-3 所示非零向量 $\overrightarrow{AB}$, 假设向量 $\overrightarrow{AB}$ 与三个坐标轴的正向夹角分别为 α、β、γ, 且有 $0 \leqslant \alpha \leqslant \pi, 0 \leqslant \beta \leqslant \pi, 0 \leqslant \gamma \leqslant \pi$, 那么 α、β 称为向量 $\overrightarrow{AB}$ 的方向角。

由图 2-3 可知, $a_x = |\boldsymbol{a}|\cos\alpha$, $a_y = |\boldsymbol{a}|\cos\beta$, $a_z = |\boldsymbol{a}|\cos\gamma$。

这里有

$$|\overrightarrow{AB}| = \sqrt{|\overrightarrow{AP}|^2 + |\overrightarrow{AQ}|^2 + |\overrightarrow{AR}|^2} \tag{2-4}$$

也就是说

$$|\overrightarrow{AB}| = \sqrt{a_x^2 + a_y^2 + a_z^2} \tag{2-5}$$

$|\overrightarrow{AB}|$ 就是向量 $\overrightarrow{AB}$ 的长度, 也称为向量的模。特别地, 如果向量 AB 起点处在原点 O, 也就是说, $A = (x_1, y_1, z_1) = (0,0,0), B = (x_2, y_2, z_2) = (x, y, z)$, 此时

$$|\overrightarrow{AB}| = |\overrightarrow{OB}| = \sqrt{x^2 + y^2 + z^2} \tag{2-6}$$

当向量 $\overrightarrow{AB}$ 的模不为 0 时, 有

$$\cos \alpha = \frac{a_x}{\sqrt{a_x^2 + a_y^2 + a_z^2}}$$

$$\cos \beta = \frac{a_y}{\sqrt{a_x^2 + a_y^2 + a_z^2}} \tag{2-7}$$

$$\cos \gamma = \frac{a_z}{\sqrt{a_x^2 + a_y^2 + a_z^2}}$$

式 (2-7) 称为向量 $\overrightarrow{AB}$ 的方向余弦，且方向余弦满足

$$\cos^2 \alpha + \cos^2 \beta + \cos^2 \gamma = 1 \tag{2-8}$$

现在来讨论向量的内积，向量的内积也叫向量的点乘、数量积，假设向量 $\boldsymbol{a} = (x_1, y_1, z_1)$，$\boldsymbol{b} = (x_2, y_2, z_2)$，根据向量坐标的意义，有 $\boldsymbol{a} = x_1 \boldsymbol{i} + y_1 \boldsymbol{j} + z_1 \boldsymbol{k}$，$\boldsymbol{b} = x_2 \boldsymbol{i} + y_2 \boldsymbol{j} + z_2 \boldsymbol{k}$，可以定义向量 $\boldsymbol{a}$ 和 $\boldsymbol{b}$ 的数量积（也称为内积) 为

$$\begin{aligned}
\boldsymbol{a} \cdot \boldsymbol{b} &= (x_1 \boldsymbol{i} + y_1 \boldsymbol{j} + z_1 \boldsymbol{k}) \cdot (x_2 \boldsymbol{i} + y_2 \boldsymbol{j} + z_2 \boldsymbol{k}) \\
&= x_1 x_2 \boldsymbol{i} \cdot \boldsymbol{i} + x_1 y_2 \boldsymbol{i} \cdot \boldsymbol{j} + x_1 z_2 \boldsymbol{i} \cdot \boldsymbol{k} + y_1 x_2 \boldsymbol{j} \cdot \boldsymbol{i} + y_1 y_2 \boldsymbol{j} \cdot \boldsymbol{j} + \\
&\quad y_1 z_2 \boldsymbol{j} \cdot \boldsymbol{k} + z_1 x_2 \boldsymbol{k} \cdot \boldsymbol{i} + z_1 y_2 \boldsymbol{k} \cdot \boldsymbol{j} + z_1 z_2 \boldsymbol{j} \cdot \boldsymbol{k}
\end{aligned} \tag{2-9}$$

又因为

$$\boldsymbol{i} \cdot \boldsymbol{i} = \boldsymbol{j} \cdot \boldsymbol{j} = \boldsymbol{k} \cdot \boldsymbol{k} = 1, \boldsymbol{i} \cdot \boldsymbol{j} = \boldsymbol{i} \cdot \boldsymbol{k} = \boldsymbol{j} \cdot \boldsymbol{i} = \boldsymbol{j} \cdot \boldsymbol{k} = \boldsymbol{k} \cdot \boldsymbol{i} = \boldsymbol{k} \cdot \boldsymbol{j} = \boldsymbol{0} \tag{2-10}$$

所以向量 $\boldsymbol{a}$ 和 $\boldsymbol{b}$ 的内积定义为

$$\boldsymbol{a} \cdot \boldsymbol{b} = x_1 x_2 + y_1 y_2 + z_1 z_2 \tag{2-11}$$

假设向量 $\boldsymbol{a} = (x_1, y_1, z_1)$，$\boldsymbol{b} = (x_2, y_2, z_2)$，终点坐标分别为 $A(x_1, y_1, z_1)$，$B(x_2, y_2, z_2)$，原点为 $\boldsymbol{O}$，则向量 $\overrightarrow{AB} = (x_2 - x_1, y_2 - y_1, z_2 - z_1)$，若向量 a 和 b 的夹角为 θ，由余弦定理可知

$$|\overrightarrow{AB}|^2 = |a|^2 + |b|^2 - 2|a||b|\cos\theta \tag{2-12}$$

其中，$|\overrightarrow{AB}|$、$|a|$、$|b|$ 分别表示向量 $\overrightarrow{AB}$、$\boldsymbol{a}$、$\boldsymbol{b}$ 的模，根据式 (2-6)、式 (2-7)，对式 (2-12) 进行整理可得

$$|\boldsymbol{a}||\boldsymbol{b}|\cos\theta = \frac{x_1^2 + y_1^2 + z_1^2 + x_2^2 + y_2^2 + z_2^2 - \left[(x_2 - x_1)^2 + (y_2 - y_1)^2 + (z_2 - z_1)^2\right]}{2} \tag{2-13}$$

由式 (2-11)，有

$$|\boldsymbol{a}||\boldsymbol{a}|\cos\theta = x_1 x_2 + y_1 y_2 + z_1 z_2 = \boldsymbol{a} \cdot \boldsymbol{b} \tag{2-14}$$

也就是

$$\theta = \arccos\left(\frac{\boldsymbol{a} \cdot \boldsymbol{b}}{|\boldsymbol{a}||\boldsymbol{b}|}\right) \tag{2-15}$$

根据式 (2-15)，可以计算向量 $\boldsymbol{a}$、$\boldsymbol{b}$ 之间的夹角，从而可以进一步判断这两个向量是否是同一方向、是否正交（也就是垂直）等方向关系，即

1）当 $\boldsymbol{a} \cdot \boldsymbol{b} > 0$ 时，向量 $\boldsymbol{a}$、$\boldsymbol{b}$ 方向相同，它们的夹角为 $0° \sim 90°$。

2）当 $\boldsymbol{a} \cdot \boldsymbol{b} = 0$ 时，向量 $\boldsymbol{a}$、$\boldsymbol{b}$ 正交，即相互垂直。

3）当 $\boldsymbol{a} \cdot \boldsymbol{b} < 0$ 时，向量 $\boldsymbol{a}$、$\boldsymbol{b}$ 方向相反，它们的夹角为 $90° \sim 180°$。

2.2 姿态与位置描述

为了描述现实世界中有关空间物体的机械运动，就要研究空间物体本身相对位置或自身各个部分相对位置发生变化的运动。一个空间物体的机械运动，选择的参照对象不同，对它的描述也就不同。因此，为了描述一个空间物体的机械运动，就要选择一个参照坐标系，这个坐标系一般称为世界坐标系（World Frame）。

另外，在研究空间物体运动的时候，有时物体的形状和大小并不重要，当物体的形状、大小与研究的问题无关时，可以把物体看成一个只有质量，没有大小、形状的理想物体，这个物体称为质点，可以用质点运动代替物体运动。在某些问题上，空间物体的形状和大小不能忽略，但在外力作用下形变可以忽略，则这个物体可看成有质量、大小和形状，但不会发生形变的理想物体，称为刚体。刚体可看作由许多质点所组成，任意两个质点间的距离在运动中保持不变，也就是刚体上所有的质点均有相同的速度和加速度，并且运动轨迹也相同，因此，可以选出一个代表性的质点——质心，来表示刚体的运动。为了描述刚体在空间中相对世界坐标系的运动，可以在刚体质心上建立坐标系，这个坐标系称为本体坐标系（Body Frame）。本体坐标系的原点在质心上，拇指指向坐标系的 X 轴，世界坐标系和本体坐标系的 Y 轴、Z 轴满足右手定则。

建立好坐标系，就可以表示刚体的运动状态。一个刚体的运动，主要分为移动和转动两种。刚体在平面中的移动，是刚体的质心位置相对参考坐标系的原点，在 X 轴和 Y 轴上发生了变化；而刚体在平面中的转动，就是在质心上建立的本体坐标系的 X 轴，相对于参考坐标系的 X 轴，有一个转动的夹角。因此，刚体的平面运动一般有 3 个自由度（Degrees of Freedom）。与此类似，刚体在空间中的运动，就是刚体的质心位置，相对参考坐标系的原点，在世界坐标系的 X 轴、Y 轴和 Z 轴方向上发生了变化，而刚体在空间中的转动，就是本体坐标系分别绕世界坐标系的 X 轴、Y 轴和 Z 轴转动相应的角度，这个转动会导致本体坐标系各个轴的方向，不再与世界坐标系的 X 轴、Y 轴和 Z 轴方向一致，而是有一定的夹角。本体坐标系分别绕世界坐标系的 X 轴、Y 轴和 Z 轴转动的角度，可以称为刚体运动的姿态角。因此，刚体在空间中的运动，一般有 6 个自由度，即 3 个坐标分量和 3 个姿态分量。刚体的运动状态描述，就是利用各个自由度上的微分运算，将刚体的位移和姿态分量，转换到速度和加速度等运动状态。

那么在坐标系中，是如何表示刚体的移动和转动的呢？刚体运动的移动，在坐标系

中，是通过位置向量来表示本体坐标系的原点相对于世界坐标系的状态。在 2.1 节中提到，对于空间直角坐标系 $O\text{-}XYZ$ 中的任意一点 A，存在唯一的有序实数组 (x, y, z)，使得 $\overrightarrow{OA} = x\boldsymbol{i} + y\boldsymbol{j} + z\boldsymbol{k}$，则有序实数组 (x, y, z) 叫作向量 $\overrightarrow{OA}$ 在向量空间直角坐标系 $O\text{-}XYZ$ 中的坐标，记作 $A(x, y, z)$。同样地，对于确定的坐标系，可以用位置向量来表示世界坐标系上任一点的位置，如图 2-4 所示。

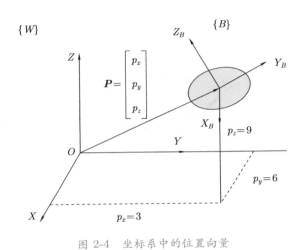

图 2-4　坐标系中的位置向量

图 2-4 中，本体坐标系的原点在世界坐标系中的位置为 $(3, 6, 9)$，因此，可以用位置向量 $\boldsymbol{P}$ 的终点来表示本体坐标系的原点，这里，定义位置向量为一个 3×1 的列向量，那么有

$$\boldsymbol{P} = \begin{bmatrix} p_x \\ p_y \\ p_z \end{bmatrix} = \begin{bmatrix} 3 \\ 6 \\ 9 \end{bmatrix} \tag{2-16}$$

2.3　旋转矩阵与姿态角

在 2.2 节中提到，刚体转动的姿态可以用旋转矩阵来描述。旋转矩阵可以反映固连在刚体上的坐标系中的坐标，在世界坐标系中表示的转换关系。此外，2.2 节中还提到，刚体在空间中的运动，有 6 个自由度（6DOF），分别为刚体质心位置在空间中的 3 个自由度（3DOF）的移动，以及与刚体固连的本体坐标系，分别绕世界坐标系的 X、Y、Z 轴旋转而产生的另外 3 个自由度（3DOF）的转动。并且，这个绕世界坐标系的 X、Y、Z 轴旋转的角度，称为姿态角。那么，同样是描述刚体的转动，对于给定的一个旋转矩阵，如何换算出刚体绕世界坐标系的 X、Y、Z 轴转动的姿态角呢？这正是本节要讨论的内容。首先来看 $X\text{-}Y\text{-}Z$ 固定角坐标。假设本体坐标系 B 与世界坐标系 W 一开始是重合的，并且在转动过程中世界坐标系 W 保持位置不变。如图 2-5 所示，本体坐标系 B 首先绕世界坐标系 W 的 X 轴旋转 γ 角，再绕世界坐标系 W 的 Y 轴旋转 β 角，最后绕世界坐标系 W 的 Z 轴旋转 α 角，得到旋转矩阵，可以表示为 ${}^{W}_{B}\boldsymbol{R}_{XYZ}(\gamma, \beta,$

α)。那么这个旋转矩阵的值是多少？可以假设在刚体的本体坐标系 B 中，存在一个 $\boldsymbol{P}$ 向量。本体坐标系 B 首先绕世界坐标系 W 的 X 轴旋转 γ 角变为 B 后，$\boldsymbol{P}$ 向量变为 $\boldsymbol{P}'$ 向量，$\boldsymbol{P}$ 向量相对于目前本体坐标系 B' 所在的位置，与 $\boldsymbol{P}$ 向量相对于坐标系 B 是一样的。那么此时 $\boldsymbol{P}'$ 向量所在的位置可以通过 $\boldsymbol{P}$ 向量乘以旋转矩阵 $\boldsymbol{R}(x,\gamma)$ 得到，即

$$\boldsymbol{P}' = \boldsymbol{R}(x,\gamma)\boldsymbol{P} \tag{2-17}$$

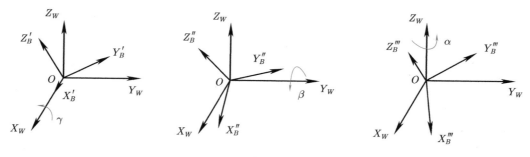

图 2-5　固定角坐标

以此类推，本体坐标系 B 绕世界坐标系 W 的 Y 轴旋转 β 角变为 B'' 后，$\boldsymbol{P}'$ 向量变为 $\boldsymbol{P}''$ 向量，有

$$\boldsymbol{P}'' = \boldsymbol{R}(y,\beta)\boldsymbol{P}' = \boldsymbol{R}(y,\beta)\boldsymbol{R}(x,\gamma)\boldsymbol{P} \tag{2-18}$$

本体坐标系 B'' 绕世界坐标系 W 的 Z 轴旋转 α 角变为 B''' 后，$\boldsymbol{P}''$ 向量变为 $\boldsymbol{P}'$ 向量，有

$$\boldsymbol{P}''' = \boldsymbol{R}(z,\alpha)\boldsymbol{P}'' = \boldsymbol{R}(z,\alpha)\boldsymbol{R}(y,\beta)\boldsymbol{R}(x,\gamma)\boldsymbol{P} \tag{2-19}$$

所以，可以得到

$${}^{W}_{B}\boldsymbol{R}_{XYZ}(\gamma,\beta,\alpha) = \boldsymbol{R}(z,\alpha)\boldsymbol{R}(y,\beta)\boldsymbol{R}(x,\gamma) \tag{2-20}$$

于是可得

$$
\begin{aligned}
{}^{W}_{B}\boldsymbol{R}_{XYZ}(\gamma,\beta,\alpha) &= \begin{bmatrix} c\alpha & -s\alpha & 0 \\ s\alpha & c\alpha & 0 \\ 0 & 0 & 1 \end{bmatrix} \begin{bmatrix} c\beta & 0 & s\beta \\ 0 & 1 & 0 \\ -s\beta & 0 & c\beta \end{bmatrix} \begin{bmatrix} 1 & 0 & 0 \\ 0 & c\gamma & -s\gamma \\ 0 & s\gamma & c\gamma \end{bmatrix} \\
&= \begin{bmatrix} c\alpha c\beta & c\alpha s\beta s\gamma - s\alpha c\gamma & c\alpha s\beta c\gamma + s\alpha s\gamma \\ s\alpha c\beta & s\alpha s\beta s\gamma + c\alpha c\gamma & s\alpha s\beta c\gamma - c\alpha s\gamma \\ -s\beta & c\beta s\gamma & c\beta c\gamma \end{bmatrix}
\end{aligned} \tag{2-21}
$$

其中，$c\alpha$ 是 $\cos\alpha$ 的简写，$s\alpha$ 是 $\sin\alpha$ 的简写，以此类推。式 (2-21) 表示出了绕固定轴旋转所得到的旋转矩阵，需要指出的是，旋转矩阵的值与转动顺序是有关系的。例如，

当先绕 X 轴旋转 $60°$，然后绕 Y 轴旋转 $30°$ 时，得到的旋转矩阵为

$$
{}^W_B \boldsymbol{R}_{XYZ}(\gamma, \beta, \alpha) = \boldsymbol{R}(z, 0)\boldsymbol{R}(y, 30)\boldsymbol{R}(x, 60) = \begin{bmatrix} 0.866 & 0.433 & 0.25 \\ 0 & 0.5 & -0.866 \\ -0.5 & 0.75 & 0.433 \end{bmatrix} \tag{2-22}
$$

而当先绕 Y 轴旋转 $30°$，然后绕 X 轴旋转 $60°$ 时，得到的旋转矩阵为

$$
{}^W_B \boldsymbol{R}_{XYZ}(\gamma, \beta, \alpha) = \boldsymbol{R}(z, 0)\boldsymbol{R}(x, 60)\boldsymbol{R}(y, 30) = \begin{bmatrix} 0.866 & 0 & 0.5 \\ 0.433 & 0.5 & -0.75 \\ -0.25 & 0.866 & 0.433 \end{bmatrix} \tag{2-23}
$$

如果已知旋转矩阵的值，那么怎么推导出旋转的角度呢？由式 (2-21)，有

$$
{}^W_B \boldsymbol{R}_{XYZ}(\gamma, \beta, \alpha) = \begin{bmatrix} c\alpha c\beta & c\alpha s\beta s\gamma - s\alpha c\gamma & c\alpha s\beta c\gamma + s\alpha s\gamma \\ s\alpha c\beta & s\alpha s\beta s\gamma + c\alpha c\gamma & s\alpha s\beta c\gamma - c\alpha s\gamma \\ -s\beta & c\beta s\gamma & c\beta c\gamma \end{bmatrix} = \begin{bmatrix} r_{11} & r_{12} & r_{13} \\ r_{21} & r_{22} & r_{23} \\ r_{31} & r_{32} & r_{33} \end{bmatrix}
$$
$$
\tag{2-24}
$$

通过求式 (2-24) 中的 $\sqrt{r_{11}^2 + r_{21}^2}$ 可以得到 $\cos\beta$，然后用 r_{31} 除以 $\cos\beta$，求其反正切即可得到 β。如果有 $\cos\beta \neq 0$，那么 $s\alpha = r_{21}/c\beta$，再除以 $c\alpha = r_{11}/c\beta$，求其反正切即可得到 α。$s\gamma = r_{32}/c\beta$，再除以 $c\gamma = r_{33}/c\beta$，求其反正切即可得到 γ。因此，有

$$
\begin{cases} \beta = \text{Atan} 2\left(-r_{31}, \sqrt{r_{11}^2 + r_{21}^2}\right) \\ \alpha = \text{Atan} 2\left(r_{21}/c\beta, r_{11}/c\beta\right) \\ \gamma = \text{Atan} 2\left(r_{32}/c\beta, r_{33}/c\beta\right) \end{cases} \tag{2-25}
$$

这里采用 $\text{Atan} 2(y, x)$ 的形式求 $\arctan\left(\dfrac{y}{x}\right)$，可以根据 y 和 x 的符号，计算出角度所在的象限。例如，$\text{A}\tan 2(-1.0, -1.0) = 225°$，即 $\arctan(1.0)$，而 $\text{Atan} 2(1.0, 1.0) = 45°$ 也是 $\arctan(1.0)$。

此外，当 $\beta = \pm 90°$ 时，式 (2-25) 中有关 $\cos\beta$ 的部分都为 0。因此，式 (2-25) 中只剩下 α 和 γ 的和差组合，并且不是唯一解。在这种情况下，可以选择 $\alpha = 0°$，因此有

$$
\begin{cases} \beta = 90° \\ \alpha = 0° \\ \gamma = \text{Atan} 2\left(r_{12}, r_{22}\right) \end{cases} \tag{2-26}
$$

或

$$
\begin{cases} \beta = -90° \\ \alpha = 0° \\ \gamma = -\text{Atan} 2\left(r_{12}, r_{22}\right) \end{cases} \tag{2-27}
$$

上述部分介绍了绕 X-Y-Z 固定坐标轴旋转得到的角坐标，其旋转矩阵与姿态角之间的对应关系。在旋转的过程中，作为被绕着旋转的参考坐标系的坐标轴 X-Y-Z 始终是不动的。接下来将要讨论一种坐标系的 Z-Y-X 欧拉角表示法。

所谓 Z-Y-X 欧拉角表示法，就是一开始本体坐标系 B 与世界坐标系 W 重合。然后依次绕本体坐标系 B 的 Z-Y-X 轴旋转，这里每一次旋转均是根据上一次旋转所在位置而进行的。这三次旋转的角度称为欧拉角，如图 2-6 所示。

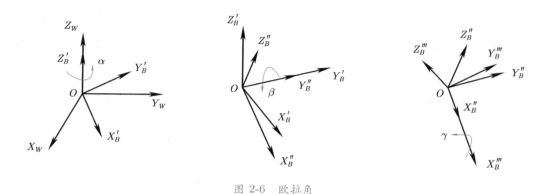

图 2-6　欧拉角

图 2-6 所示旋转过程如下：本体坐标系 B 先与世界坐标系 W 重合，绕 Z 轴以右手定则正向旋转 α 角，此时本体坐标系位置为 B'；然后绕坐标系 B' 的 Y 轴旋转，以右手定则正向旋转 β 角，此时本体坐标系位置变为 B''；最后绕坐标系 B'' 的 X 轴旋转，以右手定则正向旋转 γ 角，此时本体坐标系位置变为 B'''。

下面推导图 2-6 的旋转矩阵。与固定角坐标类似，假设本体坐标系 B 上有一个向量 $\boldsymbol{P}$，作为刚体，在转动过程中，向量 $\boldsymbol{P}$ 相对于本体坐标系 B 的位置是不变的，因此可以记为 $^B\boldsymbol{P}$。从图 2-6 所示可知，一开始本体坐标系 B 先与世界坐标系 W 重合，因此这时有 $^B\boldsymbol{P} =^W\boldsymbol{P}$。经过三次旋转，本体坐标系 B 转到了本体坐标系 B'''，当然向量 $\boldsymbol{P}$ 相对于本体坐标系 B 的位置依然是不变的，因此仍可以记为 $^B\boldsymbol{P}$，那么此时的 $^B\boldsymbol{P}$ 要回到最初 $^W\boldsymbol{P}$ 位置，需要分别绕 X-Y-Z 轴经过 γ、β、α 旋转回来，因此有

$$^W\boldsymbol{P} =\,^W_B\boldsymbol{R}^{B'}_B\boldsymbol{R}^B_{B'}\boldsymbol{R}^B\boldsymbol{P} = \boldsymbol{R}(z,\alpha)\boldsymbol{R}(y,\beta)\boldsymbol{R}(x,\gamma)^B\boldsymbol{P} \tag{2-28}$$

从式 (2-28) 可知，Z-Y-X 欧拉角表示法的旋转矩阵，与式 (2-20)X-Y-Z 固定角坐标表示的旋转矩阵是一样的。

2.4　齐次坐标变换

在 2.3 节中提到，刚体运动包括平移和旋转，并且由固连在刚体质心上坐标系相对于世界坐标系的运动进行描述，如图 2-7 所示。其中，本体坐标系原点的位置向量，可以用来描述刚体的平移，用 $^W\boldsymbol{P}_{B\ \mathrm{org}}$ 进行描述；刚体的旋转，是由本体坐标系的姿态来表示的，并且可以通过旋转矩阵 $^W_B\boldsymbol{R}$ 来描述，形如式 (2-20) 所示。将位置向量和旋转矩阵整合后，可以得到 $\{^W_B\boldsymbol{R},^W\boldsymbol{P}_{B\ \mathrm{org}}\}$ 的形式。但是，事实上这是一个 4×3 的矩阵，

无法进行一些量化的计算。因此，为了将平移和旋转整合在一起运算，提出了齐次变换矩阵的概念，如下：

$$\left[\begin{array}{cccc} & {}_B^W\boldsymbol{R} & & {}^W\boldsymbol{P}_{B\,\mathrm{org}} \\ 0 & 0 & 0 & 1 \end{array}\right]_{4\times4} = \left[\begin{array}{cccc} {}^W\boldsymbol{X}_B & {}^W\boldsymbol{Y}_B & {}^W\boldsymbol{Z}_B & {}^W\boldsymbol{P}_{B\,\mathrm{org}} \\ 0 & 0 & 0 & 1 \end{array}\right] = {}_B^W\boldsymbol{T} \quad (2\text{-}29)$$

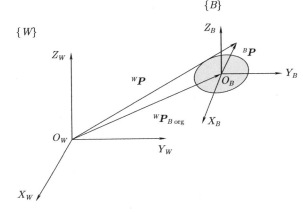

图 2-7 平移和旋转坐标系的映射

下面来验证一下式 (2-29) 所表示的齐次变换矩阵是如何描述刚体运动的。首先来看移动，以映射的角度来看坐标系的平移。所谓映射，就是从一个坐标系到另一个坐标系的变换。如图 2-7 所示，关于坐标系平移的映射，假设空间中的点 P，由坐标系 B 的原点指向它的位置向量为 ${}^B\boldsymbol{P}$，由坐标系 W 的原点指向它的位置向量为 ${}^W\boldsymbol{P}$，坐标系 B 的原点相对于坐标系 W 的位置由 ${}^W\boldsymbol{P}_{B\,\mathrm{org}}$ 表示。因为坐标系 B 与坐标系 W 具有相同的姿态，所以可以采用向量相加的形式来表示上述三个向量之间的关系，即

$${}^W\boldsymbol{P} = {}^B\boldsymbol{P} + {}^W\boldsymbol{P}_{B\,\mathrm{org}} \quad (2\text{-}30)$$

事实上，式 (2-30) 中 ${}^B\boldsymbol{P}$ 与 ${}^W\boldsymbol{P}$ 是在不同坐标系下的表示。因为坐标系 B 与坐标系 W 具有相同的姿态，按照式 (2-21) 所表示的旋转矩阵中，α、β、γ 均为 0，因此代入式 (2-21) 中所得到的旋转矩阵 ${}_B^W\boldsymbol{R}$ 为单位矩阵，也就是说，${}^B\boldsymbol{P}$ 向量乘以旋转矩阵 ${}_B^W\boldsymbol{R}$，可以得到表示 ${}^B\boldsymbol{P}$ 在坐标系 W 下的表示，这里旋转矩阵 ${}_B^W\boldsymbol{R}$ 为单位矩阵，那么也就是说 ${}^B\boldsymbol{P}$ 在坐标系 W 下的表示依然是 ${}^B\boldsymbol{P}$，所以式 (2-30) 所表示的坐标平移映射中，向量相加关系成立。

由式 (2-30) 可以得到

$$\left[\begin{array}{c} {}^W\boldsymbol{P} \\ 1 \end{array}\right] = \left[\begin{array}{cc} \boldsymbol{I}_{3\times3} & {}^W\boldsymbol{P}_{B\,\mathrm{org}} \\ 0 & 1 \end{array}\right] \left[\begin{array}{c} {}^B\boldsymbol{P} \\ 1 \end{array}\right] \quad (2\text{-}31)$$

比较式 (2-31) 与式 (2-29) 可知，式 (2-31) 中的 ${}_B^W\boldsymbol{R}$ 为单位矩阵，正是因为坐标没有发生转动而使得旋转矩阵 ${}_B^W\boldsymbol{R}$ 等于单位矩阵。因此，验证了齐次变换矩阵可以正确描述坐标平移。

关于旋转坐标系的映射，如图 2-8 所示，假设空间中的一点 P，由坐标系 B 的原点指向它的位置向量为 ${}^B\boldsymbol{P}$，${}^W\boldsymbol{P}$ 表示点 P 在坐标系 W 中的位置向量。因为坐标系 B 相对坐标系 W 有一个转动，转动的姿态可以用旋转矩阵 ${}^W_B\boldsymbol{R}$ 来描述，${}^W_B\boldsymbol{R}$ 的定义如式 (2-24) 所示。根据式 (2-31) 可知，

$$
{}^W\boldsymbol{P} = {}^W_B\boldsymbol{R}{}^B\boldsymbol{P} \tag{2-32}
$$

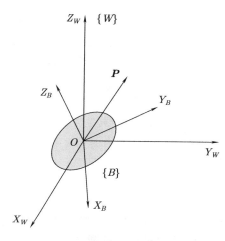

图 2-8   旋转坐标系的映射

整理可得

$$
\begin{bmatrix} {}^W\boldsymbol{P} \\ 1 \end{bmatrix} = \begin{bmatrix} {}^W_B\boldsymbol{R}_{3\times3} & 0 \\ 0 & 1 \end{bmatrix} \begin{bmatrix} {}^B\boldsymbol{P} \\ 1 \end{bmatrix} \tag{2-33}
$$

因为坐标系 B 相对坐标系 W 仅有一个转动，所以坐标系 B 的原点与坐标系 W 的原点重合，也就是 ${}^W\boldsymbol{P}_{B\,\text{org}}$ 位置向量为 0 。因此，式 (2-33) 表示的齐次变换矩阵，可以正确地描述坐标旋转。

更一般地，图 2-7 表示了坐标系间直接既有平移，又有旋转的情况。

在式 (2-30) 的讨论中提到，为了实现向量相加，需要几个向量在同一个坐标系下进行，或者坐标系具有相同的姿态。图 2-7 所示坐标系有一个转动，因此，结合式 (2-30)、式 (2-33)，有

$$
{}^W\boldsymbol{P} = {}^W_B\boldsymbol{R}{}^B\boldsymbol{P} + {}^W\boldsymbol{P}_{B\,\text{org}} \tag{2-34}
$$

整理后可得

$$
\begin{bmatrix} {}^W\boldsymbol{P} \\ 1 \end{bmatrix} = \begin{bmatrix} {}^W_B\boldsymbol{R}_{3\times3} & {}^W\boldsymbol{P}_{B\,\text{org}} \\ 0 & 1 \end{bmatrix} \begin{bmatrix} {}^B\boldsymbol{P} \\ 1 \end{bmatrix} \tag{2-35}
$$

式 (2-35) 是齐次变换的一般形式。可以看出，式 (2-35) 中的变换矩阵就是式 (2-29) 所示的齐次变换矩阵。

2.5 位姿变换

如图 2-9 所示，已知坐标系 B 的原点在坐标系 W 中的位置为 $(10,5,0)$，空间中一点 P 在坐标系 B 中的坐标为 $(3,7,0)$，坐标系 B 的姿态为绕 Z 轴以右手定则正向旋转 $30°$。求点 P 在坐标系 W 中的表示。

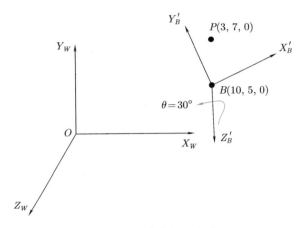

图 2-9 位姿变换示意图

$$^{B}\boldsymbol{P} = \begin{bmatrix} 3 \\ 7 \\ 0 \end{bmatrix}, \quad ^{W}\boldsymbol{P}_{B\,\text{org}} = \begin{bmatrix} 10 \\ 5 \\ 0 \end{bmatrix},$$ 因为坐标系 B 的姿态为绕 Z 轴以右手定则

正向旋转 $30°$，可得

$$^{W}_{B}\boldsymbol{R} = \begin{bmatrix} \dfrac{\sqrt{3}}{2} & -\dfrac{1}{2} & 0 \\ \dfrac{1}{2} & \dfrac{\sqrt{3}}{2} & 0 \\ 0 & 0 & 1 \end{bmatrix} \tag{2-36}$$

于是可得

$$\begin{bmatrix} ^{W}\boldsymbol{P} \\ 1 \end{bmatrix} = \begin{bmatrix} ^{W}_{B}\boldsymbol{R}_{3\times3} & ^{W}\boldsymbol{P}_{B\,\text{org}} \\ 0 & 1 \end{bmatrix} \begin{bmatrix} ^{B}\boldsymbol{P} \\ 1 \end{bmatrix} = \begin{bmatrix} \dfrac{\sqrt{3}}{2} & -\dfrac{1}{2} & 0 & 10 \\ \dfrac{1}{2} & \dfrac{\sqrt{3}}{2} & 0 & 5 \\ 0 & 0 & 1 & 0 \\ 0 & 0 & 0 & 1 \end{bmatrix} \begin{bmatrix} 3 \\ 7 \\ 0 \\ 1 \end{bmatrix}$$

$$= \begin{bmatrix} 9.098 \\ 12.562 \\ 0 \\ 1 \end{bmatrix} \tag{2-37}$$

事实上，可以从投影的角度来验证式 (2-37) 计算的正确性，如图 2-10 所示。

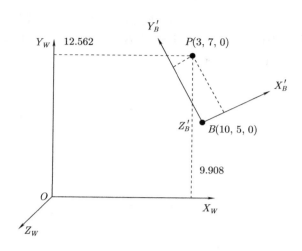

图 2-10　投影验证

上述内容介绍了齐次变换矩阵可以实现空间中一点在不同坐标系之间的转换。事实上，齐次变换矩阵还可对空间中的向量或者点进行平移或旋转操作。先来看平移的情况。如图 2-11 所示，坐标系 W 中的向量 $\boldsymbol{P}_1$ 平移后变为 $\boldsymbol{P}_2$，那么根据向量运算方法，有 ${}^W\boldsymbol{P}_2 = {}^W\boldsymbol{P}_1 + {}^W\boldsymbol{Q}$，整理成齐次变换的形式，可得

$$\left[\begin{array}{c} {}^W\boldsymbol{P}_2 \\ 1 \end{array}\right] = \left[\begin{array}{cccc} \boldsymbol{I}_{3\times 3} & & {}^W\boldsymbol{Q} \\ 0 & 0 & 0 & 1 \end{array}\right] \left[\begin{array}{c} {}^W\boldsymbol{P}_1 \\ 1 \end{array}\right] = \left[\begin{array}{c} {}^W\boldsymbol{P}_1 + {}^W\boldsymbol{Q} \\ 1 \end{array}\right] \tag{2-38}$$

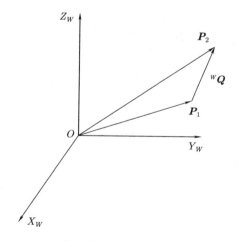

图 2-11　向量平移情况

对于向量的旋转操作，如图 2-12 所示，坐标系 W 中的向量 $\boldsymbol{P}_1$，绕空间中某一个向量 $\boldsymbol{K}$ 转动一个 θ 后变为 $\boldsymbol{P}_2$，那么根据旋转矩阵的定义，有 ${}^W\boldsymbol{P}_2 = \boldsymbol{R}(K,\theta){}^W\boldsymbol{P}_1$，整理成齐次变换的形式，有

$$\begin{bmatrix} {}^W\boldsymbol{P}_2 \\ 1 \end{bmatrix} = \begin{bmatrix} \boldsymbol{R}(K,\theta)_{3\times3} & \boldsymbol{0}_{3\times1} \\ 0 \quad 0 \quad 0 & 1 \end{bmatrix} \begin{bmatrix} {}^W\boldsymbol{P}_1 \\ 1 \end{bmatrix} = \begin{bmatrix} \boldsymbol{R}(K,\theta){}^W\boldsymbol{P}_1 \\ 1 \end{bmatrix} \qquad (2\text{-}39)$$

考虑更一般的情况，如图 2-13 所示，坐标系 W 中的向量 $\boldsymbol{P}_1$，绕空间中某一个向量 $\boldsymbol{K}$ 转动一个 θ 后变为 $\boldsymbol{P}_{1-2}$，向量 $\boldsymbol{P}_{1-2}$ 再经过平移 ${}^W\boldsymbol{Q}$ 后变为 $\boldsymbol{P}_2$，那么可得，${}^W\boldsymbol{P}_2 = {}^W\boldsymbol{P}_{1-2} + {}^W\boldsymbol{Q} = \boldsymbol{R}(K,\theta){}^W\boldsymbol{P}_1 + {}^W\boldsymbol{Q}$。

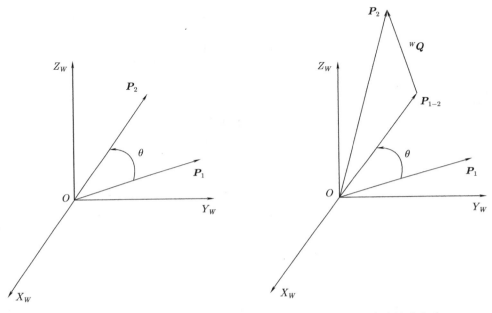

图 2-12 向量旋转情况   图 2-13 先旋转再平移

整理成齐次变换的形式，有

$$\begin{bmatrix} {}^W\boldsymbol{P}_2 \\ 1 \end{bmatrix} = \begin{bmatrix} \boldsymbol{R}(K,\theta)_{3\times3} & {}^W\boldsymbol{Q} \\ 0 \quad 0 \quad 0 & 1 \end{bmatrix} \begin{bmatrix} {}^W\boldsymbol{P}_1 \\ 1 \end{bmatrix} = \begin{bmatrix} \boldsymbol{R}(K,\theta){}^W\boldsymbol{P}_1 + {}^W\boldsymbol{Q} \\ 1 \end{bmatrix}$$

$$= \boldsymbol{T} \begin{bmatrix} {}^W\boldsymbol{P}_1 \\ 1 \end{bmatrix} \qquad (2\text{-}40)$$

值得注意的是，图 2-14 所描述的情况是，坐标系 W 中的向量 $\boldsymbol{P}_1$，先经过平移 ${}^W\boldsymbol{Q}$ 后变为 $\boldsymbol{P}_{1-2}$，然后向量 $\boldsymbol{P}_{1-2}$ 绕空间中某一个向量 $\boldsymbol{K}$ 转动一个 θ 后，变为 $\boldsymbol{P}_2$，因此有

$${}^W\boldsymbol{P}_2 = \boldsymbol{R}(K,\theta){}^W\boldsymbol{P}_{1-2} = \boldsymbol{R}(K,\theta)\left({}^W\boldsymbol{P}_1 + {}^W\boldsymbol{Q}\right) \qquad (2\text{-}41)$$

从式 (2-41) 可以看到，${}^W\boldsymbol{Q}$ 也被转动了，因此式 (2-40) 所描述的向量 $\boldsymbol{P}_2$ 与式 (2-41) 所描述的向量 $\boldsymbol{P}_2$ 是不相等的。

假设坐标系 W 中的向量 $\boldsymbol{P}_1 = \begin{bmatrix} 3 & 7 & 0 \end{bmatrix}^\mathrm{T}$ 先绕 Z 轴按右手定则正向旋转 30°，

然后移动 $\begin{bmatrix} 10 & 5 & 0 \end{bmatrix}^{\mathrm{T}}$ 到 $\boldsymbol{P}_2$ 的位置，求 $\boldsymbol{P}_2$。可知

$$
\begin{bmatrix} {}^W\boldsymbol{P}_2 \\ 1 \end{bmatrix} = \begin{bmatrix} \boldsymbol{R}(K,\theta)_{3\times3} & {}^W\boldsymbol{Q} \\ 0 \quad 0 \quad 0 & 1 \end{bmatrix} \begin{bmatrix} {}^W\boldsymbol{P}_1 \\ 1 \end{bmatrix}
$$

$$
= \begin{bmatrix} \dfrac{\sqrt{3}}{2} & -\dfrac{1}{2} & 0 & 10 \\ \dfrac{1}{2} & \dfrac{\sqrt{3}}{2} & 0 & 5 \\ 0 & 0 & 1 & 0 \\ 0 & 0 & 0 & 1 \end{bmatrix} \begin{bmatrix} 3 \\ 7 \\ 0 \\ 1 \end{bmatrix} = \begin{bmatrix} 9.098 \\ 12.562 \\ 0 \\ 1 \end{bmatrix} \tag{2-42}
$$

因此，

$$
\boldsymbol{P}_2 = \begin{bmatrix} 9.098 \\ 12.562 \\ 0 \end{bmatrix} \tag{2-43}
$$

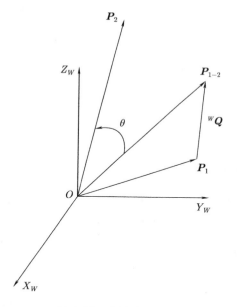

图 2-14　先平移再旋转

可以看到，本例所得结果可以用一个图来说明一下原因。如图 2-15 所示。假设向量 $\boldsymbol{P}_1$ 是刚体上的一个向量，刚体的本体坐标系为 B。一开始本体坐标系 B 与参考坐标系 W 重合。当向量 $\boldsymbol{P}_1$ 绕坐标系 W 的 Z 轴旋转时，本体坐标系 B 也跟着一起旋转相同的角度，也就是说，向量 $\boldsymbol{P}_1$ 相对于本体坐标系 B 是不变的。接着旋转后的向量 $\boldsymbol{P}_1$ 再在参考坐标系 W 内进行平移，这时本体坐标系 B 也一起移动相同的位置，那么本体坐标系 B 的原点将会移动到 $(10,5,0)$ 的位置，也间接说明了，齐次变换矩阵不仅可以描述

空间中的点在不同坐标系之间的变换，也可以描述空间中的点所表示的向量的平移和旋转操作。

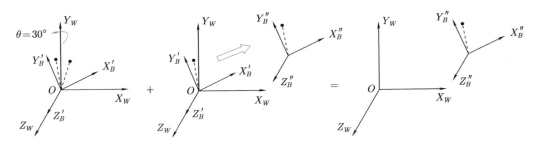

图 2-15　先旋转再平移变换

2.6　多坐标系变换

前面介绍了齐次变换描述点或向量的平移和旋转，这个平移和旋转是在两个坐标系之间进行的。当向量的平移或者旋转是在多个坐标系之间进行操作时，该怎样运用齐次变换呢？考虑如图 2-16 所示的向量在三个坐标系之间的连续变换。已知向量 P，并且已知变换 $^A\boldsymbol{T}$，那么有

$$^A\boldsymbol{P} = {}_B^A\boldsymbol{T}^B\boldsymbol{P} = {}_B^A\boldsymbol{T}_C^B\boldsymbol{T}^C\boldsymbol{P} \tag{2-44}$$

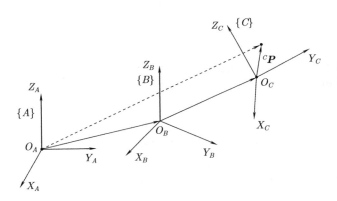

图 2-16　连续变换

式 (2-44) 可分解为

$$^A\boldsymbol{P} = {}_B^A\boldsymbol{T}_C^B\boldsymbol{T}^C\boldsymbol{P} = \begin{bmatrix} {}_B^A\boldsymbol{R}_{3\times3} & {}^A\boldsymbol{P}_{B\,\mathrm{org}} \\ 0 & 1 \end{bmatrix} \begin{bmatrix} {}^B\boldsymbol{R}_{3\times3} & {}^B\boldsymbol{P}_{C\,\mathrm{org}} \\ 0 & 1 \end{bmatrix} \boldsymbol{P} \tag{2-45}$$

最后来求齐次变换矩阵的逆矩阵。同样有

$$_B^W\boldsymbol{T} = \begin{bmatrix} {}_B^W\boldsymbol{R}_{3\times3} & {}^W\boldsymbol{B}_{B\,\mathrm{org}} \\ 0 & 1 \end{bmatrix} \tag{2-46}$$

齐次变换矩阵 ${}^W_B\boldsymbol{T}$ 与其逆矩阵 ${}^B_W\boldsymbol{T}$ 之间的关系有

$$
{}^B_W\boldsymbol{T} = {}^W_B\boldsymbol{T}^{-1}
$$

$$
{}^W_B\boldsymbol{T}{}^B_W\boldsymbol{T} = {}^W_B\boldsymbol{T}{}^W_B\boldsymbol{T}^{-1} = \boldsymbol{I}
\tag{2-47}
$$

所以

$$
{}^B_W\boldsymbol{R} = {}^W_B\boldsymbol{R}^{\mathrm{T}}
$$

$$
{}^W_B\boldsymbol{R}{}^B_W\boldsymbol{R} = \boldsymbol{I}_{3\times3}
\tag{2-48}
$$

其中式 (2-47) 与式 (2-48) 是一致的。同样,由式 (2-34) 可知

$$
{}^W_B\boldsymbol{R}{}^B\boldsymbol{P}_{W\,\mathrm{org}} + {}^W\boldsymbol{P}_{B\,\mathrm{org}} = \boldsymbol{0}_{3\times1}
\tag{2-49}
$$

所以有

$$
{}^B\boldsymbol{P}_{W\,\mathrm{org}} = -{}^W_B\boldsymbol{R}^{\mathrm{T}}\,{}^W\boldsymbol{P}_{B\,\mathrm{org}}
\tag{2-50}
$$

因此, 齐次变换矩阵 ${}^W_B\boldsymbol{T}$ 的逆矩阵 ${}^B_W\boldsymbol{T}$ 为

$$
{}^B_W\boldsymbol{T} = \begin{bmatrix} {}^B\boldsymbol{R} & {}^B\boldsymbol{P}_{W\,\mathrm{org}} \\ 0 & 1 \end{bmatrix} = {}^W_B\boldsymbol{T}^{-1} = \begin{bmatrix} {}^W_B\boldsymbol{R}^{\mathrm{T}} & -{}^W_B\boldsymbol{R}^{\mathrm{T}}\,{}^W\boldsymbol{P}_{B\,\mathrm{org}} \\ 0 & 1 \end{bmatrix}
\tag{2-51}
$$

2.7 概率论原理

在移动机器人学中,概率论原理被广泛应用于处理不确定性、噪声和环境变化。以下是一些在移动机器人学中常见的概率论原理。

1. 贝叶斯滤波

贝叶斯滤波是一种用于处理传感器数据和状态估计的概率框架。在移动机器人学中,特别是在定位问题中,贝叶斯滤波常用于融合传感器测量和系统模型,更新机器人的状态估计。常见的贝叶斯滤波方法包括卡尔曼滤波和扩展卡尔曼滤波。

假设有两个随机变量,即状态变量(State Variable),表示系统的状态,记为 X_t,其中,t 是时刻;测量变量(Measurement Variable),表示通过传感器测量得到的观测值,记为 Z_t。贝叶斯滤波的数学推导涉及贝叶斯定理的应用。以下是对一般贝叶斯滤波的简化数学表达。

我们的目标是在给定测量数据和先验信息的情况下,估计系统的状态。

先验概率(Prior):在 $t-1$ 时刻,关于系统状态的先验概率分布,记为 $P(X_{t-1})$。

测量更新(Measurement Update):在 t 时刻,通过传感器得到了新的测量值 Z_t。利用贝叶斯定理,可以更新先验概率得到后验概率:

$$
P(X_t|Z_t) = \frac{P(Z_t|X_t)P(X_{t-1})}{P(Z_t)}
$$

其中，$P(Z_t|X_t)$ 是给定状态的测量模型；$P(Z_t)$ 是用于归一化的边缘概率。

状态预测（State Prediction）：接下来，使用系统的动态模型，记为 $P(X_t|X_{t-1})$，预测下一个时刻的状态概率：

$$P(X_t) = \int P(X_t|X_{t-1})P(X_{t-1}|Z_{t-1})\,\mathrm{d}X_{t-1}$$

其中，$P(X_{t-1}|Z_{t-1})$ 是 $t-1$ 时刻得到的后验概率。

滤波输出（Filter Output）：最后，得到 t 时刻的后验概率 $P(X_t|Z_t)$，它可以作为系统状态的估计或用于进一步的控制和决策。

2. 粒子滤波

粒子滤波是一种基于随机粒子采样的非参数滤波方法，用于处理非线性和非高斯的系统。在移动机器人的定位和路径规划中，粒子滤波被广泛用于估计机器人的状态，并考虑环境的不确定性。

问题描述：假设有一个动态系统，其状态在时间步骤 t 时由向量 $\boldsymbol{x}_t$ 描述，同时有一个观测系统，产生观测 $\boldsymbol{z}_t$。

状态转移模型：系统的状态在下一个时间步骤 $t+1$ 的状态转移由动态模型描述：

$$\boldsymbol{x}_{t+1} = f(\boldsymbol{x}_t, \boldsymbol{u}_t, \boldsymbol{w}_t)$$

其中，f 是状态转移函数，描述了系统的演化；$\boldsymbol{u}_t$ 是控制输入；$\boldsymbol{w}_t$ 是过程噪声，表示系统的不确定性。

观测模型：观测模型描述了观测 $\boldsymbol{z}_t$ 如何从系统的状态 $\boldsymbol{x}_t$ 中产生：

$$\boldsymbol{z}_t = h(\boldsymbol{x}_t, \boldsymbol{v}_t)$$

其中，h 是观测函数，描述了状态如何映射到观测；$\boldsymbol{v}_t$ 是观测噪声，表示观测过程中的不确定性。

根据贝叶斯滤波理论，给定先验概率 $P(\boldsymbol{x}_t|\boldsymbol{z}_{1:t-1}, \boldsymbol{u}_{1:t-1})$ 和观测 $\boldsymbol{z}_t$，可以通过以下步骤更新后验概率：

$$P(\boldsymbol{x}_t|\boldsymbol{z}_{1:t}, \boldsymbol{u}_{1:t}) \propto P(\boldsymbol{z}_t|\boldsymbol{x}_t) \int P(\boldsymbol{x}_t|\boldsymbol{x}_{t-1}, \boldsymbol{u}_t)P(\boldsymbol{x}_{t-1}|\boldsymbol{z}_{1:t-1}, \boldsymbol{u}_{1:t-1})\,\mathrm{d}\boldsymbol{x}_{t-1}$$

其中，积分是对 $\boldsymbol{x}_{t-1}$ 进行的。

为了近似地处理上述后验概率，粒子滤波引入了一组粒子，每个粒子表示一个对状态的假设。在每个时间步骤，粒子按照状态转移模型进行预测，然后根据观测更新其权重。重采样步骤根据权重调整粒子的分布，以更好地逼近真实概率分布。

3. 概率地图

概率地图用于表示环境中每个位置的可信度或概率。这允许机器人在感知数据不确定性的情况下进行地图构建和导航。常见的概率地图包括栅格地图和基于网格的地图，通过概率分布表示每个网格的状态。

概率地图的具体数学推导通常涉及贝叶斯滤波的框架，其中包括先验概率、传感器测量更新和地图的更新。这里以 Occupancy Grid Map 为例，简要介绍一下概率地图的基本数学推导。

先验概率（Prior）：假设机器人在环境中的位置用变量 X 表示，地图的状态用变量 M 表示。先验概率表示在没有传感器信息的情况下，对机器人位置和地图状态的初始估计，可以表示为 $P(X, M)$。

传感器测量更新（Sensor Measurement Update）：当机器人获取传感器测量数据 Z 时，可以使用贝叶斯定理来更新对位置和地图的估计。更新后的概率表示为 $P(X, M|Z)$。具体公式为

$$P(X, M|Z) = \frac{P(Z|X, M)P(X, M)}{P(Z)}$$

其中，$P(Z|X, M)$ 是给定位置和地图状态下测量值的概率；$P(Z)$ 是归一化常数。

地图的更新：在考虑传感器测量信息后，地图的状态也需要进行更新。地图的状态变量用 M' 表示，更新后的概率为 $P(M'|Z)$。

$$P(M'|Z) = \frac{P(Z|M')P(M')}{P(Z)}$$

其中，$P(Z|M')$ 是给定地图状态下测量值的概率；$P(M')$ 是归一化常数。

Occupancy Grid Map 表示：对于 Occupancy Grid Map，我们关心每个栅格的状态，即该位置上是否有障碍物，可以使用二值表示，1 表示有障碍物，0 表示无障碍物。更新后的每个栅格的概率可以通过传感器测量信息来计算。

这些概率学原理使得移动机器人能够更好地应对感知噪声、环境变化和不确定性，从而提高系统的鲁棒性和可靠性。

2.8   本章小结

本章的数学基础涵盖了坐标系和变换、运动学、运动规划与控制以及概率与估计等方面。首先，本章深入研究了坐标系和变换，包括笛卡儿坐标系（直角坐标系）、极坐标系以及平移和旋转变换，为机器人在三维空间中的位置和姿态提供了基础。其次，运动学的学习使我们能够准确描述机器人的运动规律，包括关节空间和笛卡儿空间的运动学模型，以及正、逆运动学的应用。最后，概率与估计的概念被引入，用于处理机器人系统中的不确定性和噪声，包括定位不确定性建模以及运动预测等。通过全面理解这些数学基础，读者将能够更好地将其应用于移动机器人的设计、控制和应用，为构建鲁棒、高效的机器人系统奠定坚实基础。这些数学工具不仅是理论的支柱，同时也是实际应用的关键桥梁，为机器人技术的发展提供了必要的数学支持。

习题

1. 对于空间向量的直角坐标运算，假设 $\boldsymbol{a} = (a_1, a_2, a_3)$，$\boldsymbol{b} = (b_1, b_2, b_3)$，则有

（1）$a + b =$?

（2）$a - b =$?

（3）$\lambda a =$?

2. 如何判断两个向量是否是同一方向、是否正交 (也就是垂直) 等方向关系?

3. 当先绕 X 轴旋转 30°，然后绕 Y 轴旋转 60°，得到的旋转矩阵是什么?

4. 当先绕 Y 轴旋转 60°，然后绕 X 轴旋转 30°，得到的旋转矩阵是什么?

5. 常见的贝叶斯滤波方法包括哪些?

6. 一般贝叶斯滤波包括哪几个部分?

7. 什么是粒子滤波?

第 3 章　移动机器人硬件机构

　　本章研究一种室内自主导航移动机器人及其轨迹跟踪控制系统，在研究移动机器人的定位导航和控制策略之前，本章将首先介绍作为实验平台的移动机器人的基本情况。移动机器人控制系统的整体架构主要可以分为机械硬件部分和算法软件部分，接下来本章将主要对相关的软、硬件进行介绍，为移动机器人的策略研究奠定基础。

　　移动机器人的行驶机构主要分为履带式、足式和轮式三种，如图 3-1所示。这三种行驶机构各有特点。

a）履带式机器人　　　　　　b）足式机器人　　　　　　c）轮式机器人

图 3-1　移动机器人的类型

　　履带最早出现在坦克和装甲车上，后来出现在某些地面行驶的机器人上，履带式机器人牵引力大、不易打滑，具有优越的越野性能。由于这些特点，履带式机器人可以很好地适应复杂多变的野外环境，执行各种任务。履带式机器人的行走原理是通过电动机带动驱动轮转动，驱动轮上的轮齿与履带链之间的啮合，使履带从后方连续不断地卷起，从而推动机器人向前行驶。履带行走机构的前后履带均可单独转向，这使得它的转弯半径更小，更加灵活。在应用中，履带式机器人因其出色的越障能力和承载能力，被广泛应用于军事、消防、灾难搜救等特殊领域。例如，在军事上，它可以搭载各种末端执行器，用于野外军事侦察、运输等活动，几乎能够适应所有的野外场景，如沙漠、乱石及废墟等。在消防领域，履带式机器人可以搭载高压水枪，其巨大的后坐力可以被履带与地面的大接触面积有效分摊，保持机身姿态的稳定。但是当地面环境恶劣时，履带很快会被磨损甚至磨断，沉重的履带和繁多的驱动轮使得整体机构笨重不堪，消耗的功率也相对较大。

　　足式机构具有出色的越野能力，这里简单介绍一种典型的四足机器人。四足机器人是一种仿生机器人，其设计灵感来源于四足哺乳动物的运动方式。它拥有四条腿，通过模拟动物的行走、奔跑、跳跃等动作来实现移动。四足机器人具有明显的非连续支撑特点，能够跨越崎岖复杂的地形，兼顾灵活性、越障、多地形自适应等特点，因此具备在非结构化环境中的应用潜力。四足机器人的运动依赖于先进的控制算法和传感器技术，能够实现精确的步态生成和运动控制。它可以根据不同的环境和任务需求，调整步态和行走速度，以最优的方式完成任务。同时，四足机器人还具备较高的负载能力，可以承担一定重量的物品进行运输。四足机器人具有广阔的应用前景。在军事行动、巡检探测、消防营救等领域，四足机器人可以发挥其强大的越障能力和负载能力，执行复杂任务。此外，在物流、公共服务、医疗护理等领域，四足机器人也可以发挥重要作用，例如，实现自主导航、物体识别、抓取和搬运等功能，帮助人们完成各种任务。

轮式移动机器人是一类广泛应用的移动机器人，它依靠轮子进行移动。其优点在于移动速度快、结构简单、控制方便，特别适用于平坦路面和室内环境。然而，轮式移动机器人的地形适应性相对较差，遇到崎岖不平的地形或障碍物时容易受限，越障能力有限。此外，在某些特定情况下，如高速转弯，也可能存在稳定性问题。总的来说，轮式移动机器人在适用场景内表现优异，但在复杂地形或需要高越障能力的场合可能稍显不足。

3.1　驱动方式

驱动部分是机器人系统的重要组成部分，机器人常用的驱动形式主要有液压驱动、气压驱动和电驱动三种基本类型。

3.1.1　液压驱动

液压驱动是以高压油作为介质，其体积较气压驱动小，功率质量比大，驱动平稳，且系统的固有效率高，快速性好，同时液压驱动调速比较简单，能在很大范围内实现无级调速。但由于压力高，总是存在漏油的危险，这不仅影响工作稳定性和定位精度，而且污染环境，所以需要良好的维护，以保证其可靠性。液压驱动相比电驱动的优越性就在于它本身的安全性，由于电动机存在着电弧和引爆的可能性，要求在易爆区域中所带电压不超过 9V，但液压系统不存在电弧问题。

液压驱动在机器人系统中的应用广泛而深入，其工作原理基于液体在密闭系统中传递压强与能量的特性，为机器人提供了高效、稳定且强大的动力支持。在现代化的工业制造、航空航天、深海探索乃至医疗服务等多个领域中，液压驱动技术的应用已经成为机器人系统不可或缺的一部分。液压驱动的工作原理主要基于帕斯卡定律，即在一个密闭的容器中，液体能够等值地传递外加的压强。在机器人系统中，液压驱动装置通常由液压泵、液压缸、控制阀和管路等部件组成。液压泵负责将液体从油箱中抽出并加压，随后高压液体通过管路流向液压缸。液压缸内部设有活塞，当高压液体作用在活塞上时，活塞便会移动，进而驱动机器人完成相应的动作。通过控制阀的精确调节，可以实现对机器人运动速度、方向及力量的精准控制。

液压驱动在机器人系统中的优势显而易见。首先，液压驱动具有较大的功率密度，能够在较小的体积内产生较大的驱动力，这使得机器人在执行重负载任务时表现出色。其次，液压驱动具有良好的缓冲性能，能够减小机器人在运动过程中的冲击和振动，提高机器人的运动平稳性和精度。此外，液压驱动还具有较好的环境适应性，能够在高温、低温、潮湿等恶劣环境下稳定工作，满足机器人系统在各种复杂环境中的需求。如图 3-2所示是一种液压传动器。在机器人系统的实际应用中，液压驱动技术发挥着举足轻重的作用。以工业制造为例，液压驱动的机器人可以完成各种自动化生产线上的物料搬运、加工装配等任务，从而实现提高生产效率的同时降低人工成本。在航空航天领域，液压驱动的机器人能够执行精密的零部件加工、装配和检测任务，为航空航天器的研发与生产提供有力支持。在深海探索中，液压驱动的潜水机器人能够在高压、低温的深海环境中稳定工作，实现深海资源的开发和利用。在医疗服务领域，液压驱动的手术机器人能够精确执行手术操作，减轻医生的工作负担，提高手术成功率。

图 3-2　液压传动器

　　然而，液压驱动技术也面临着一些挑战和限制。例如，液压系统中的液体泄漏问题可能导致环境污染和机器人性能下降。此外，液压油的温度敏感性也可能影响机器人在极端温度环境下的工作稳定性。为了克服这些挑战，研究者们正在致力于开发新型的密封材料和温控技术，以提高液压驱动系统的可靠性和稳定性。随着科技的进步，液压驱动技术也在不断革新和优化。新型的液压泵、液压缸和控制阀等部件不断涌现，为机器人系统提供了更高效、更可靠的动力支持。同时，智能化和自适应控制技术的应用也使得液压驱动机器人能够更好地适应各种复杂环境和任务需求。

3.1.2　气压驱动

　　在所有的驱动方式中，气压驱动是最简单的。其使用压强通常在 0.4~0.6MPa，最高可达 1MPa。虽然用气压伺服实现高精度是困难的，但在满足精度要求的场合下，气压驱动在所有的机器人驱动形式中是质量最小、成本最低的。

　　气压驱动在机器人系统中的应用日益广泛，其基于气体在密闭空间内传递压强与能量的特性，为机器人提供了高效、灵活且安全的动力解决方案。在工业自动化、物流运输、医疗康复等领域，气压驱动技术的应用已经为机器人系统的发展注入了新的活力。气压驱动的工作原理是通过压缩气体在管道中的流动，产生驱动力使机器人执行相应动作。机器人系统中通常包含一个或多个气压缸，每个气压缸都配备有活塞和密封件。当压缩气体通过管道进入气压缸时，活塞受到气体的压力作用而移动，从而驱动机器人完成所需动作。通过控制气体的流量和压力，可以实现对机器人运动速度、力量和方向的精确调节。

气压驱动在机器人系统中的应用具有诸多优势。首先，气压驱动具有响应速度快、动作灵敏的特点，这使得机器人在需要快速响应的场合下表现出色。其次，气压驱动系统结构简单、维护方便，降低了机器人系统的使用成本。此外，气压驱动还具有较好的安全性，因为气体在系统中的传播速度较快，一旦发生故障，可以迅速切断气源，避免机器人继续执行危险动作。在工业自动化领域，气压驱动的机器人广泛应用于装配、搬运、检测等任务。它们能够准确、快速地完成各种动作，提高生产效率，降低人工成本。在物流运输领域，气压驱动的机器人可以完成货物的自动分拣、搬运和堆垛等任务，减轻了人工劳动强度，同时提高了物流效率。在医疗康复领域，气压驱动的康复机器人能够辅助患者进行康复训练，促进患者的身体功能恢复。

气压驱动在机器人系统中的应用也面临一些挑战。其功率质量比小，装置体积大。同时，由于空气的可压缩性，机器人在进行任意定位时，位姿精度往往不高，稳定性相对较低。此外，气体的压力变化容易受到温度等环境因素的影响，因此在实际应用中需要对气压系统进行精确的调控和补偿。为了解决这些问题，研究者们正在努力提高气压驱动系统的精度和稳定性，以及开发更先进的气体控制技术。

尽管面临挑战，气压驱动技术的发展前景仍然十分广阔。随着材料科学的进步和制造工艺的改进，新型的气动元件和密封材料不断涌现，为气压驱动机器人提供了更好的性能保障。同时，随着智能化和自动化技术的不断发展，气压驱动机器人将具备更高的自主性和适应性，能够更好地适应各种复杂环境和任务需求。未来气压驱动技术将在机器人系统中发挥更加重要的作用。可以预见，未来的气压驱动机器人将更加智能、高效、灵活，能够在各种应用场景下展现出更加出色的性能。同时，随着技术的不断进步和应用领域的不断拓展，气压驱动机器人将为人类的生产、生活带来更多的便利和效益。

3.1.3　电驱动

电驱动的工作原理主要依赖于电动机的旋转运动。电动机通过内部的电磁场相互作用，将电能转化为旋转的机械能。在机器人系统中，电动机通常与传动机构相连，如减速器、联轴器等，以实现对机器人关节或执行器的精确控制。通过控制电动机的电流、电压和频率等参数，可以实现对机器人运动速度、加速度和方向的精确调节。电驱动是目前机器人用得最多的一种驱动方式。其特点是易于控制，运动精度高，响应快，使用方便，驱动力较大，信号监测、传递、处理方便，成本低廉，驱动效率高，不污染环境，可以采用多种灵活的控制方案。

电驱动在机器人系统中的应用具有显著优势。首先，电驱动具有响应速度快、控制精度高的特点，使得机器人在执行高精度任务时表现出色。其次，电驱动系统结构紧凑、效率高，有助于提升机器人的整体性能。此外，电驱动还具备良好的兼容性，可以与各种传感器、控制器和执行器无缝集成，实现机器人系统的智能化和自动化。

在工业自动化领域，电驱动的机器人广泛应用于生产线上的物料搬运、加工装配、质量检测等环节。它们能够准确、快速地执行预设任务，提高生产效率，降低人工成本。在医疗领域，电驱动的手术机器人能够辅助医生进行精细的手术操作，减轻医生的工作负担，提高手术成功率。同时，电驱动的服务型机器人也在酒店、餐饮等服务业得到广泛应用，为顾客提供便捷、高效的服务。电驱动技术的发展为机器人系统带来了更多的可能性。随着新材料、新工艺的应用，电动机的性能不断提升，使得电驱动机器人在速度、力量、精度等方面取得了显著进步。此外，随着智能化算法和人工智能技术的引入，电驱动机器人具备了更强的自主学习和决策能力，能够更好地适应复杂多变的工作环境。

当然，电驱动技术也面临着一些挑战。例如，电动机在高速运转时产生的热量需要有效散发，以确保其稳定性和寿命。同时，电驱动系统对电源的稳定性要求较高，需要采取有效的措施来应对电压波动和电磁干扰等问题。为了解决这些问题，研究者们正在致力于开发新型散热技术、优化电源管理策略以及提高系统的抗干扰能力。随着技术的不断创新和突破，电驱动机器人将拥有更强大的性能、更精准的控制以及更广泛的应用场景。可以预见，未来的电驱动机器人将更加智能化、自主化，能够与人类更紧密地协作，共同应对各种挑战和机遇。

3.2　传感器分类

用于移动机器人的传感器种类广泛。有些传感器只用于测量简单的值，如机器人电子元器件内部温度或电动机转速。而其他更复杂的传感器可以用来获取关于机器人环境的信息甚至直接测量机器人的全局位置。本节主要讨论提取有关机器人环境信息的传感器。因为机器人四处移动，它常常碰见未预料的环境特征，所以这种感知特别重要，下面从传感器功能的分类开始，对不同的传感器进行详细描述。此处采用两个重要的功能轴：本体感受的/外感的和被动/主动对传感器进行分类。本体感受传感器测量系统（机器人）的内部值，如电动机速度、轮子负载、机器人手臂关节的角度、电池电压等。外感受传感器从机器人的环境获取信息，如距离、亮度、声音幅度等。因此，为了提取有意义的环境特征，机器人要解释外感受传感器的测量信息。被动传感器测量进入传感器的周围环境的能量。被动传感器的例子包括温度探测器、传声器、CCD 和 CMOS 摄像机。主动传感器发射能量到环境，然后测量环境的反应。因为主动传感器可以支配与环境（受更多约束）的交互，它们常常具有卓越的特性指标。然而，主动传感器引入了几个风险：发射的能量可能影响传感器力图测量的真正特征。而且，主动传感器可能在它的信号和不受它控制的信号之间遭受干扰。例如，附近其他机器人或同一机器人上相似传感器发射的信号，会影响其最终的测量。主动传感器的例子包括车轮编码器、超声传感器和激光测距仪。

3.2.1　电动机转速传感器

电动机转速传感器是用于测量移动机器人内部状态和动力学的装置。这些传感器除了在移动机器人学中有广泛应用外，还在其他领域发挥着重要作用。这里主要介绍一种电动机转速传感器：光学增量编码器。光学增量编码器已经成为测量电动机内部、轮轴或操纵机构上角速度和位置的最普及的设备，如图 3-3 所示。在移动机器人学中，编码器用于控制位置或轮子的速度，或其他电动机驱动的关节。因为这些传感器是本体感受式的，所以在机器人参考坐标系中，它们的位置估计是最准确的。然而，在用于机器人定位时，仍需要一定的校正。光学编码器基本上是一个机械的光振子，当其转轴旋转时，会产生一定数量的正弦或方波脉冲。它由照明源、屏蔽光的固定光栅、与轴一起旋转带细光栅的转盘和固定的光检测器组成。当转盘转动时，根据固定的和运动的光栅的排列，穿透光检测器的光量会发生变化。在机器人学中，最后得到的正弦波通过阈值变换成离散的方波，在亮和暗的状态之间转换。分辨率以每转周期数（CPR）度量，最小的角分辨率可以从编码器的 CPR 额定值计算得出。在移动机器人学中，典型的编码器拥有 2000 CPR，而光学编码器工业可以制造出具有 10000 CPR 的编码器。当然，根据所需的带宽，最关键的是编码器必须足够快。工业上的光编码器通常不会对移动机器人的应用提出带宽限制。通常，在移动机器人学中，使用正向编码器。在这种情况下，第二对照明源和检测器被安放在相对于第一对旋转 90° 的地方，合成的一对方波提供了更多有意义的信息。对方波产生的第一个上升边缘进行排序，通过对比可以辨认转动方向。而且，四个可检测的不同状态，在不改变旋转盘的情况下，分辨率可提高 4 倍。因此，一个 2000 CPR 正交编码器可以产生 8000 个计数。为了进一步提高分辨率，可以利用内插值方法，将输出信号由脉冲形式改为正余弦形式，再由细分器分出更多的方波或者数字位置信息。通过优化光学编码器发光元件、码盘、光敏元件的构造，减少模拟正弦波变形量，从而实现高分辨率、高精度。就大多数本体感受式传感器而言，编码器通常处在移动机器人内部结构受控的环境中，因此可以设计成无系统误差和无交叉灵敏度。光学编码器的准确度常被认定为 100%，虽然这并非完全无误。但在光学编码器级别上，任何误差会因电动机轴误差较大而显得微不足道。

图 3-3　光学增量编码器

3.2.2　测距传感器

在移动机器人学中，有源测距传感器一直是最受欢迎的传感器类型，如图 3-4所示。许多测距传感器的价格实惠，最重要的是，所有测距传感器都能提供易于解释的输出：

直接测量机器人与其邻近物体的距离。对于障碍检测和避障，大多数移动机器人都严重依赖于有源测距传感器。不过，测距传感器所提供的局部自由空间的信息也可以整合到超越机器人当前局部参考坐标系之外的表示中。因此，有源测距传感器也常被用作移动机器人定位和环境建模过程的一部分。然而，随着视觉解释能力的逐步提升，可以预期这类有源传感器可能会逐渐失去其主导地位。接下来，将介绍基于飞行时间的有源测距传感器：超声传感器。

图 3-4   测距传感器

超声传感器的基本原理是发送超声压力波包，并测量该波包反射并回到接收器所花费的时间。根据声音的传播速度 c 和飞行时间 t，可以计算出引起反射的物体距离 d。通过发射一系列的声脉冲组成波包，并利用积分器来线性地计算这些声波从发射到接收回波的时间。为了将输入的声波转换为有效的回波，可设置一个阈值，这个阈值通常随时间下降。因为根据分析过程，当回波行进较长距离时，期望的回波幅度会随时间下降。但在初始脉冲发送期间及发送后的短暂时间内，会将阈值设置得很高，以防止向外发送的脉冲触发回波检测器。变送器在初始发射后会继续循环，多达几毫秒，以控制传感器的消隐时间。需要注意的是，在消隐时间内，如果发送的声音遇到非常近的物体并反射回超声传感器，则检测可能会失败。一旦消隐时间过去，系统就会检测任何高于阈值的反射声波，触发一个数字信号，并使用积分器的值来计算距离。

超声波通常具有 40~180kHz 的频率，由压电或静电换能器产生。虽然通过使用不同的输入和输出电路可以减少所需的消隐间隔，但通常使用相同的单元来检测反射信号。在为移动机器人选择合适的超声传感器时，可以根据频率来选择适用的范围。较低的频率对应较长的距离，但具有较长的后发送循环的缺点，因此需要较长的消隐时间。移动机器人所用的大多数超声传感器的有效距离为 12cm~5m。商用超声传感器的准确性为 98%~99.1%。在移动机器人应用中，通过特定的实现方法，一般可以达到近似为 2cm 的分辨率。在大多数情况下，为了同样获得关于所碰到物体的精确方向信息，声束可能需要一个狭小的孔径角，这是一个主要的限制。因为声音以锥形方式传播，具有 20°~40° 的孔径角。

3.2.3　视觉传感器

视觉传感器是整个机器视觉系统信息的直接来源，主要由一个或者两个图形传感器组成，有时还要配以光投射器及其他辅助设备。视觉传感器的主要功能是获取足够的机器视觉系统要处理的最原始图像，如图 3-5所示。

图 3-5　视觉传感器

视觉传感器通过捕捉和解析图像信息，能够实现对物体的识别、定位、跟踪以及场景理解等功能，从而帮助机器设备在复杂的现实世界中更好地完成任务。视觉传感器的基本原理基于光学和图像处理技术，其核心组成部分通常包括光学成像系统、图像传感器和图像处理单元。光学成像系统负责将目标物体的图像聚焦到图像传感器上，图像传感器则将接收到的光信号转换成电信号，进而生成数字图像。随后，图像处理单元对数字图像进行算法处理，提取出有用的信息，如物体的形状、大小、颜色、位置等。

随着制造工艺的进步和算法的优化，视觉传感器的性能得到了显著提升，如更高的分辨率、更快的处理速度和更强的环境适应性。同时，随着人工智能和深度学习技术的融入，视觉传感器在图像识别、目标检测等方面的能力也得到了极大的增强，这使得视觉传感器能够在更复杂的场景和更精细的任务中发挥作用，进一步拓展了其应用领域。然而，尽管视觉传感器技术已经取得了显著的进步，但仍然存在一些挑战和问题需要解决。例如，在光照条件变化、遮挡、反光等复杂环境下，视觉传感器的性能可能会受到影响。此外，随着应用场景的不断拓展，对视觉传感器的精度、实时性和稳定性等方面的要求也在不断提高。因此，未来的视觉传感器技术需要在算法优化、硬件升级和系统集成等方面持续创新，以应对这些挑战并满足更高的应用需求。

3.3　电动机分类

电动机是指依据电磁感应定律实现电能转换或传递的一种电磁装置。电动机在电路中用字母 M 表示，它的主要作用是产生驱动转矩，作为用电器或各种机械的动力源；发电机在电路中用字母 G 表示，它的主要作用是将机械能转化为电能。本节主要介绍在移动机器人中常用到的电动机类型。

3.3.1 直流式电动机

直流式电动机作为电动机的一种重要类型，以其高效、稳定、可控的特性，在工业生产、交通运输以及家用电器等多个领域发挥着举足轻重的作用。它的工作原理就是把电枢线圈中感应的交变电动势，靠换向器配合电刷的换向作用，使之从电刷端引出时变为直流电动势。感应电动势的方向按右手定则确定（磁感线指向手心，大拇指指向导体运动方向，其他四指的指向就是导体中感应电动势的方向）。

直流式电动机的工作原理基于电磁感应与电磁力作用。其核心构造包含定子、转子、换向器及电刷等部分。定子上固定有磁极，产生恒定的磁场；转子则由导线绕制而成，当电流通过导线时，根据安培定则，会在导线周围产生磁场。这个磁场与定子上的磁场相互作用，产生电磁力，推动转子在磁场中旋转。而换向器和电刷的巧妙设计，则保证了电流在转子中的方向随着转子的转动而不断改变，从而实现了连续的旋转运动。

具体来说，当直流电源接通时，电流首先通过电刷流入换向器，经过换向器的作用，电流被分配到转子上的不同绕组中。此时，由于电流通过导线产生的磁场与定子磁场的作用，转子开始旋转。随着转子的转动，换向器不断改变电流的方向，使得转子上的磁场方向也随之改变，从而保证了转子能够连续不断地旋转。这种通过电磁力驱动转子旋转的过程，就是直流式电动机工作的基本原理。直流式电动机的优势在于其速度可调性和控制精度。由于直流电源的特性，电动机的转速可以通过调节电流的大小来实现。此外，通过控制电流的方向和大小，还可以精确地控制电动机的转向和转矩输出。这使得直流式电动机在需要精确控制转速和转矩的场合，如精密加工、自动化生产线等领域，具有得天独厚的优势。

同时，直流式电动机的结构简单、维护方便，也是其广受欢迎的原因之一。与交流式电动机相比，直流式电动机的结构更为直观，各部分之间的相互作用也更为直接。这使得电动机的维护和检修相对容易，降低了维护成本。此外，直流式电动机的运行稳定、噪声低，也为其在需要长时间运行的场合，如风扇、泵等设备上提供了良好的应用前景。然而，直流式电动机并非没有缺点。由于其工作原理依赖于换向器和电刷的工作，因此在使用过程中会产生电火花和磨损，这在一定程度上影响了电动机的使用寿命和效率。同时，直流式电动机在高速运转时可能会产生较大的电磁噪声和振动，这也限制了其在某些对噪声和振动要求较高的场合的应用。

尽管如此，随着科技的进步和工艺的提升，直流式电动机的性能正在不断改善。新型的直流式电动机采用了更先进的材料和制造工艺，使得电动机的效率更高、寿命更长。同时，一些新型的控制技术也被应用到直流式电动机中，使得电动机的控制更为精确、灵活。这些改进不仅提升了直流式电动机的性能，也扩大了其应用领域。

3.3.2 电磁式直流电动机

电磁式直流电动机由定子磁极、转子（电枢）、换向器、电刷、机壳、轴承等构成，电磁式直流电动机的定子磁极（主磁极）由铁心和励磁绕组构成。根据其励磁方式的不同，电磁式直流电动机又可分为串励直流电动机、并励直流电动机、他励直流电动机和复励直流电动机。因励磁方式不同，定子磁极磁通（由定子磁极的励磁线圈通电后产生）的变化规律也不同。

串励直流电动机的励磁绕组与转子绕组之间通过电刷和换向器相串联，励磁电流与电枢电流成正比，定子的磁通量随着励磁电流的增大而增大，转矩近似与电枢电流的二次方成正比，转速随转矩或电流的增大而迅速下降。其起动转矩可达额定转矩的 5 倍以上，短时间过载转矩可达额定转矩的 4 倍以上，转速变化率较大，空载转速甚高（一般不允许其在空载下运行）。可通过外用电阻器与串励绕组串联（或并联），或将串励绕组并联换接来实现调速。

并励直流电动机的励磁绕组与转子绕组相并联，其励磁电流较恒定，起动转矩与电枢电流成正比，起动电流约为额定电流的 2.5 倍。转速则随电流及转矩的增大而略有下降，短时过载转矩为额定转矩的 1.5 倍。转速变化率较小，为 5%～15%。可通过减小磁场的恒功率来调速。

他励直流电动机的励磁绕组接到独立的励磁电源供电，其励磁电流也较恒定，起动转矩与电枢电流成正比。转速变化也为 5%～15%。可以通过削弱磁场恒功率来提高转速或通过降低转子绕组的电压来使转速降低。

复励直流电动机的定子磁极上除有并励绕组外，还装有与转子绕组串联的串励绕组（其匝数较少）。串联绕组产生磁通的方向与主绕组的磁通方向相同，起动转矩约为额定转矩的 4 倍，短时间过载转矩为额定转矩的 3.5 倍左右。转速变化率为 25%～30%（与串联绕组有关）。转速可通过削弱磁场强度来调整。

换向器的换向片使用银铜、镉铜等合金材料，用高强度塑料模压成。电刷与换向器滑动接触，为转子绕组提供电枢电流。电磁式直流电动机的电刷一般采用金属石墨电刷或电化石墨电刷。转子的铁心采用硅钢片叠压而成，一般为 12 槽，内嵌 12 组电枢绕组，各绕组间串联后，再分别与 12 片换向片连接。

3.3.3　永磁式直流电动机

永磁式直流电动机也由定子磁极、转子、电刷、外壳等组成，定子磁极采用永磁体（永久磁钢），有铁氧体、铝镍钴、钕铁硼等材料。按其结构形式，永磁式直流电动机可分为圆筒型和瓦块型等几种。录放机中的电动机多使用圆筒型磁体，而电动工具及汽车上的电动机多数采用瓦块型磁体。

永磁式直流电动机的工作原理是利用永久磁铁产生磁场，并与电枢电流相互作用以转换电能为机械能。永磁式直流电动机的核心是其定子上的永久磁铁，这些磁铁排列成南北极交替的模式，形成一个稳定的磁场环境。这个磁场是电动机工作的基础，无须外部电力维持。电动机的转子部分包含多组线圈，称为电枢绕组。当外部直流电源通过电刷和换向器这一机制接入电枢绕组时，电流开始在绕组中流动。流经电枢绕组的直流电产生电磁效应，绕组周围形成一个随电流方向变化的电磁场。这一动态磁场与定子上永久磁铁产生的静态磁场相互作用。根据电磁力定律，当两个磁场方向不完全一致时，会产生一个力，试图使它们对齐。在电动机中，这一力表现为转矩，推动转子旋转。具体而言，根据左手定则，电流方向与磁场方向决定了转矩的方向，促使转子沿特定方向旋转。为保持转矩方向不变，确保电动机连续旋转，换向器发挥了关键作用。随着转子旋转，换向器通过电刷适时地改变电流在电枢绕组中的流向。这一过程确保了无论转子处于何种位置，电磁场与永磁磁场之间始终保持着推动转子持续旋转的相互作用。电动机转子的旋转最终转化为轴上的机械能，即转矩输出，可用于驱动各种机械设备。

永磁式直流电动机结构相对简单、效率高且运行可靠，广泛应用于各种需要精确控制和高效动力传输的场合。在汽车及摩托车行业中，永磁直流电动机常用于各种辅助系统，如电动车窗、座椅调整及后视镜等。工业应用方面，永磁直流电动机在精密仪器、自动控制设备中发挥作用，包括打印机、扫描仪、硬盘驱动器、光盘驱动器等办公自动化设备，依靠它们实现精准的定位与速度控制。在要求严格的自动化生产线、机器人技术里，这些电动机作为执行元件，确保动作的准确与高效。永磁材料提供的磁场无须外部能量维持，减少了励磁损耗，使得永磁直流电动机的效率通常比传统直流电动机高。由于采用永磁体替代传统的电磁铁结构，永磁电动机在设计上更加紧凑，重量减轻，适合空间受限和便携式设备的应用。没有电磁铁励磁带来的噪声，且机械结构简单，运行时振动小，永磁直流电动机特别适用于对噪声和振动敏感的环境。然而永磁直流电动机也存在一些缺点。与电磁铁励磁的电动机相比，永磁电动机的磁场强度固定，无法根据运行条件调整，这可能限制了某些应用中的灵活性。另外，在高温环境下，永磁体会有退磁风险，影响电动机性能和寿命，需采取散热措施保护。一旦永磁体损坏或退磁，修复难度大，往往需要更换整个电动机部分，增加了维护复杂度和成本。尽管存在这些问题，但随着科技的进步和制造工艺的改进，永磁式直流电动机的性能也在不断提升。新型材料的出现、先进控制技术的应用以及智能化的发展趋势都为电磁式电动机的发展提供了广阔的空间。

3.3.4　无刷直流电动机

无刷直流电动机（图 3-6）是一种同步电动机，采用电子换向器取代传统直流电动机中的机械换向器和电刷，从而避免了电火花和磨损问题，使得其工作表现更加可靠。其转子由磁铁组成，通过控制定子上的电流实现旋转。由于没有电刷和换向器，转子上的磁铁由电子元器件控制，因此无刷直流电动机具有高效率、高可靠性和低噪声等优点。

无刷直流电动机由永磁体转子、多极绕组定子、位置传感器等组成。位置传感按转子位置的变化，沿着一定次序对定子绕组的电流进行换流（即检测转子磁极相对定子绕组的位置，并在确定的位置产生位置传感信号，经信号转换电路处理后控制功率开关电路，按一定的逻辑关系进行绕组电流切换）。定子绕组的工作电压由位置传感器输出控制的电子开关电路提供。位置传感器有磁敏式、光电式和电磁式三种类型。采用磁敏式位置传感器的无刷直流电动机，其磁敏传感器件（如霍尔元件、磁敏二极管、磁敏晶体管、磁敏电阻器或专用集成电路等）装在定子组件上，用来检测永磁体、转子旋转时产生的磁场变化。采用光电式位置传感器的无刷直流电动机，在定子组件上按一定位置配置了光电传感器件，转子上装有遮光板，光源为发光二极管或小灯泡。转子旋转时，由于遮光板的作用，定子上的光敏元器件将会按一定频率间歇发出脉冲信号。采用电磁式位置传感器的无刷直流电动机，是在定子组件上安装有电磁传感器部件（如耦合变压器、接近开关、LC 谐振电路等），当永磁体转子位置发生变化时，电磁效应将使电磁传感器产生高频调制信号（其幅值随转子位置而变化）。

图 3-6　无刷直流电动机

无刷直流电动机有很多优点，例如，无电火花和磨损，工作寿命长且可靠性高；转动惯量小，转矩惯量比高，响应速度快；通过永磁体产生气隙磁场，效率和功率因数高，发热部分在定子上，散热容易。但是无刷直流电动机的成本相对较高，主要是因为稀土永磁体比其他永磁体昂贵，且存在有限的恒功率范围、安全性问题和磁体退磁等缺点。

3.3.5　交流异步电动机

交流异步电动机是领先交流电压运行的电动机，广泛应用于电风扇、电冰箱、洗衣机、空调器、电吹风、吸尘器、油烟机、洗碗机、电动缝纫机、食品加工机等家用电器及各种电动工具、小型机电设备中。交流异步电动机主要由定子和转子两部分组成。定子包括定子铁心和定子绕组，定子绕组则是电流通过产生旋转磁场的部分。转子则由铁心、绕组以及支撑结构组成，它受到定子产生的旋转磁场的作用而转动。交流异步电动机分为感应电动机和交流换向器电动机。感应电动机又分为单相异步电动机、交直流两用电动机和推斥电动机。电动机的转速（转子转速）小于旋转磁场的转速，因此叫作异步电动机。它和感应电动机基本上是相同的，$s = (n_s - n)/n_s$，其中，s 为转差率，n_s 为磁场转速，n 为转子转速。当交流电源接通时，定子绕组中的电流会产生一个旋转磁场。这个旋转磁场与转子之间相互作用，使得转子中的导体产生感应电流。根据法拉第电磁感应定律，这些感应电流会产生一个反向的磁场，这个反向磁场与定子磁场相互作用，产生转矩，从而驱动转子转动，当电动机轴上带机械负载时，便向外输出机械能。交流异步电动机按转子结构分类，主要有笼型异步电动机和绕线转子异步电动机。

笼型异步电动机主要由定子和转子构成。定子包括定子铁心和定子绕组，而定子绕组中的电流会产生旋转磁场。转子则是由导体条和两端的端环组成，形成一个闭合的导体回路。当定子中的电流变化时，产生的旋转磁场会切割转子导体，从而在转子中产生感应电流。感应电流与旋转磁场相互作用，产生转矩，驱动电动机旋转。笼型异步电动机的转子没有绕组，也不需要额外的集电环和电刷，因此结构相对简单，制造和维护成本较低。由于没有复杂的易损件，如集电环和电刷，笼型异步电动机的运行可靠性较高，适合长时间连续工作。此外，笼型异步电动机适应性强，能够适应不同的负载和工况，承受电压波动小，且对电网的污染较小。在低转速时，其输出转矩较大，特别适用于起动大负载装置。笼型异步电动机的效率相对较高，通常可达到90%以上，这意味着在使用过程中更加省电。笼型异步电动机广泛应用于各种机械设备中，如工业生产线、电动工具、风扇、泵等。在工业生产线中，笼型异步电动机常被用于驱动输送带、搅拌器、研磨机等设备。在电动工具方面，如钻机、锤子、电锯等，笼型异步电动机的高转速和高转矩特性使其成为理想的选择。此外，由于运行声音较小，笼型异步电动机也常用于风扇等需要较低噪声的应用场景。

绕线转子异步电动机主要由定子、转子、轴承、端盖和风扇等部件组成。其中，定子包括铁心和绕组，而转子则由铁心和绕在铁心上的绕组组成，这些绕组通常由多个线圈构成。在工作时，当交流电源通电时，定子绕组中的电流产生旋转磁场，旋转磁场与转子中的绕组相互作用，从而在转子中产生感应电流。感应电流与旋转磁场进一步相互作用，产生转矩，驱动电动机转动。值得注意的是，绕线转子异步电动机的转子绕组末端通过集电环引到起动控制设备上，这使得它具有起动电流小并可以控制以及起动转矩大等特性。绕线转子异步电动机起动性能优越，因为绕线转子异步电动机的起动电流相对较小，通常为额定电流的2.5倍左右，远低于笼型异步电动机的起动电流（通常为额定电流的4~7倍）。此外，其起动转矩较大，适用于重载起动，因此特别适用于矿山、冶金等重型企业。其次，它拥有良好的调速性能。虽然绕线转子异步电动机本身的调速性能相对较差，但在需要较宽广的平滑调速范围的场合，通过配合其他设备（如变频器），可以实现良好的调速效果。绕线转子异步电动机在多个领域都有广泛的应用。在工业生产中，常用于驱动各类机械设备，如金属切削机床、轧钢设备、鼓风机、粉碎机、水泵和油泵等。此外，在电力拖动领域，绕线转子异步电动机占据了主导地位，其用电量约占电网总负荷的60%。在家用电器和办公设备领域，如电风扇、吸尘器、打印机和复印机等设备中，也常采用绕线转子异步电动机。

交流异步电动机的技术参数对于其性能和应用至关重要。这些参数包括额定功率、额定电压、额定电流以及转差等。额定功率是指电动机在额定工况下的输出功率，它决定了电动机的工作效率和寿命。额定电压和额定电流则关系到电动机的正常工作和安全性。转差则是电动机实际转速与旋转磁场同步速度之间的差值，是评价电动机工作效率的重要指标。总的来说，交流异步电动机是一种高效、可靠的电动机类型，具有广泛的应用前景。随着科技的发展，交流异步电动机的性能将不断提升，应用领域也将进一步拓宽。

3.4 激光雷达

激光雷达（LiDAR），是以发射激光束探测目标的位置、速度等特征量的雷达系统。其工作原理是向目标发射探测信号（激光束），然后将接收到的从目标反射回来的信号（目标回波）与发射信号进行比较，做适当处理后，就可获得目标的有关信息，如目标距离、方位、高度、速度、姿态，甚至形状等参数，从而对飞机、导弹等目标进行探测、跟踪和识别。如图 3-7 所示是一种 2D 激光雷达。

图 3-7　2D 激光雷达

3.4.1　激光雷达的构成与原理

LiDAR 集激光、全球定位系统和惯性导航系统于一身,用于获得点云数据并生成精确的数字高程模型(DEM)。这三种技术的结合,可以高度准确地定位激光束打在物体上的光斑。它又分为日臻成熟的用于获得地面 DEM 的地形 LiDAR 系统和已经成熟应用的用于获得水下 DEM 的水文 LiDAR 系统,这两种系统的共同特点都是利用激光进行探测和测量,这也正是 LiDAR 一词的来源,即 Light Detection and Ranging。

激光本身具有非常精确的测距能力,其测距精度可达几厘米,而 LiDAR 系统的精度除了激光本身,还取决于激光、GPS 及惯性测量单元(IMU)三者同步等内在因素。随着商用 GPS 及 IMU 的发展,通过 LiDAR 从移动平台上(如在飞机上)获得高精度的数据已经成为可能并被广泛应用。

LiDAR 系统包括一个单束窄带激光发射器和一个光学接收器。激光发射器产生并发射一束光脉冲,打在物体上并反射回来,最终被接收器所接收。接收器准确地测量光脉冲从发射到被反射回的传播时间。因为光脉冲以光速传播,所以接收器总会在下一个脉冲发出之前收到前一个被反射回的脉冲。鉴于光速是已知的,根据光的传播时间即可得到距离。结合激光器的高度、激光扫描角度、从 GPS 得到的激光器位置和从 INS 得到的激光发射方向,就可以准确地计算出每一个地面光斑的坐标 X、Y、Z。激光束发射的频率可以从每秒几个脉冲到每秒几万个脉冲。例如,一个频率为每秒 1 万次脉冲的系统,接收器将会在 1min 内记录 60 万个点。一般而言,LiDAR 系统的地面光斑间距在 2~4m 不等。

激光雷达的工作原理与雷达非常相近。激光雷达系统中的激光发射器将电信号转换为短暂的、高强度的激光脉冲。这些脉冲通过光学系统,如透镜,被聚焦成一束狭窄的光束,随后向目标区域发射出去。当这些激光脉冲击中目标物体时,一部分光会被散射或反射回来。反射光携带了关于目标距离、表面特性和位置的信息,激光雷达的光学接收器可以捕捉这些返回的反射光,根据激光测距原理计算,就得到从激光雷达到目标点的距离。接收到的光脉冲信号经过放大、滤波和数字化处理,处理后的数据被用于生成三维点云图,该图像能够精确描绘出环境的几何结构。同时,目标的径向速度可以由反射光的多普勒频移来确定，也可以测量两个或多个距离，并计算其变化率而求得速度，这与直接探测型雷达的工作原理相似。

3.4.2　激光雷达的优缺点

（1）激光雷达的优点

与普通微波雷达相比，激光雷达由于使用的是激光束，工作频率较微波高了许多，因此带来了很多优点，主要有以下几个方面：

1）分辨率高。激光雷达可以获得极高的角度、距离和速度分辨率。通常角度分辨率不低于 0.1mard，也就是说可以分辨 3km 距离上相距 0.3m 的两个目标（这是微波雷达无论如何也达不到的），并可同时跟踪多个目标；距离分辨率可达 0.1m；速度分辨率能达到 10m/s 以内。距离和速度分辨率高，意味着可以利用距离多普勒成像技术来获得目标的清晰图像。分辨率高是激光雷达的最显著的优点，其多数应用都是基于此。

2）隐蔽性好、抗有源干扰能力强。激光直线传播、方向性好、光束非常窄，只有在其传播路径上才能接收到，因此敌方截获非常困难，且激光雷达的发射系统（发射望远镜）口径很小，可接收区域窄，有意发射的激光干扰信号进入接收机的概率极低；另外，与微波雷达易受自然界广泛存在的电磁波影响的情况不同，自然界中能对激光雷达起干扰作用的信号源不多，因此激光雷达抗有源干扰的能力很强，适于工作在日益复杂和激烈的信息战环境中。

3）体积小、重量轻。通常普通微波雷达的体积庞大，整套系统重量数以吨计，光天线口径就达几米甚至几十米。而激光雷达就要轻便、灵巧得多，发射望远镜的口径一般只有厘米级，整套系统的重量最小的只有几十千克，架设、拆收都很简便。而且激光雷达的结构相对简单，维修方便，操纵容易，价格也较低。

（2）激光雷达的缺点

首先，激光雷达工作时受天气和大气影响大。激光一般在晴朗的天气里衰减较小，传播距离较远，而在大雨、浓烟、浓雾等坏天气里，衰减急剧加大，传播距离大受影响。如工作波长为 10.6μm 的 CO_2 激光，是所有激光中大气传输性能较好的，在坏天气的衰减是晴天的 6 倍。地面或低空使用的 CO_2 激光雷达的作用距离，晴天为 10~20km，而坏天气则降至 1 km 以内。而且，大气环流还会使激光光束发生畸变、抖动，直接影响激光雷达的测量精度。

其次，由于激光雷达的波束极窄，在空间搜索目标非常困难，直接影响对非合作目标的截获概率和探测效率，只能在较小的范围内搜索、捕获目标，因而激光雷达较少单独直接应用于战场进行目标探测和搜索。

3.4.3　激光雷达的分类及应用

激光雷达可以根据多种标准进行分类，本节主要列举常见分类方式。首先，按照探测原理可分为脉冲激光雷达和连续波激光雷达，脉冲激光雷达通过测量激光脉冲的往返时间来计算距离，连续波激光雷达通过分析发射波与反射波之间的频率差来确定距离，具有高精度和抗干扰能力强的特点。其次，按扫描方式分类可分为机械式激光雷达、半固态激光雷达和固态激光雷达，机械式激光雷达使用物理旋转的部件来改变激光束的方向，实现对周围环境的扫描，具有较长的测量距离和较高精度，但通常体积较大、能耗高且可靠性较低；半固态激光雷达采用微机电系统反射镜或棱镜阵列等技术，减少机械运动部件，提高扫描速度，同时保持较好的性能；固态激光雷达完全基于电子控制的激光束导向技术，没有活动机械部件，依赖光学相控阵列等技术，更紧凑、可靠，但成本较高。另外，根据探测技术的不同又可以分为直接探测型激光雷达和相干探测型激光雷达。直接探测型激光雷达发射激光脉冲至目标物，然后直接接收并分析反射回来的激光信号，通常采用脉冲振幅调制技术，即根据接收到的光信号强度来判断目标信息，结构简单、成本相对较低；与直接探测型激光雷达相比，相干探测型激光雷达采用了更为复杂的相干检测技术，能够提供更高的灵敏度和分辨率，适用于需要精确测量和高分辨成像的应用场景。每种类型的激光雷达都有其特定的优势和应用场景，选择合适的激光雷达类型需根据具体需求、成本预算、性能要求等因素综合考虑。

激光雷达在移动机器人上的应用日益广泛，其高精度、高速度的特性使得移动机器人在复杂环境中能够实现自主导航、避障、地图构建等多种功能。首先，激光雷达为移动机器人提供了精确的环境感知能力。激光雷达通过发射激光束并接收反射回来的信号，可以测量出目标物体的距离、速度、方向等信息，为机器人提供了丰富的环境数据。这使得机器人能够准确感知周围环境，包括地形、障碍物、其他移动物体等，从而做出正确的决策。激光雷达是实现同时定位与地图构建的核心传感器。通过扫描周围的环境并收集反射回来的激光脉冲数据，机器人可以实时创建环境的地图，并在其中确定自己的位置。其次，激光雷达在移动机器人的避障和导航中发挥着重要作用。在移动过程中，机器人需要实时检测周围环境中的障碍物，并规划出最优的行驶路径。激光雷达通过扫描周围环境，可以生成高精度的三维地图，并在地图上标出障碍物的位置和大小。结合构建的地图和当前位置信息，激光雷达帮助移动机器人规划最优路径，实现从起点到终点的自主导航，并且能够实时检测前方障碍物，动态调整路径，确保安全高效地到达目的地。另外，激光雷达可以提升移动机器人的定位精度，当 GPS 信号弱或者图像传感器失效时（如快速运动、光照变化剧烈等场景），激光雷达依然可以正常工作，帮助移动机器人实现环境感知与理解。除了简单的距离测量，激光雷达还能提供丰富的环境信息，比如物体的轮廓、尺寸和位置，这对于机器人理解其工作环境、检测特定目标以及做出相应的交互行为至关重要。激光雷达提供的精确距离测量使得机器人能够准确识别并避开静态和动态障碍物。无论是狭小空间内的精细操作还是开放环境中的长距离行驶，都能确保机器人安全运行，减少碰撞风险。激光雷达在提升移动机器人智能化水平、增强其环境适应性和任务完成能力方面发挥着不可替代的作用，是推动机器人技术发展的重要力量。

3.5　硬件平台设计与选型示例

室内移动机器人的主要任务是激光雷达感知建图、基于目标设置自动规划导航以及轨迹跟踪控制，具体硬件包括机器人底盘、传感器、主控和人机交互四个部分，结构如

图 3-8 所示。

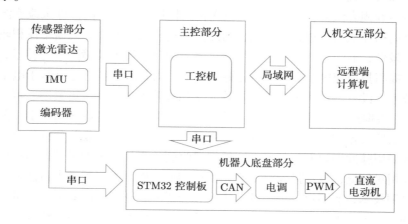

图 3-8 硬件结构框图

下面分别介绍各个部分的功能作用与硬件设计选型。

1）机器人底盘部分：室内移动机器人面对的路况环境为室内环境，地面环境较为平坦，但活动空间较为狭小且环境杂物较多，要求移动机器人具有较好的运动稳定性以及较高的灵活性。因此，本书的研究平台为实验室搭建的差分轮式移动机器人平台，具体如图 3-9所示。

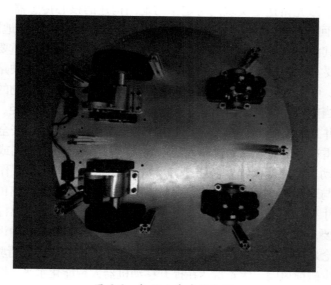

图 3-9 机器人底盘结构图

机器人整体机械结构为椭圆形柱体，主要分为三层结构：底层部分为驱动层，具有4 个轮子，其中 2 个驱动轮布置于地盘前半部，为前轮驱动，负责移动机器人的驱动控制，另外 2 个万向轮布置于后侧，起支撑作用；中间层为主控及感知层，放置计算机、传感器及电控电路等，负责策略算法的开发和运行；顶层为承重层，可支持高清云台搭建、冗余度机械臂等设备进行系统拓建。移动机器人上搭载了主控工控机、激光雷达、

IMU，用于根据激光雷达数据和 IMU 数据建立实时的环境地图信息，实现移动平台的定位导航。移动机器人的两个独立直流电动机驱动平台实现前进后退及左右旋转转向的动作，最大前进速度可达 2m/s，平台负载重量可达 60kg，同时装有 24V/20A·h 的锂电池，能稳定运行 7~8h。

2）主控工控机：主控工控机是研究策略算法的运算中心，用于运行移动机器人平台系统的感知、决策、控制等策略算法。移动机器人通过处理和分析各个传感器的环境感知信息，如激光雷达的平面距离信息、IMU 的位姿信息等，基于采集到的环境信息进行实时地图建立，根据任务要求进行定位、导航运算。最终通过串口对底层 STM32进行控制进而驱动电动机，实现移动机器人的位姿调整。因此，要求计算中心能对大量的传感器数据进行实时处理、分析和决策。本书采用研凌微型工控主机，处理器为i5-7200U，16GB 内存和 256GB 固态硬盘，6 个串口通道，满足移动机器人系统的自主导航控制策略的处理响应要求。实物图如图 3-10 所示。

3）底层控制板：底层控制板是移动机器人的电动机驱动控制中心，用于实现 PID电动机速度控制并驱动电动机。通过与主控工控机的串口通信，底层控制板获得位姿控制目标，基于编码器的位姿信息，负责实现驱动电动机工作。本书采用的是 RoboMaster开发板 B 型传感器板，核心芯片为 STM32，有集成的电动机驱动模块、串口通信口和外部拓展口，满足底层电动机的 PID 控制和与主控工控机通信的需求。实物图如图3-11所示。

图 3-10　主控工控机

图 3-11　底层控制板

4）激光雷达：激光雷达是移动机器人的环境感知设备，其通过高速旋转的激光发射器，基于 TOF（Time of Flight）原理，实现对周围环境的距离扫描，获取距离信息。激光雷达具有很高的稳定性和精确性，检测距离能达到 100m。常见激光雷达的激光波长为 600~1000nm，优于基于超声波的雷达，广泛应用于无人驾驶。常用的激光雷达有单线、双线、多线等不同空间分辨率，需要根据应用场景和精度、灵敏度进行方案选择。但精度、分辨率越高，价格就越高。因此，本书采用的是思岚激光雷达 RPLIDAR-S1，为360° 的单线激光雷达，采样速率为 9200 次/s，角度分辨率和测量分辨率分别为 0.391°和 1cm，满足使用激光雷达实现环境建图和定位任务需求。

5）惯性导航单元 IMU：IMU 部件包括三轴陀螺仪、三轴加速度计和三轴磁强计，应用于移动机器人采集机体的位姿运动信息。惯性导航具有高灵敏度和高信息刷新率的特性，能够实时地获取移动机器人的朝向、三轴角速度、三轴线加速度等位姿信息。但其感知信息具有误差，存在误差积分的缺点，主要用于获取短时间内机器人的相对定位信息。本书采用的 IMU 为瑞芬仓储 IMU 陀螺仪传感器，角度分辨率为 0.1°，抗振性能为 100g，通过 TTL 串口通信，满足位姿获取精度要求。实物图如图 3-12 所示。

6）直流电动机：直流电动机是移动机器人的执行机构，连接车轮实现机器人的移动。在接收到 STM32 的控制命令后，直流电动机通过驱动电路实现转动，从而带动机器人移动。本书采用了两个 RoboMaster 3508 直流无刷电动机，额定电压为 24V，持续扭矩为 3N·m，最大空载转速为 482r/min，搭配电子调速器进行驱动，连接普通橡胶轮，实现机器人的差分运动。实物图如图 3-13所示。

图 3-12　惯性导航单元 IMU

图 3-13　直流电动机

本书的移动机器人平台最终实现如图 3-14所示。在平台的底层，中心位置放置了锂电池以降低平台重心并且尽量与旋转中心重合，保证了平台运行的稳定性；STM32 控制板及电源模块置于与电动机一层的底层，用于控制电动机转动。平台中间层，激光雷达放置于平台最前端的中轴心位置，保证其有最大的扫描角度，同时减少激光数据在坐标转换时产生的误差；为了减少角加速度测量误差和坐标转换的误差，IMU 放置于平台自转的中心位置；工控机放置在 IMU 靠后的中轴线上，其余的电控器件均匀分布在中间层的左右位置。顶层为平台顶盖，用于功能拓展用。

图 3-14　移动机器人平台最终实现

3.6　本章小结

本章详细探讨了移动机器人的硬件机构组成，这一系统是构建任何功能完备的机器人不可或缺的核心部分。硬件系统犹如机器人的骨架与肌肉，支撑并驱动着机器人的每一个动作与决策。

首先，机器人的主体框架是整个硬件系统的基石，它承载着所有的硬件组件，确保它们能够稳固地结合在一起，形成一个整体。主体框架的设计通常考虑到机器人的功能需求、结构强度以及运动灵活性，为机器人的正常运行提供坚实的物理支撑。摄像头作为机器人的"眼睛"，在视觉信息的获取中发挥着至关重要的作用。通过摄像头，机器人能够感知外部环境，识别物体、人以及场景。摄像头采集的图像数据经过处理后，可以为机器人的导航、定位以及目标识别等功能提供关键信息。二维运动调节平台则是机器人运动控制的核心。这个平台通常由电动机、减速器、传动机构等部分组成，负责实现机器人在二维平面上的精确运动。通过控制电动机的转速和方向，机器人可以灵活地前进、后退、转向以及进行复杂的运动轨迹规划。

传感器是移动机器人感知外部环境的关键部件，它们能够测量各种物理量，如距离、角度、速度等，为机器人的运动控制和路径规划提供必要的信息。红外传感器能够检测物体的存在与距离，为避障功能提供数据支持；电动机转速传感器则实时反馈电动机的运行状态，确保机器人的运动平稳可靠。控制系统被誉为移动机器人的"大脑"，它负责接收传感器采集的数据，进行处理和分析，然后发出控制指令，驱动机器人运动。控制系统通常基于高性能的处理器实现，如 ARM 等可靠的 MCU 处理器，它们具备强大的计算能力和实时性，确保机器人能够在复杂环境中做出快速准确的决策。执行机构则是机器人的运动执行部分，如电动机、舵机等。它们根据控制系统的指令，驱动机器人进行各种动作。电动机负责提供动力，使机器人能够移动；而舵机则负责控制机器人的关节运动，实现更复杂的动作和姿态调整。驱动机构则负责将控制系统的指令转换为执行机构可以理解的信号。例如，PWM 信号是一种常见的驱动信号，通过调整信号的占空比，可以控制电动机的转速和转向，从而实现对机器人运动的精确控制。通信模块负责机器人与其他设备或系统之间的通信。无线通信如 Wi-Fi、蓝牙等可以实现机器人与远程设备的数据传输和指令控制；有线通信如 USB、串口等则适用于近距离的数据交换和调试。这些通信方式使得机器人能够与外部环境进行交互，实现更丰富的功能和应用。人机交互模块则负责实现人与机器人之间的交互。通过遥控器、触摸屏等设备，人们可以方便地控制机器人的运动和行为；而显示屏则可以实时显示机器人的状态、电量、速度等信息，方便用户对机器人进行监控和管理。

移动机器人的硬件系统是一个复杂而精密的系统，涉及机械、电子、计算机等多个领域的知识。只有各个部分协同工作，才能确保机器人稳定、高效地运行，实现各种复杂的功能和应用。随着技术的不断进步和创新，未来移动机器人的硬件系统将会更加先进、智能，为人们的生活和工作带来更多便利和可能。

习题

1. 从功能用途的角度简要阐述移动机器人的主要组成部分。
2. 移动机器人的常见驱动方式有哪些?
3. 简要说明液压驱动的优缺点。
4. 移动机器人的传感器有哪些?
5. 视觉传感器的工作原理是什么?
6. 与视觉传感器相比,激光雷达的优势是什么?
7. 请阐述直流电动机的工作原理。

第 4 章　ROS 系统

自 20 世纪七八十年代以来，机器人产业迅速崛起。除了传统的工业制造领域，机器人技术还广泛应用于家庭服务、医疗护理、教育娱乐、救援探索、军事等领域。现在，随着人工智能的蓬勃发展，机器人又迎来了新的发展机遇。机器人技术与人工智能的结合，将为现代社会带来一次全新的革命，为人们的生活带来更多的便利和惊喜。

本章从认识、安装 ROS 开始，逐步带您走上机器人开发实践之路。

4.1　什么是 ROS

4.1.1　ROS 的起源

在 ROS 诞生之前，机器人软件开发非常困难，主要原因是机器人的硬件和软件都非常复杂，且缺乏一个统一的软件开发平台。在机器人软件领域，开发困难的问题尤为严重，机器人的软件系统缺乏标准化和通用性，导致开发人员需要从头开始编写大量的代码。这种开发方式既耗时又容易出错，也很难实现代码的重用和共享。另外，机器人软件开发过程中需要解决的问题也非常多，包括感知、运动控制、导航、SLAM 等。这些问题涉及多个学科领域，而且不同机器人之间又有巨大的差异，这进一步增加了机器人软件开发的难度。

ROS 的目标是使得机器人的软件系统能够更容易地编写、测试和部署，同时也能够更好地支持机器人应用的开发和研究。ROS 的设计理念是基于模块化和可重用性的，开发人员可以通过组合现有的模块来快速构建复杂的机器人应用，同时也可以将自己的模块共享给其他人使用。这种模块化的设计方式使得 ROS 成为一个开放、灵活和可扩展的机器人软件开发平台，得到了越来越多的机器人研究人员和开发人员的支持和使用。

ROS 功能十分强大，其内部集成了许多与机器人开发相关的工具、库和协议，这极大方便了机器人开发。此外，ROS 还提供了许多非常实用的功能，如底层驱动管理、硬件抽象、程序之间的消息传递、共用功能的执行和程序发行包管理等，这些功能可以大幅降低机器人平台下的软件开发难度和复杂性，使得机器人软件的创建和行为控制变得更加简单和可靠。同时，ROS 还支持多种编程语言和操作系统，具有极高的灵活性和扩展性，使得机器人软件开发更加高效和便捷。

ROS 是一个机器人软件开发平台，最初由斯坦福人工智能实验室（Stanford AI Lab）于 2007 年发起。它为机器人研究提供了一个开放的、灵活的软件平台。图 4-1 展现了基于该系统的机器人 PR2 的一些功能，如打台球、叠衣服等，当初这款机器人的面世掀起了轰动，引起了巨大的关注。后来，Willow Garage 公司以开源的方式发布了 ROS，使 ROS 成为一个完全免费的软件平台，吸引了全球各地的研究人员、学生和业界从业人员的关注。ROS 迅速发展，目前已经成为机器人领域最重要的软件开发平台之一。

图 4-1　PR2 的应用功能

在短短的几年时间里，ROS 已经广泛应用于各种机器人平台上，比如 Pioneer、Aldebaran Nao、TurtleBot、Lego NXT、AscTec Quadrotor 等。它已经成为一个受欢迎的开源框架，并且在开源社区内不断地增加新的功能包。这些功能包逐渐涵盖了各种机器人应用领域，包括服务机器人、智能家居机器人、农业机器人、教育机器人、探险机器人等，甚至美国 NASA 也开始使用 ROS 开发下一代火星探测器。这些进展是机器人领域中不可忽视的重要进展，它们展示了 ROS 作为一个先进的机器人操作系统的巨大潜力和前景。

随着机器人领域的发展，ROS 已经成为国内机器人开发者的热门选择之一。许多国内的机器人厂商、研究机构、高校等都在使用 ROS 进行机器人软件开发和研究。同时，国内也涌现了一批 ROS 相关的创业公司，如机器人操作系统公司、深蓝学院等，他们致力于将 ROS 应用于工业、服务、医疗等领域。国内也涌现出了一些 ROS 社区和机构，如 ROS 中文社区、ROS 中国组委会等，他们通过组织 ROS 相关的活动、翻译 ROS 文档、发布 ROS 相关的新闻资讯等方式，为国内的 ROS 开发者提供了很好的交流和学习平台。他们通过在 ROS 的集成方面投入大量的时间和精力，不断完善 ROS 的功能和性能，并积极地反哺开源社区，促进了 ROS 社区的繁荣发展。这种合作模式不仅有利于国内机器人产业的发展，同时也为 ROS 在国内的普及和推广做出了重要的贡献。

4.1.2　ROS 的设计目标

ROS 的设计理念旨在提高机器人软件开发的复用性。它在设计的时候基于以下一些目标：①灵活性，ROS 希望开发者能够按照自己的需求选择使用各种软件库和工具，并能够快速适应新的硬件平台和机器人任务；②可重用性，ROS 鼓励代码重用，通过提供现成的库和工具，以及对组件化软件开发的支持，使得代码的重用变得更加容易；

③可扩展性，ROS 希望用户轻松地添加新的功能和算法，同时也允许更好地管理和维护大型软件系统；④可移植性，ROS 的代码基于开放源代码，可以在多种操作系统和硬件平台上运行；⑤分布式，ROS 希望多台计算机通过网络能够连接在一起，实现分布式计算，以便实现更高效的计算和控制。

机器人面对的问题往往十分复杂，涉及任务需求和环境影响等多个因素，因此，单一的个人、实验室或研究机构很难独立完成机器人软件的开发。ROS 鼓励更多的开发者、实验室或研究机构合作开发机器人软件。例如，一个擅长室内地图建模的实验室可以开发并发布一个高级地图建模系统；一个专注于导航的组织可以使用该地图进行机器人导航；而另一个擅长机器人视觉的组织可以开发出有效的物体识别方法。ROS 为这些组织或机构提供了一种高效的相互协作方式，开发者可以在已有成果的基础上不断完善和发展自己的工作。

4.1.3　ROS 的特点

ROS 的架构采用了分布式网络，使用 TCP/IP 实现了模块间的松耦合连接，可以实现多种通信方式。其中，ROS 提供了基于话题的异步通信方式，以及基于服务的同步通信方式，用户还可以将数据存储在参数服务器上，实现数据的共享与传递。这种分布式通信的方式使得 ROS 的模块间可以独立设计、编译和运行，并可以在不同的机器人系统之间进行交互和共享，极大地提高了机器人开发的效率和灵活性。总体来讲，ROS 主要有以下几个特点。

（1）点对点的设计

在 ROS 中，各个节点（Node）之间通过发布（Publish）和订阅（Subscribe）消息的方式进行通信，这种点对点的通信机制使得 ROS 系统具有很好的灵活性和可扩展性。节点可以动态添加和删除，而且不同的节点可以在不同的机器上运行，通过网络连接进行通信，这使得 ROS 在分布式计算和协作机器人领域可以很好应用。同时，ROS 的点对点设计也有助于降低通信开销，提高系统的实时性和响应速度。

（2）多语言支持

ROS 最初是使用 Python 语言编写的，但是随着时间的推移，ROS 也逐渐支持其他编程语言，如 C++、Java 和 Lisp 等。这种多语言支持使得 ROS 在不同领域和不同应用场景下都能够灵活应用，因为不同的应用场景往往需要使用不同的编程语言来实现。另外，ROS 使用了一种称为"ROS 消息"的通信协议，这种协议是基于 XML-RPC 协议设计的，并且可以在不同的编程语言之间进行通信。这使得 ROS 中的不同模块之间可以使用不同的编程语言来实现，并且仍然可以进行有效的通信和交互。因此，ROS 的多语言支持是其非常重要的特点之一。

（3）架构精简、集成度高

ROS 的设计基于组件化，将机器人系统中的各个功能模块划分为不同的组件，每个组件独立运行、互相通信。各个组件封装成库，以插件化的方式进行组装，开发人员可以灵活地根据需要选择使用的模块，提高了软件的可复用性和扩展性。ROS 采用了轻量级通信机制，使用基于 TCP 的 ROS Master 节点来管理和协调各个节点之间的通信，节点之间可以通过消息传递进行数据交换，实现了高效的数据共享和通信。

（4）丰富的组件化工具包

ROS 提供了许多常用的工具包和库，如导航、感知、机器人控制、仿真等工具包，可以让开发者方便地使用和集成这些功能模块，从而快速构建机器人应用程序。例如，用于机器人运动规划和控制的组件 MoveIt；基于物理仿真引擎的组件 Gazebo，可以模拟机器人在不同环境下的行为，帮助用户进行机器人控制的调试和测试；用于机器人三维可视化的组件 RVIZ，以显示机器人在不同环境下的状态，帮助用户更好地理解机器人的行为；用于机器人导航和路径规划的组件 Navigation，可以帮助机器人在不同环境下自主导航，实现自主避障和路径规划；用于机器人感知和识别的组件 Perception，可以帮助机器人感知周围环境，识别不同的物体和场景。

（5）免费并且开源

ROS 在 BSD 许可证下以开源形式发布，这意味着任何人都可以免费获取、使用和修改 ROS 的源代码。这使得 ROS 在机器人领域内得到了广泛的应用和推广。随着时间的推移，ROS 越来越流行，成为机器人开发领域内的事实标准，广泛用于学术研究、商业应用和个人项目中。由于 ROS 的开放性和免费性，它吸引了许多人的关注和参与，形成了一个庞大的社区。这个社区不断推动 ROS 的发展，不断更新和改进 ROS 的功能，同时也贡献了大量的代码和工具包，使得 ROS 的生态系统变得更加丰富和完善。总之，ROS 作为一个免费且开源的软件框架，为机器人研究和应用的发展做出了巨大的贡献。

4.2　ROS 安装

4.2.1　ROS 的版本选择

ROS 是一个跨平台的机器人操作系统，目前可以在多种操作系统上运行，如 Ubuntu、Debian、Fedora、MacOS、Windows 等。虽然 ROS 官方推荐使用 Ubuntu 操作系统，但是 ROS 社区也提供了针对其他操作系统的安装教程和支持。ROS 也为 ARM 处理器编译了部分功能包和核心库，以适应更多的硬件平台。

本书采用的是 ROS Kinetic Kame 版本，是 ROS 机器人操作系统的一个稳定版本，于 2016 年 5 月 23 日发布。它是为 Ubuntu 16.04 LTS （Xenial Xerus）操作系统设计的，支持 Python 2.7 和 C++11。ROS Kinetic 在 ROS 社区得到广泛使用，并且被视为当前最稳定和可靠的 ROS 版本之一。

ROS 的安装方法主要包括源码编译安装和软件源安装。源码编译安装需要处理复杂的依赖关系，适合对系统较为熟悉的开发者，而软件源安装则可以从系统的应用程序仓库中快速下载安装 ROS 和其他软件，非常方便。

4.2.2　配置系统软件源

以 Ubuntu 系统软件源安装 ROS 为例，为了允许系统从软件源中下载和安装 ROS，需要配置系统软件源，包括 restricted （不完全的自由软件）、universe （Ubuntu 官方不提供支持与补丁，全靠社区支持）、multiverse（非自由软件，完全不提供支持和补丁）三种软件源。如果系统未被修改过，则默认已开启这三种软件源。为避免配置错误，建议查看 Ubuntu 软件中心的软件源配置页面，确认是否与图 4-2 中的选项相同。

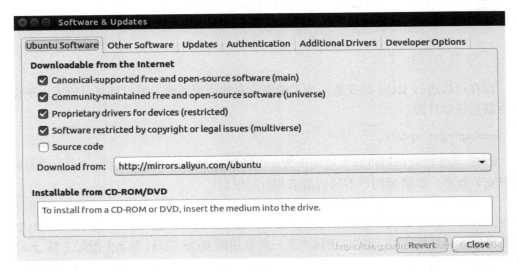

图 4-2　Ubuntu 系统软件源的设置

4.2.3　添加 ROS 软件源

在 Ubuntu 系统中，软件源地址保存在/etc/apt 目录下的 sources.list 文件中，在安装 ROS 过程中，需要将 ROS 的软件源地址添加到该文件中，以确保能够正确找到 ROS 相关软件的下载地址。

在终端中输入下面的命令添加 ROS 官方的软件源镜像：

```
sudo sh -c 'echo ''deb http://packages.ros.org/ros/ubuntu $(lsb_release-sc)
main" > /etc/apt/sources.list.d/ros-latest.list'
```

为提高下载速度，建议使用以下任意一个国内的镜像源：

1）中国科学技术大学（USTC）镜像源：

```
sudo sh -c './etc/lsb-release && echo "deb http://mirrors.ustc.edu.cn/ros/
ubuntu/$DISTRIB_CODENAME main" >/etc/apt/sources.list.d/ros-latest.list'
```

2）中山大学（Sun Yat-Sen University）镜像源：

```
sudo sh -c './etc/lsb-release && echo "deb http://mirror.sysu.edu.cn/ros/
ubuntu/$DISTRIB_CODENAME main">/etc/apt/sources.list.d/ros-latest.list'
```

3）易科机器人实验室（ExBot Robotics Lab）镜像源：

```
sudo sh -c './etc/lsb-release && echo "deb http://ros.exbot.net/rosp-ackage/ros/
ubuntu/$DISTRIB_CODENAME main" > /etc/apt/sources.list.d/ros-latest.list'
```

4.2.4　添加密钥

使用如下命令添加密钥：

```
sudo apt-key adv --keyserver hkp://ha.pool.sks-keyservers.net:80--
recv-key 421C365BD9FF1F717815A3895523BAEEB01FA116
```

4.2.5　安装 ROS

现在可以进行 ROS 的安装。为了确保前面软件源的修改得以更新，输入以下命令来更新系统软件源：

```
sudo apt-get update
```

ROS 系统功能包括机器人通用函数库、功能包和工具等多个组件，ROS 官方提供多种安装版本，以满足用户不同的需求和空间限制：

1）推荐安装 ROS 的桌面完整版（Desktop-full），它包含了 ROS 的所有核心组件和库，例如，ROS 通信库、常用传感器和执行器驱动程序、3D 可视化工具（如 RVIZ）、运动规划库和导航库等。此外，还包含了一些常用的 ROS 工具，如 rqt 图形工具、rosbag 数据记录和回放工具、rosdep 软件包依赖解析工具等。桌面完整版还包含了许多用于学习和入门的例程，以及 ROS 官方文档和教程。它是最完整、最全面的 ROS 版本，适用于需要使用 ROS 所有功能和工具的用户。安装桌面完整版，只需输入以下命令：

```
sudo apt-get install ros-kinetic-desktop-full
```

2）若只需要 ROS 的基础功能，同时还希望使用 RVIZ 可视化工具，那么可以选择桌面版（Desktop）安装。该版本相比桌面完整版，去掉了机器人功能包和部分工具，只包含 ROS 基础功能、机器人通用函数库、rqt 工具箱和 RVIZ 可视化工具。如果希望安装桌面版，可以运行以下命令：

```
sudo apt-get install ros-kinetic-desktop
```

3）基础版（ROS-base）是 ROS 的一个版本，它被简化为仅包含基础功能，如核心功能包、构建工具和通信机制，并去掉了 GUI、机器人通用函数库、功能包和工具。该版本是 ROS 的最小系统版，规模也最小，适合在对空间和性能要求较高的控制器上安装，这为嵌入式系统能够使用 ROS 提供了可能性。要安装基础版，只需输入以下命令：

```
sudo apt-get install ros-kinetic-ros-base
```

4）独立功能包（Individual Package）安装；ROS 社区内所有功能包是不可能全部安装到计算机上的，可以使用下面的指令来安装某个功能包：

```
sudo apt-get install ros-kinetic-PACKAGE
```

需要注意的是，该命令只安装指定的独立功能包，而不会包括其他功能包。

上述命令中的 PACKAGE 表示要安装的功能包名，例如，安装实现机器人导航功能的功能包时，可使用如下命令：

```
sudo apt-get install ros-kinetic-navigation
```

4.2.6　初始化 rosdep

ROS 提供了 rosdep 工具，用于安装功能包的系统依赖项，同时也是某些 ROS 核心功能包必须用到的工具。在完成 ROS 的安装后，需要使用以下两条命令进行 rosdep 的初始化和更新：

```
sudo rosdep init
rosdep update
```

4.2.7　设置环境变量

此时，ROS 已成功安装并位于计算机的/opt 目录下。在日常使用 ROS 时，需要频繁地使用 ROS 命令，因此需要进行一些简单的环境变量设置。

在 Ubuntu 中，默认的终端为 bash，因此在 bash 终端中，设置 ROS 环境变量的命令如下：

```
echo "source/opt/ros/kinetic/setup.bash" >>~/.bashrc
source /.bashrc
```

如果使用的终端是 zsh，则需要输入如下命令：

```
echo "source/opt/ros/kinetic/setup.zsh" >>~/.bashrc
source ~/.zshrc
```

ROS 使用环境变量来确定命令的位置，但是如果安装了多个版本的 ROS，那么在终端输入命令它会使用哪个版本的 ROS 呢？这就需要通过设置环境变量来确定。如果需要更改当前终端所使用的环境变量，则可以执行以下命令：

```
source /opt/ros/ROS-RELEASE/setup.bash
```

上面的 ROS-RELEASE 指 ROS 版本，如 kinetic、melodic、indigo 等。执行上述命令后，在当前终端输入命令会使用所设置的 ROS 版本，但是打开一个新的终端后，又会变成使用 bash 或 zsh 等配置文件中设置的环境变量。最好的方法是修改 ~/.bashrc 或者 ~/.zshrc 文件，在设置环境变量的地方设置为对应的 ROS 版本，然后保存退出，这次再打开新的终端也没有问题了。

4.2.8　完成安装

在安装 ROS 的最后阶段，终于要验证一下是否安装成功了！现在打开终端，输入 roscore 命令，如果看到类似图 4-3 的信息，那么 ROS 已经成功地安装并可以运行了！

使用 rosinstall 工具可以方便地下载 ROS 功能包和程序，这里建议安装该工具，后面在使用 ROS 进行开发时会比较频繁地使用该工具。使用如下命令安装 rosinstall：

```
sudo apt-get install python-rosinstall python-rosinstall-generator
python-wstool build-essential
```

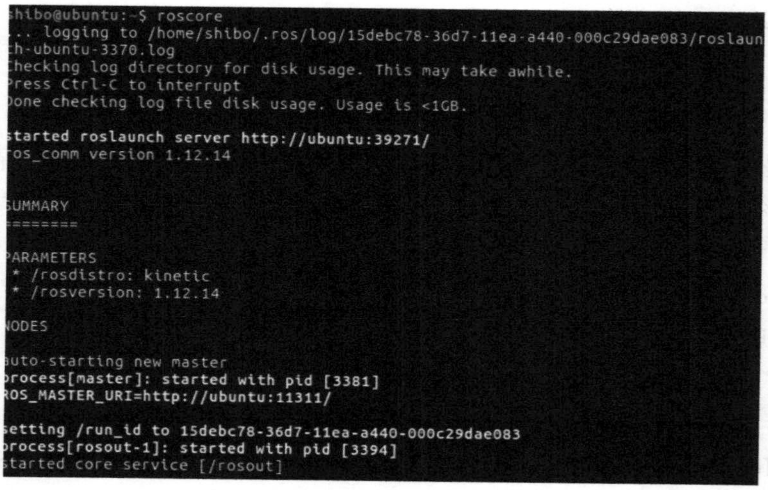

图 4-3　roscore 成功启动后的日志消息

4.3　ROS 节点

在开始学习和使用 ROS 之前，了解 ROS 的架构是非常有益的。ROS 是一种机器人分布式框架，它允许用户通过不同的节点和主题进行通信和协作，使得机器人软件的开发和部署更加容易和灵活。这种架构设计使得 ROS 成为机器人领域的热门开源工具，并且在学术界和工业界都得到了广泛应用。

4.3.1　ROS 架构设计

ROS 的架构可以分为三个层次，分别是 OS 层、中间层和应用层，如图 4-4 所示。这三个层次相互配合，使得 ROS 能够在不同的硬件和软件平台上运行，同时也使得 ROS 的功能模块化，易于扩展和定制。

1. OS 层

ROS 并不是一个直接运行在计算机硬件上的传统操作系统，它需要依托于现有的操作系统运行。在 OS 层，可以使用 ROS 官方支持度最好的 Ubuntu 操作系统，也可以在其他操作系统上运行 ROS，如 macOS、Arch、Debian 等。

2. 中间层

由于 Linux 并非专门针对机器人开发的操作系统，因此 ROS 在中间层进行了大量工作来实现机器人开发所需的中间件。ROS 使用 TCPROS/UDPROS 等通信机制来封装基于 TCP/UDP 网络的数据传输，同时支持发布/订阅、客户端/服务器等通信模型，以实现多种通信机制的数据传输。这些通信机制为机器人开发提供了强大的支持。

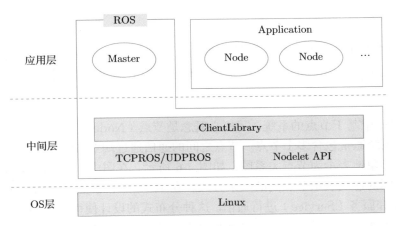

图 4-4 ROS 架构 1

除了使用 TCPROS/UDPROS 进行进程间通信的机制，ROS 还提供了一种名为 Nodelet 的进程内通信方法，能够为需要实时性数据传输的应用提供更为优化的数据传输方式。Nodelet 适合在多进程通信的情况下使用，能够有效提升通信效率。

在通信机制之上，ROS 开发了众多与机器人研发相关的库，比如坐标变换、数据类型定义、运动规划等，这些库可以为应用层提供支持。

3. 应用层

ROS 应用层是 ROS 架构中的最上层，它是构建机器人应用程序的核心层次。ROS 应用层主要负责以下几个方面：①提供机器人应用程序的开发框架和工具，包括通信机制、消息传递、参数配置等；②集成机器人系统的各个组件，包括硬件驱动程序、传感器数据处理、控制算法等，实现各种应用场景；③实现机器人的高级功能，如自主导航、SLAM、语音识别、人机交互等；④为机器人系统提供操作界面和可视化工具，方便用户进行操作和监控。在 ROS 应用层，开发者可以使用多种编程语言和开发环境，如 C++、Python、Java 等，通过 ROS 提供的各种软件库和工具，快速地开发出各种机器人应用程序。

ROS 还有另外的分层方法，即从系统实现的视角看，ROS 可以看作由文件系统、计算图和开源社区等部分组成，如图 4-5 所示。

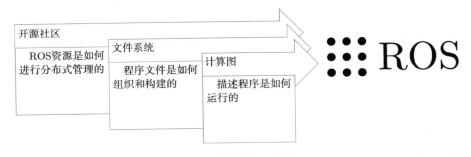

图 4-5 ROS 架构 2

4.3.2　计算图

从计算图的角度来看，ROS 系统软件的功能模块以节点为单位独立运行，可以分布于多个相同或不同的主机中，在系统运行时通过端对端的拓扑结构进行连接。

1. 节点

ROS 是一个基于节点的系统，其核心概念是节点（Node）。节点是执行运算任务的进程，一个系统通常包含多个节点。节点之间的通信通过端对端的连接实现，而这些连接关系可以形象地表示为节点关系图，如图 4-6 所示。在图中，每个进程都对应一个节点，它们之间的连线表示节点间的联系方式。在 ROS 中，节点之间的连接关系通过话题（Topic）和服务（Service）进行通信。这种分布式的设计使得 ROS 系统具有高度的灵活性和可扩展性，可以方便地添加或删除节点以适应不同的需求。

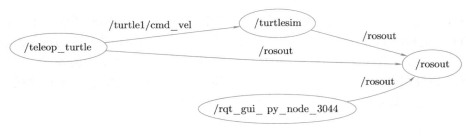

图 4-6　ROS 中的节点关系图

2. 消息

在 ROS 中，节点之间主要是通过发布/订阅模型进行消息通信的。每个消息都是一个严格的数据结构，支持多种标准数据类型，包括整型、浮点型、布尔型等，并且还支持嵌套结构和数组类型。开发者可以根据自己的需求自定义数据结构，以便更好地适应各种应用场景。

3. 话题

消息通过发布/订阅的方式进行传递，如图 4-7 所示。发布者和订阅者分别注册所关注的话题（Topic），然后系统自动将消息从发布者传递到订阅者。一个节点可能会发布多个话题，也可能会订阅多个话题，这种松耦合的方式可以实现节点之间的高效通信，而且发布者和订阅者并不需要知道彼此的存在。当有多个节点同时发布或订阅同一话题时，ROS 会通过消息队列机制来处理消息的传递，保证消息传递的有序性和可靠性。

4. 服务

在 ROS 中，除了基于话题的发布/订阅模型外，还有一种同步传输模式称为服务（Service），该模型是基于客户端/服务器（Client/Server）模型的。与话题不同的是，服务包含两个部分的通信数据类型：一个用于请求，另一个用于应答，类似于 Web 服务器。服务模型是一种同步传输模式，适合双向通信，而话题模型则适合异步传输模式。

需要注意的是，ROS 中只允许有一个节点提供指定命名的服务，以确保服务的唯一性。

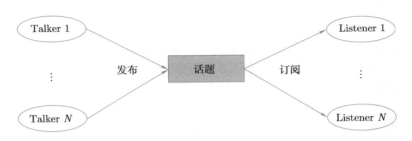

图 4-7　ROS 中基于发布/订阅模型的话题通信

5. 节点管理器

为了协调和管理 ROS 系统中的各个节点，需要一个中心化的控制器来确保节点能够正确地相互通信，这个控制器就是 ROS 节点管理器（ROS Master）。ROS Master 提供远程过程调用（RPC）功能，用于节点之间的注册和查找，同时还提供全局参数服务器来管理系统中的全局参数。没有 ROS Master，节点将无法找到彼此，也无法交换消息或调用服务，整个系统将会瘫痪。因此，ROS Master 在 ROS 系统中扮演着至关重要的角色，是系统的重要管理者。

4.3.3　文件系统

与操作系统类似，ROS 按照特定的规则对所有文件进行组织和管理，以便不同功能的文件能够放置在各自对应的文件夹下，方便进行更加高效的管理和使用，具体的组织形式可见图 4-8。

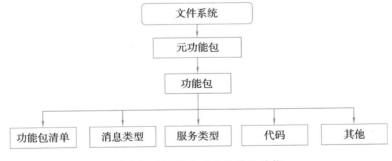

图 4-8　ROS 中的文件系统结构

功能包（Package）：功能包是 ROS 软件中的基本单元，包含 ROS 节点、库、配置文件等。

功能包清单（Package Manifest）：是一个名为 package.xml 的 XML 文件，包含 ROS 功能包的基本信息，例如，功能包的名称、版本、作者、许可证、其他依赖选项、编译标志等。这些信息有助于 ROS Master 自动处理依赖关系和构建系统的配置，同时也为其他开发人员提供了有用的信息。

元功能包（Meta Package）：是一种组织多个功能包的方式。它将多个用于同一目的的功能包集成在一起，并提供一个简单的接口，使用户能够轻松地安装和使用这些功能包。例如，一个 ROS 导航的元功能包中可能包含建模、定位、导航等多个功能包。元功能包通常包含一个特殊的 CMakeList 文件，该文件用于安装所有相关的功能包。在 ROS 中，元功能包已经取代了早期版本中的功能包集（Stack）的概念。

元功能包清单：在 ROS 中，元功能包清单是指一个 XML 文件，其中包含多个功能包的信息和依赖关系，以及一些元功能包级别的参数。它类似于功能包清单，但并不是描述单个功能包的信息，而是描述多个功能包之间的关系。元功能包清单可以组织多个用于同一目的的功能包，便于进行依赖关系的管理。在 ROS 中，常见的元功能包清单有 navigation metapackage 和 perception metapackage 等。

消息（Message）类型：是指用于节点间发布和订阅通信信息的数据格式，可以使用 ROS 系统提供的标准消息类型，也可以在自定义功能包的 msg 文件夹下定义所需的消息类型。每个消息类型包含一个固定的消息结构，由一组字段（Field）组成，每个字段都有其对应的数据类型和字段名称。ROS 通过消息定义文件（.msg 文件）来描述消息类型的字段和数据类型。定义好消息类型后，节点可以通过发布者（Publisher）发布特定类型的消息，订阅者（Subscriber）则可以接收这些消息并进行处理。

服务（Service）类型：定义了 ROS 客户端/服务器通信模型下的请求与应答数据类型。一个服务类型包含两个部分：一个请求类型和一个应答类型，分别对应了客户端请求服务器和服务器向客户端返回响应所使用的数据类型。请求和应答数据类型可以使用 ROS 系统提供的服务类型，也可以使用自定义的 srv 文件在功能包的 srv 文件夹中进行定义。在 ROS 中，服务类型被用于一些需要进行请求和应答的操作，如控制机器人运动或者获取传感器数据等。

代码（Code）：用于放置功能包源代码。

1. 功能包

一个功能包的典型文件结构如图 4-9 所示。

图 4-9　ROS 功能包的典型文件结构

ROS 中的功能包目录结构通常包括以下文件夹：

config、include、scripts、src、launch、msg、srv、action，以及两个重要的配置文件：CMakeLists.txt 和 package.xml。其中，config 文件夹中包含功能包的配置文件，include 文件夹中包含功能包需要用到的文件，scripts 文件夹中包含可以直接运行的 Python 脚本，src 文件夹中包含程序源文件，launch 文件夹中包含功能包自定义的启动文件，msg 文件夹中包含功能包自定义的消息类型，srv 文件夹中包含功能包自定义的服务类型，

action 文件夹中包含功能包自定义的动作指令。而 CMakeLists.txt 文件则是编译器编译功能包的规则文件；package.xml 文件则是功能包的清单文件，记录了功能包的基本信息，包括作者信息、许可信息、其他依赖选项、编译标志等。图 4-10 是一个典型的功能包清单（package.xml）示例图。

```xml
<?xml version="1.0"?>
<package>
  <name>bobac_controller</name>
  <version>0.0.0</version>
  <description>The bobac_controller package</description>

  <!-- One maintainer tag required, multiple allowed, one person per tag -->
  <!-- Example:   -->
  <!-- <maintainer email="jane.doe@example.com">Jane Doe</maintainer> -->
  <maintainer email="nvidia@todo.todo">nvidia</maintainer>


  <!-- One license tag required, multiple allowed, one license per tag -->
  <!-- Commonly used license strings: -->
  <!--     BSD, MIT, Boost Software License, GPLv2, GPLv3, LGPLv2.1, LGPLv3 -->
  <license>TODO</license>


  <buildtool_depend>catkin</buildtool_depend>
  <build_depend>roscpp</build_depend>
  <build_depend>std_msgs</build_depend>
  <build_depend>tf</build_depend>
  <run_depend>roscpp</run_depend>
  <run_depend>std_msgs</run_depend>
  <run_depend>tf</run_depend>


  <!-- The export tag contains other, unspecified, tags -->
  <export>
    <!-- Other tools can request additional information be placed here -->

  </export>
</package>
```

图 4-10　ROS 功能包清单 package.xml 示例

在功能包清单（package.xml）中，可以查看到功能包的基本信息，例如，名称、版本、描述、作者和许可信息等。此外，<build_depend> </build_depend> 标签用于在 ROS 功能包清单中定义功能包代码编译所依赖的其他功能包。这些依赖关系将在功能包构建时被自动解决，并确保所需的软件包已经安装在系统中，以便成功地构建功能包。而 <run_depend> </run_depend> 标签用于声明当前功能包在运行时所依赖的其他 ROS 功能包。在 ROS 功能包的开发中，这些信息需要根据功能包的实际需求进行修改和配置，以确保功能包的正常编译和运行。

ROS 针对功能包的创建、修改、编译和运行设计了许多命令，表 4-1 简要地列出了一些命令及其作用，后面还会多次使用这些命令，读者可以在实践中不断加深对这些命令的掌握。

2. 元功能包

元功能包是一个特殊的 ROS 功能包，只包含一个 package.xml 元功能包清单文件，与其他功能包不同的是，元功能包的主要作用是将多个功能包整合成一个逻辑上独立的功能包，类似于功能包的集合。虽然元功能包的清单文件与普通功能包的清单文件相似，但是元功能包需要包含一个引用的标签：

```
<export>
    <metapackage/
</export>
```

表 4-1　ROS 的常用命令

命　令	作　用
catkin__creat__pkg	创建功能包
rospack	获取功能包的信息
catkin__make	编译工作空间中的功能包
rosdep	自动安装功能包依赖的其他包
roscd	功能包目录转跳
roscp	复制功能包中的文件
rosed	编辑功能包中的文件
rosrun	运行功能包中的可执行文件
roslaunch	运行启动文件

此外，元功能包清单不需要使用 <buildtool_depend> 标签声明编译过程依赖的其他功能包，只需要使用 <run_depend> 标签声明功能包运行时依赖的其他功能包。以导航元功能包为例，可以通过以下命令查看该元功能包中 package.xml 文件的内容：

```
roscd navigation
gedit package.xml
```

4.3.4　开源社区

ROS 的开源社区拥有着丰富的共享资源，可以在其中找到以下一些资源（图 4-11）。

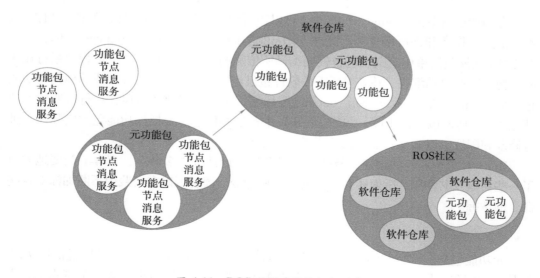

图 4-11　ROS 社区资源的组织形式

1）发行版（Distribution）：每个 ROS 发行版都有一个独立的名称，如 ROS Kinetic、ROS Melodic 等。不同的 ROS 发行版可能有不同的目标操作系统、支持的硬件平台、软件包版本等。选择合适的 ROS 发行版可以提高 ROS 应用的兼容性、稳定性和性能。每个 ROS 发行版都有一定的维护周期和支持期限。新的 ROS 发行版通常包含新的功能、性能提升和错误修复。

2）软件源（Repository）：ROS 软件源是指存储 ROS 软件包的服务。ROS 软件源通常包含多个版本的 ROS 发行版，以及许多第三方 ROS 软件包。其中，ROS 官方软件源是指由 ROS 官方维护的软件源，用户可以通过这个软件源获取 ROS 官方发布的软件包和工具。此外，还有一些第三方软件源，用户可以从这些软件源中获取其他开发者或组织维护的 ROS 软件包。

3）ROS Wiki：是一个官方的 ROS（Robot Operating System）文档网站，提供了 ROS 的大量资料和信息，包括 ROS 的安装、入门教程、ROS 包的文档、ROS 中常用工具的使用等。ROS Wiki 由 ROS 的开发者和社区贡献者共同维护，是 ROS 生态系统中非常重要的一部分。

4）邮件列表（Mailing List）：ROS 邮件列表是针对 ROS 的一个在线交流平台，它允许 ROS 开发者和用户通过电子邮件来讨论 ROS 相关的话题和问题。ROS 邮件列表由 ROS 社区维护和管理，任何人都可以自由订阅和参与讨论。这个邮件列表通常包括 ROS 的新闻、公告、讨论、建议、技巧和支持等内容。

5）ROS Answers：ROS Answers 是一个问答社区，专门为 ROS 开发者和用户提供服务。它是 ROS 社区的一部分，由 ROS 维护和管理，提供了一个在线平台，让 ROS 社区成员可以交流和分享关于 ROS 的问题、经验和知识。在 ROS Answers 上，任何人都可以发布问题并等待其他人来回答。同时，其他人也可以通过回答问题来帮助遇到困难的 ROS 用户。

6）博客（Blog）：ROS 中的新闻、公告等会在此发布（http://www.ros.org/news）。

4.4　ROS 通信

前面几节简单介绍了 ROS 中的一些重要概念，现在进一步探讨 ROS 的核心——分布式通信机制。

这个机制允许 ROS 的不同节点在计算机网络中交流和共享数据，实现了 ROS 的分布式运行模式。这种机制使得 ROS 可以应用于各种复杂的机器人系统，实现高效的数据传输和通信。在这个机制的支持下，ROS 的节点可以轻松地实现相互协作和数据共享，使得机器人的控制和运动更加精确和可靠。下面介绍它的三种通信机制，分别是话题通信机制、服务通信机制和参数管理机制。

4.4.1　话题通信机制

在 ROS 中，话题（Topic）是最为常用的通信方式之一，其通信模型也比较复杂。通过话题，ROS 的不同节点可以实现发布和订阅消息的功能，以完成各种机器人应用的任务。假设有两个节点：发布者 Talker 和订阅者 Listener，它们分别发布和订阅同一个话题。节点的启动顺序没有强制要求，发布者和订阅者建立通信的过程可以分成以下几个步骤，如图 4-12 所示。

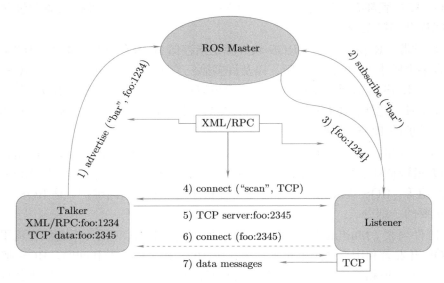

图 4-12　基于发布/订阅模型的话题通信机制

（1）Talker 注册

当 Talker 节点启动后，会使用 RPC（Remote Procedure Call）机制通过 1234 端口向 ROS Master 注册自己作为发布者的信息。这个信息包括发布的消息所对应的话题名。ROS Master 会将 Talker 节点的注册信息添加进注册列表中，以便其他节点可以查询该话题的发布者信息。在注册话题时，Talker 节点需要指定话题名称和消息类型。这个话题名称可以是任意的字符串，但必须是唯一的，即不同节点不能发布同名的话题。消息类型指定了发布到话题中的消息的格式和内容，它通常是自定义的消息类型，也可以是 ROS 内置的标准消息类型。

（2）Listener 注册

Listener 节点启动后，同样会使用 RPC 机制向 ROS Master 注册自己作为订阅者的信息。这个信息包含需要订阅的话题名。ROS Master 会将 Listener 节点的注册信息加入注册列表中，并保存该话题的发布者信息。

（3）ROS Master 进行信息匹配

当 Listener 节点向 ROS Master 注册订阅信息后，ROS Master 会在注册列表中查找与该订阅信息匹配的发布者信息。如果没有找到匹配的发布者，则 Master 会等待对应的发布者的加入；如果匹配的发布者已经加入了，则 Master 会通过 RPC 机制向 Listener 节点发送 Talker 的 RPC 地址信息，以便 Listener 节点能够与 Talker 节点建立通信连接并接收到发布的消息。

（4）Listener 发送连接请求

ROS Master 将 Talker 地址信息返回给 Listener 后，Listener 会尝试建立与 Talker 之间的连接。为了建立连接，Listener 会向 Talker 发送一条 RPC 请求，请求中包括订阅的话题名、消息类型以及通信协议（TCP/UDP）等相关信息。这些信息是为了确保 Talker 能够正确地理解 Listener 的订阅请求，以及在建立连接后能够准确地传输相关的订阅消息。

（5）Talker 确认连接请求

当 Talker 接收到 Listener 的连接请求后，它会继续向 Listener 发送一条 RPC 请求，以确认连接信息。在这个 RPC 请求中，Talker 会携带自身的 TCP 地址信息，这些信息是为了让 Listener 能够正确地建立连接并准确地传输相关的订阅消息。

（6）Listener 尝试与 Talker 建立网络连接

确认了 Talker 的地址信息后，Listener 会使用 TCP 来尝试建立网络连接。

（7）Talker 向 Listener 发布数据

当网络连接成功建立后，Talker 就能够向 Listener 发送相关的话题消息数据。这些消息数据会经过 TCP 进行传输，以确保数据的可靠性和准确性。通过上述的分析可以得知，在节点建立连接的前五个步骤中，都使用了 RPC 通信协议，而在数据发布过程中才使用了 TCP 进行数据传输。在这一过程中，ROS Master 扮演了重要的角色，负责协调节点之间的连接，但是并不直接参与节点之间的数据传输过程。这种分离的设计使得 ROS 系统具有更高的可扩展性和灵活性，能够满足不同应用场景下的需求，并提高了系统的整体性能和稳定性。

当 ROS 节点之间成功建立连接后，ROS Master 可以被关闭，不会对节点之间的数据传输造成影响。不过，此时其他节点将无法加入已经建立的网络，因为需要通过 ROS Master 进行节点的注册和查询。

4.4.2　服务通信机制

服务是 ROS 中一种带有请求和应答的通信方式，其通信原理与话题不同。服务通信机制原理如图 4-13 所示。

（1）Talker 注册

Talker 启动后，会使用 RPC 通过 1234 端口向 ROS Master 注册发布者的信息，信息中包括服务名，然后 ROS Master 会在注册列表中添加该节点的注册信息。

（2）Listener 注册

Listener 启动后，也需要在 ROS Master 中注册它的相关信息，其中包括 Listener 需要查找的服务名。

（3）ROS Master 进行信息匹配

ROS Master 会根据 Listener 的订阅信息，在注册列表中进行查找。如果注册列表中还没有匹配的服务者信息，则等待该服务的提供者加入。如果注册列表中有匹配的服务者信息，则 ROS Master 会通过 RPC 将 Talker 的 TCP 地址信息发送给 Listener。

（4）Listener 与 Talker 建立网络连接

Listener 接收到确认信息后，使用 TCP 尝试与 Talker 建立网络连接，并且发送服务的请求数据。

（5）Talker 向 Listener 发布服务应答数据

当 Talker 收到 Listener 的服务请求和相应的参数后，将开始执行其提供的服务功能。执行完服务功能后，Talker 将向 Listener 发送响应数据，以完成该服务的应答。

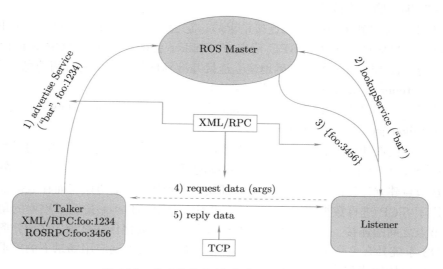

图 4-13　基于服务器/客户端的服务通信机制

4.4.3　参数管理机制

参数和 ROS 中的全局变量类似，是用来存储程序运行过程中需要使用的数据，ROS Master 对其进行管理，其通信机制相较于服务机制更加简单，不需要使用 TCP/UDP 进行通信，具体通信机制如图 4-14 所示。

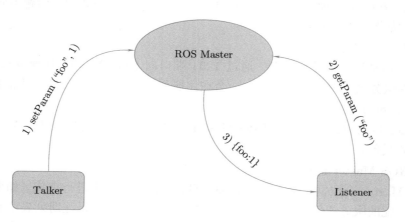

图 4-14　基于 RPC 的参数管理机制

参数管理机制说明如下：

1）Talker 使用 RPC 向 ROS Master 发送参数设置数据，包含参数名和参数值。

2）ROS Master 接收到参数设置数据后，将参数名和参数值保存到参数列表中。

3）Listener 或其他节点使用 RPC 向 ROS Master 获取特定参数的值。

4）ROS Master 根据请求中的参数名，在参数列表中查找对应的参数值。

5）如果找到匹配的参数值，则 ROS Master 通过 RPC 将参数值发送给请求的节点。

6）如果未找到匹配的参数值，则 ROS Master 不做任何响应。

7）请求的节点接收到参数值后，将其保存到本地参数列表中。

8）请求节点可以使用本地参数值进行计算或执行相应操作。

需要注意的是，当 Talker 更新参数值后，Listener 无法自动感知参数值的更新，除非重新查询。在许多应用场景中，需要一种动态参数更新的机制来自动通知 Listener 参数值的变化，这样才能保证 Listener 能够在任何时候获取到正确的参数值，从而使系统保持稳定运行。

4.4.4　话题与服务的区别

话题和服务是 ROS 中最基础也是使用最多的通信方法，从前面介绍的 ROS 通信机制中可以看到这两者有明确的区别，具体总结见表 4-2。

表 4-2　话题与服务的区别

对比项	话题	服务
同步性	异步	同步
通信模型	发布/订阅	客户端/服务器
底层协议	ROSTCP/ROSUDP	ROSTCP/ROSUDP
反馈机制	无	有
缓冲区	有	无
实时性	弱	强
节点关系	多对多	一对多（一个 Server）
使用场景	数据传输	逻辑处理

总的来说，ROS 中的通信模型主要有两种：基于发布/订阅模型的异步通信模型和基于客户端/服务器模型的同步通信模型。发布/订阅模型中，消息的产生方将消息发布到特定话题，而消息的使用方则订阅该话题以接收消息；而在客户端/服务器模型中，客户端会向服务端发送请求，等待服务端返回结果后再继续执行后续的操作。需要注意的是，这两种通信模型适用的场景不同，发布/订阅模型通常用于数据量较大且逻辑处理较少的场景，而客户端/服务器模型则常用于数据量较小但逻辑处理较多的场景。

4.5　ROS 工具

在 ROS 开发过程中，有多种选择来编辑代码。比如，Ubuntu 系统自带的 gedit、vi 等文本编辑器，它们简单易用，适合简单的代码编辑工作。另外，为了提高开发效率和代码质量，很多开发者会使用一些集成开发环境（IDE），如 Eclipse、Vim、Qt Creator、Pycharm、RoboWare Studio 等，具体配置也可以参考官方 Wiki：http://wiki.ros.org/IDEs。

4.5.1 RoboWare Studio 介绍

RoboWare Studio 是一款专门针对 ROS 开发设计的集成开发环境，其具有直观、易于操作的特点，可以用于代码编辑、构建、调试以及 ROS 工作空间和包的管理。使用 RoboWare Studio 可以快速、便捷地完成 ROS 应用的开发工作，为机器人开发人员带来了很大的便利。

RoboWare Studio 具有以下一些特点：

1）集成开发环境 (IDE)。RoboWare Studio 是一个完整的 ROS 开发环境，提供了包管理、代码编辑、构建及调试等功能，方便用户进行 ROS 工作空间和包的管理。

2）可视化编程工具。RoboWare Studio 提供了可视化编程工具——Flow Chart Editor，可以直观地呈现程序执行流程，使得用户能够轻松地进行程序设计。

3）仿真环境。RoboWare Studio 集成了 Gazebo 仿真环境，用户可以在其中进行机器人的仿真和测试，从而提高代码的稳定性和可靠性。

4）插件化架构。RoboWare Studio 的插件化架构使得用户可以根据需要扩展和定制各种功能。

5）跨平台支持。RoboWare Studio 支持 Windows、macOS 和 Ubuntu 等多个操作系统，使得用户能够在不同的平台上进行 ROS 开发。

6）ROS 映像支持。RoboWare Studio 支持 ROS 映像的快速部署和使用，大幅降低了 ROS 入门门槛。

7）免费开源。RoboWare Studio 是一款免费开源软件，用户可以自由使用、修改和分发，大幅降低了 ROS 开发的成本和门槛。

8）社区支持。RoboWare Studio 有一个活跃的社区，用户可以在其中获取技术支持和交流经验。

下面介绍 RoboWare Studio 的安装与使用。

用户可以直接登录 http://roboware.me 官网，下载对应版本的 deb 安装文件，使用以下命令即可完成软件的安装：

```
cd/deb 安装文件路径
sudo dpkg -i roboware-studio_[版本]_[架构].deb
```

安装完成后，可以进入 RoboWare Studio 的集成开发环境（IDE），如图 4-15 所示。

使用 RoboWare Studio 可以快速提高 ROS 的开发效率，并且降低了 ROS 的学习成本。如果读者想快速上手 RoboWare Studio，建议查阅官方网站上提供的使用手册。

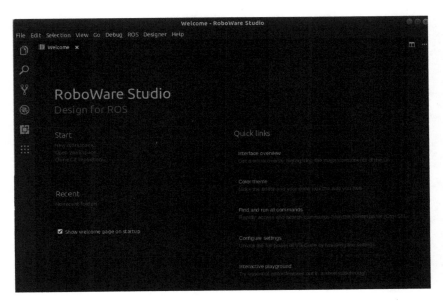

图 4-15　RoboWare Studio 的 IDE 界面

4.5.2　Qt 工具箱

ROS 提供了 rqt_common_plugins 这个 Qt 架构的工具套件，旨在方便用户进行可视化调试和显示操作。这个工具套件中有很多实用的工具，可供用户灵活选择和使用。使用下面的命令安装该 Qt 工具箱：

```
sudo apt-get install ros-kinetic-rat
sudo apt-get install rog-kinetic-rat-common-plugins
```

1. 日志输出（rqt_console）工具

rqt_console 是一个可视化工具，可以方便地展示和筛选 ROS 系统中所有的日志消息，包括 info、warn 和 error 级别的消息。用户可以通过输入下面的命令来启动该工具：

```
rqt_console
```

rqt_console 的使用可以帮助用户快速定位和解决 ROS 系统中可能出现的各种问题，提高系统开发和调试的效率。启动成功后可以看到如图 4-16 所示的 rqt_console 工具界面。

rqt_console 工具可以按照不同级别的日志消息依次显示相关内容，包括日志内容、时间戳和级别等。当系统中存在大量日志消息时，用户可以通过筛选和过滤，只显示需要关注的日志消息。

在 ROS 中，日志消息分为 5 个级别，分别是 DEBUG、INFO、WARN、ERROR 和 FATAL。

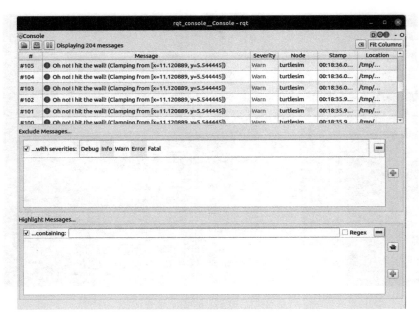

图 4-16　rqt_console 工具界面

1）DEBUG：最低级别的日志，主要用于调试过程中输出详细信息，以便程序员进行查看和分析。

2）INFO：一般级别的日志，用于输出程序运行过程中的一些重要信息，方便程序员进行查看和分析。

3）WARN：警告级别的日志，表示程序出现了一些不严重的问题，但是仍需要引起注意，以防问题进一步扩大。

4）ERROR：错误级别的日志，表示程序出现了一些严重的问题，会导致程序无法正常运行。程序员需要根据错误信息快速定位问题并进行修复。

5）FATAL：最高级别的日志，表示程序出现了致命错误，导致程序必须停止运行。通常在这个级别的日志出现时，程序会自动退出并显示错误信息。

可以通过设置日志等级来筛选所需的日志信息，举个例子，如果将日志等级设为 INFO，那么就会得到 INFO、WARN 和 ERROR 这三个等级的所有日志消息，即能获取所设置等级及其以上优先级别的所有日志消息，这样就能更加方便地查找和定位问题。

2. 计算图可视化（rqt_graph）工具

ROS 提供了一个名为 rqt_graph 的工具，它可以通过图形化界面展示当前 ROS 系统中的计算图。在运行 ROS 系统时，可以使用以下命令来启动该工具：

```
rqt_graph
```

它可以帮助用户更加清晰地了解和调试整个 ROS 系统的结构和功能。启动成功后的 rqt_graph 工具界面显示如图 4-17 所示。

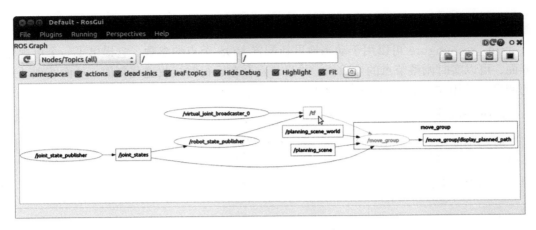

图 4-17　rqt_graph 工具界面

3. 数据绘图（rqt_plot）工具

rqt_plot 是一个 ROS 图形化工具，用于绘制 ROS 话题数据的二维数值曲线。通过使用该工具，用户可以实时监测和可视化 ROS 节点发布的数据，并将其以 XY 坐标系上的曲线形式呈现。启动该工具只需要在终端输入命令：

```
rqt_plot
```

接下来，在界面的顶部，需要在话题输入框中输入要显示的话题消息的名称。如果不确定话题的名称，可以在终端中使用"rostopic list"命令来查看。

图 4-18 显示的是 rqt_plot 绘制的乌龟仿真器仿真过程中话题/turtle1/pose 的数据。

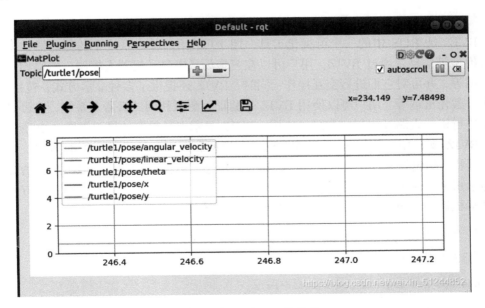

图 4-18　rqt_plot 工具界面

4. 参数动态配置（rqt_reconfigure）工具

rqt_reconfigure 可以用于动态地重新配置 ROS 节点的参数。它提供了一个可视化界面，可以实时调整节点的参数值，并且节点会在运行时接收这些新值，从而实现动态的调参。使用如下命令即可启动该工具：

```
rosrun rqt_reconfigure rqt_reconfigure
```

启动 rqt_reconfigure 工具后，可以看到当前系统中所有可动态配置的参数（见图 4-19），这些参数可以通过图形化界面进行实时修改。界面提供了多种控件，包括输入框、滑动条和下拉框等，方便用户配置系统参数。

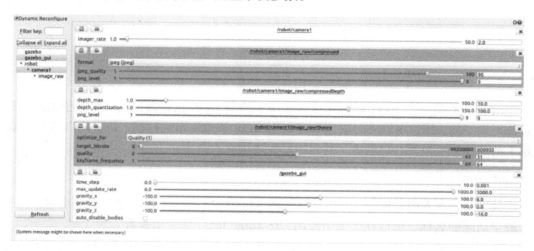

图 4-19 rqt_reconfigure 工具界面

4.5.3 RVIZ 三维可视化平台

RVIZ 是 ROS 中的一个可视化工具，用于可视化 ROS 系统中的传感器数据、机器人模型等信息。通过 RVIZ，用户可以在三维场景中显示机器人模型、障碍物、传感器数据等，并可对它们进行交互操作。同时，RVIZ 还提供了多种显示方式，包括点云、图像、激光雷达等。用户可以使用 RVIZ 来验证、测试和调试机器人系统，也可以使用它来进行机器人路径规划、避障等应用。RVIZ 显示点云数据的界面如图 4-20 所示。

RVIZ 支持用户使用 xml 文件对机器人模型和周围环境进行详细的描述，包括尺寸、形状、颜色等属性，并且能够将机器人的传感器数据和运动状态以图形化的方式实时显示出来。通过 RVIZ 的图形界面，开发者可以控制机器人的运动和行为，方便开发者理解机器人系统中的数据，并且使得机器人系统更加直观易懂。

1. 安装并运行 RVIZ

可以使用如下命令来安装 RVIZ：

```
sudo apt-get install ros-kinetic-rviz
```

安装完成后，输入以下命令分别启动 ROS 和 RVIZ：

```
roscore
rosrun rviz rviz
```

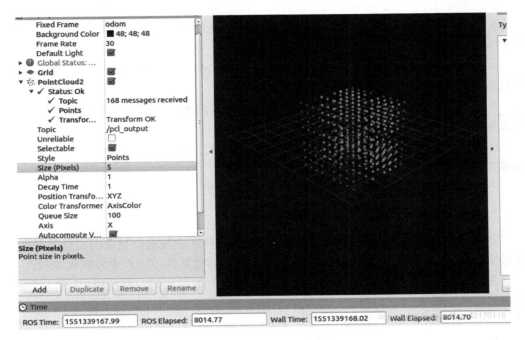

图 4-20　RVIZ 显示点云数据图

启动成功的 RVIZ 主界面如图 4-21 所示。

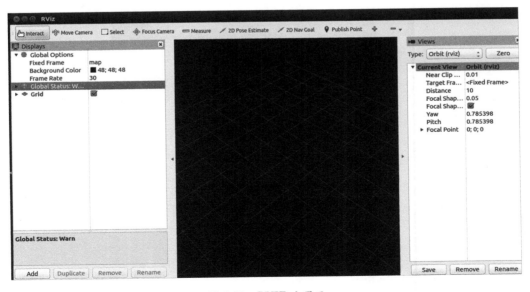

图 4-21　RVIZ 主界面

RVIZ 主界面主要包含以下几个部分。

1）工具栏：包括 RVIZ 的工具，例如，添加、删除、移动视图控件，以及导入和保存 RVIZ 配置文件等。

2）视图控件：用于可视化显示机器人、传感器数据、环境地图等内容。

3）配置面板：用于对机器人、传感器等进行设置和配置，例如，修改机器人模型的关节角度、调整传感器参数等。

4）状态栏：显示 RVIZ 当前状态信息，例如，显示当前时间、每秒传输帧数（FPS）、鼠标所在位置等。

5）主视图：用于显示机器人模型、环境地图等内容，可以通过鼠标和键盘等交互方式来操作和控制视图。

6）3D 视图控件：用于在 3D 空间中显示机器人、环境地图等内容，支持旋转、缩放等交互操作。

下面讲述如何在 RVIZ 中将数据可视化显示出来。

2. 数据可视化

要在 RVIZ 中进行数据可视化，需要确保所要显示的数据以相应的消息类型发布。数据发布成功后，可以在 RVIZ 中订阅该消息，然后将其在 RVIZ 中可视化显示。

首先，需要添加一个用于显示数据的插件。在 RVIZ 界面的左侧面板中，单击 "Add" 按钮，选择要添加的显示类型。常见的显示类型包括：Axes（显示坐标轴）、Camera（打开一个新窗口并显示摄像头图像）、Effort（显示机器人转动关节的力）、Grid（用于显示网格，方便定位）、Image（用于显示相机图像）、LaserScan（用于显示激光雷达数据）、RobotModel（用于显示机器人模型和关节状态）、PointCloud2（用于显示三维点云数据）、Marker（用于显示二维或三维形状）等，如图 4-22 所示。

图 4-22　RVIZ 默认支持的显示插件

选择要添加的显示类型后，该类型的显示面板将出现在 RVIZ 界面中。在显示面板中，可以设置显示属性，例如，颜色、大小、透明度等。不同的显示类型有不同的属性设置。例如，对于 RobotModel 显示类型，可以设置机器人模型的颜色、透明度、姿势等；对于 LaserScan 显示类型，可以设置激光雷达数据的颜色、宽度、最小和最大范围等。然后在下面的 "DisplayName" 文本框中输入该插件的名称，用于区别其他插件。

除了基本的显示类型之外，还可以添加其他类型的数据，例如，激光雷达或相机。这些数据可以通过 ROS 节点或话题发布。要添加其他数据类型，则单击 "Add" 按钮，然后选择 "By topic" 选项。在弹出的对话框中，选择要添加的话题，并选择要显示的数据类型。

当完成 RVIZ 配置时，可以将其保存为一个配置文件，以便以后可以重新打开并显示相同的数据。要保存 RVIZ 配置文件，可单击 RVIZ 界面的 "File" 菜单中的 "Save Config" 选项。配置文件将保存为.rviz 文件格式。

当完成使用 RVIZ 时，可以关闭它以释放系统资源。在 RVIZ 界面的右上角，单击 "Quit" 按钮即可退出 RVIZ。

4.5.4　Gazebo 仿真环境

仿真/模拟通过建立一个模型来描述系统或流程的关键特征或行为。当系统研究的成本高昂、实验的危险性大或需要很长时间才能了解系统参数变化所引起的后果时，仿真是一种特别有效的研究手段。它已广泛应用于各个领域，包括化工、材料、物理、机械、水电、农业生产、社会研究等。Gazebo 是一个开源的三维物理仿真平台，可以模拟复杂的机器人、机器人组件和环境等。它可以帮助开发人员和研究人员在虚拟环境中测试和优化机器人设计和控制算法，从而提高机器人系统的性能和稳定性。Gazebo 支持多种机器人平台和传感器，例如，机械臂、移动机器人、无人机、深度相机等，可以进行多个机器人之间的协同操作和交互。同时，Gazebo 还可以与 ROS 进行无缝集成，提供强大的仿真环境和工具，加速机器人研究和开发的进程。

1. Gazebo 的特点

Gazebo 是一款备受推崇的开源物理仿真软件，它的特点如下：

1）支持多种高性能的物理引擎，如 ODE、Bullet、SimBody、DART 等，能够进行动力学仿真。

2）能够展示真实的三维环境，包括光线、纹理、影子等，具备出色的三维可视化效果。

3）支持传感器数据的仿真，并且还能够仿真传感器噪声，保证仿真的真实性。

4）用户可以使用可扩展的插件开发，定制化自己所需的功能，非常灵活。

5）后台仿真处理和前台图形显示可以通过网络通信实现远程仿真，非常方便。

6）支持在云端运行，包括 Amazon、Softlayer 等，同时还支持在自己搭建的云服务器上运行，非常便捷。

7）提供了命令行工具，用户可以在终端使用这些工具来实现仿真控制，方便快捷。

综上所述，Gazebo 是一款功能强大、易用的物理仿真环境，非常适合机器人算法开发、机器人控制器设计、机器人路径规划等领域的应用。

自 2013 年以来，Gazebo 每年都会发布一个新版本，如图 4-23 所示。尽管 Gazebo 的版本变化较大，但是它们的兼容性做得很好，即使是 Indigo 的 2.2 版本的机器人仿真模型也可以在 Kinetic 的 7.0 版本中运行。

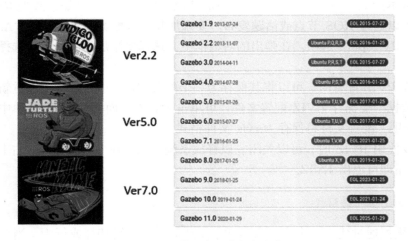

图 4-23　Gazebo 的版本迭代

2. 安装并运行 Gazebo

gazebo 的安装可以使用以下命令：

```
sudo apt-get install ros-kinetic-gazebo-ros-pkgs
ros-kinetic-gazebo-ros-control
```

安装完成后，输入以下命令分别启动 ROS 和 Gazebo：

```
roscore
rosrun gazebo_ros gazebo
```

Gazebo 启动成功后的界面如图 4-24 所示。

Gazebo 的主界面包含以下几个部分。

1）三维场景：用于显示虚拟仿真环境，包括机器人模型、传感器、物体等。

2）状态栏：显示当前仿真场景的状态信息，例如，仿真时间、帧率、机器人的姿态等。

3）工具栏：提供了多种工具，例如，选择、平移、旋转、缩放等，可以对场景中的对象进行操作。

4）设置窗口：用于设置仿真场景的各种参数，例如，重力、碰撞检测、物理引擎等。

5）控制台：提供了命令行接口，可以用于执行各种仿真控制命令，例如，暂停、恢复、调速等。

可以通过查看 ROS 的话题列表来看 Gazebo 和 ROS 是否连接成功：

```
rostopic list
```

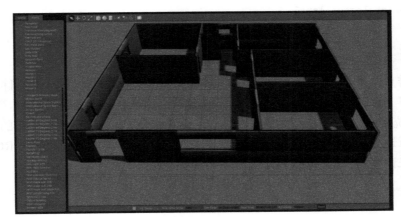

图 4-24　Gazebo 启动成功后的界面

如果看到下面 Gazebo 发布和订阅的话题，则说明两者连接成功了：

```
/gazebo/link_states
/gazebo/modelstates
/gazebo/parameter-descriptions
/gazebo/parameterupdates
/gazebo/setlink_state
/gazebo/set_model_state
```

当然，还有 Gazebo 提供的服务列表：

```
rosservice list
/gazebo/apply_body_wrench
/gazebo/apply-joint_effort
/gazebo/clear_body_wrenches
/gazebo/clear-joint_forces
/gazebo/delete_model
/gazebo/get-jointproperties
/gazebo/get_linkproperties
/gazebo/getink_state
/gazebo/get_loggers
/gazebo/get_modelproperties
/gazebo/getmodel_state
/gazebo/get_physics_properties
/gazebo/get_world_properties
/gazebo/pause_physics
/gazebo/reset_simulation
/gazebo/reset_world
/gazebo/setjoint_properties
```

```
/gazebo/set_linkproperties
/gazebo/set_ink_state
/gazebo/set_logger_level
```

4.6 本章小结

　　本章带您走进了 ROS 的世界，一起了解了 ROS 的起源背景、设计目标和框架特点，学习了 ROS Kinetic 发行版在 Ubuntu 系统下的安装方法。同时，本章还介绍了 ROS 的系统架构，了解了 ROS 的计算图、文件系统、开源社区三个层次中的关键概念。此外，本章还介绍了 ROS 提供的话题、服务等通信机制，介绍了常用的 ROS 开发工具。接下来让我们开始一段 ROS 机器人开发实践之旅吧！

习题

1. ROS 有什么特点？
2. ROS 系统的通信方式有哪些？
3. 话题和服务有哪些不同？
4. ROS 常用的 Qt 工具有哪些，对应的调用指令是什么？
5. RoboWare Studio 具有哪些特点？
6. Gazebo 的特点有哪些？
7. 练习在 Ubuntu 操作系统上安装对应的 ROS 系统。
8. 练习安装 turtlesim 功能包并实现小乌龟控制。

第 5 章　移动机器人运动学

移动机器人运动学是研究机器人在运动过程中的几何和动力学特性的学科，涉及机器人在空间中的位置、速度、加速度以及运动轨迹等方面的分析和描述。运动学是移动机器人学中的基础知识之一，对于理解和设计各种类型的机器人系统至关重要。在移动机器人运动学中，我们关注的主要问题包括机器人的位姿表示、运动学模型建立、轨迹规划、运动控制等方面。通过对机器人的运动学特性进行建模和分析，可以实现对机器人运动行为的精确控制和优化，从而完成各种复杂的任务。本章将介绍移动机器人运动学的基本概念和原理，包括机器人的位姿表示方法、运动学模型的建立和求解、轨迹规划和运动控制等内容。通过对移动机器人运动学的深入学习，读者将能够更好地理解机器人的运动行为，为实际应用和研究提供坚实的基础。

5.1　机器人旋转姿态

本节主要介绍坐标系和旋转。这对于研究任何类型的交通工具，如飞机、轮船、汽车以及移动机器人的运动都很重要。将会看到，车架提供了一种有效的跟踪车辆方向的方法，并且还能够将相对于中间车架的位移简单地转换为相对于固定车架的位移。

5.1.1　偏航角、俯仰角和翻滚角的定义

在图 5-1 中显示的是一个移动的机器人，上面有一个坐标系。这个坐标系与机器人一起移动，被称为机器人坐标系。Y 轴与机器人的纵轴对齐，X 轴指向右侧，Z 轴指向上方，形成一个右手系。这种类型的坐标系定义通常用于机器人技术领域。它不同于航空航天领域的惯例，即 X 轴与纵轴对齐，Y 轴向右，Z 轴向下，依然是一个右手系。

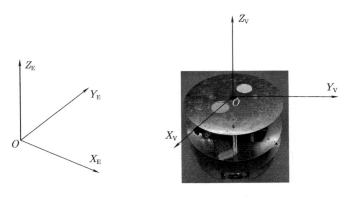

图 5-1　移动机器人的坐标系

随着机器人的移动，它经历了平移或位置的变化。除此以外，它还可能经历旋转或姿态变化。现在对机器人的各种旋转进行定义。偏航是围绕 Z 轴逆时针方向的旋转，从 Z 轴看去。俯仰是围绕新的（偏航运动后）X 轴的旋转，以逆时针方向观察 X 轴，也就是说，前端向上是正俯仰。翻滚是围绕新的（在偏航和俯仰运动之后）Y 轴的旋转，以逆时针方向看 Y 轴，即车辆的左侧向上是正的。在航空航天领域使用的系统中，俯仰是围绕 Y 轴的逆时针旋转，而翻滚是围绕 X 轴的逆时针旋转，也就是说，X 轴和 Y 轴的作用在这两个旋转中是相反的。

5.1.2　偏航角的旋转矩阵

现在求出基本旋转的旋转矩阵。对于偏航（见图 5-2），坐标轴下标"1"代表旋转前的机器人坐标系，坐标轴下标"2"代表正偏航旋转量为 θ 后的机器人坐标系。z 轴方向是从纸上出来的。值得注意的是，围绕 z 轴的逆时针旋转被视为正偏航。

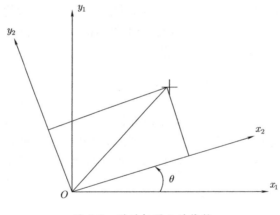

图 5-2　移动机器人的偏航

求解目标是在原坐标系 1 中表达一个点的位置，如何将这个点的坐标在新坐标系 2 中给出。对于 x 轴和 y 轴，有

$$x_1 = x_2 \cos\theta - y_2 \sin\theta$$
$$y_1 = x_2 \sin\theta + y_2 \cos\theta$$

同时

$$z_1 = z_2$$

也可以表示为矩阵形式

$$\begin{bmatrix} x_1 \\ y_1 \\ z_1 \end{bmatrix} = \begin{bmatrix} \cos\theta & -\sin\theta & 0 \\ \sin\theta & \cos\theta & 0 \\ 0 & 0 & 1 \end{bmatrix} \begin{bmatrix} x_2 \\ y_2 \\ z_2 \end{bmatrix}$$

因此，可以得到偏航角的旋转矩阵为

$$\boldsymbol{R}_{\text{yaw}}(\theta) = \begin{bmatrix} \cos\theta & -\sin\theta & 0 \\ \sin\theta & \cos\theta & 0 \\ 0 & 0 & 1 \end{bmatrix}$$

5.1.3　俯仰角的旋转矩阵

对于俯仰（见图 5-3），x 轴方向为从纸中出来。注意，前端向上对应的是正俯仰。

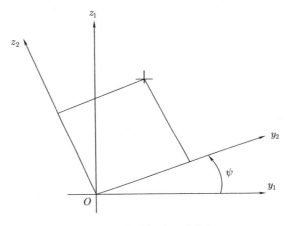

图 5-3　移动机器人的俯仰

求解目标同样是在原坐标系中表达一个点的位置，如何将这个点的坐标在新的坐标系中给出。对于 x 轴和 z 轴，有

$$y_1 = y_2 \cos\psi - z_2 \sin\psi$$
$$z_1 = y_2 \sin\psi + z_2 \cos\psi$$

对于 z 轴来说，有

$$x_1 = x_2$$

也可以表示为矩阵形式

$$\begin{bmatrix} x_1 \\ y_1 \\ z_1 \end{bmatrix} = \begin{bmatrix} 1 & 0 & 0 \\ 0 & \cos\psi & -\sin\psi \\ 0 & \sin\psi & \cos\psi \end{bmatrix} \begin{bmatrix} x_2 \\ y_2 \\ z_2 \end{bmatrix}$$

因此，可以得到俯仰角的旋转矩阵为

$$\boldsymbol{R}_{\text{pitch}}(\psi) = \begin{bmatrix} 1 & 0 & 0 \\ 0 & \cos\psi & -\sin\psi \\ 0 & \sin\psi & \cos\psi \end{bmatrix}$$

5.1.4 翻滚角的旋转矩阵

最后处理翻滚。这是围绕 y 轴的逆时针旋转，其结果是左面朝上被定义为正翻滚。如图 5-4 所示，y 轴方向为从纸中出来。

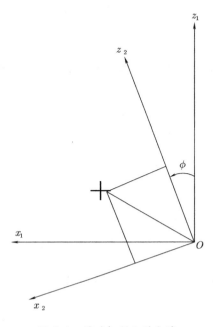

图 5-4 移动机器人的翻滚

同样将原坐标系中表达的一个点的位置，在新的坐标系中给出。对于 x 轴和 z 轴，有

$$x_1 = x_2 \cos\phi + z_2 \sin\phi$$
$$z_1 = x_2 \sin\phi + z_2 \cos\phi$$

同时

$$y_1 = y_2$$

也可以表示为矩阵形式

$$\begin{bmatrix} x_1 \\ y_1 \\ z_1 \end{bmatrix} = \begin{bmatrix} \cos\phi & 0 & -\sin\phi \\ 0 & 1 & 0 \\ \sin\phi & 0 & \cos\phi \end{bmatrix} \begin{bmatrix} x_2 \\ y_2 \\ z_2 \end{bmatrix}$$

因此，可以得到翻滚角的旋转矩阵为

$$\boldsymbol{R}_{\mathrm{roll}}(\phi) = \begin{bmatrix} \cos\phi & 0 & -\sin\phi \\ 0 & 1 & 0 \\ \sin\phi & 0 & \cos\phi \end{bmatrix}$$

5.1.5　一般旋转矩阵

现在来定义一般的旋转矩阵。在一个坐标系被偏航、俯仰和翻滚之后，按照这个特定的顺序，在新坐标系中给出坐标的点可以通过以下操作得到其在原坐标系中的坐标：

$$\begin{bmatrix} x_1 \\ y_1 \\ z_1 \end{bmatrix} = \boldsymbol{R}(\psi, \theta, \phi) \begin{bmatrix} x_2 \\ y_2 \\ z_2 \end{bmatrix}$$

注意，转换回原坐标是按照旋转的相反顺序进行的。也就是说，翻滚是最后一次旋转，因此，它是对相关点的坐标进行操作的第一个矩阵。偏航是第一个旋转，因此，它是对有关点进行操作的最后一个矩阵。将这三个旋转矩阵按照上面的顺序相乘，就得到了一般的旋转矩阵：

$$\boldsymbol{R}(\psi, \theta, \phi) = \begin{bmatrix} \cos\psi\cos\theta - \sin\psi\sin\theta\sin\phi & -\sin\psi\cos\theta & \cos\psi\sin\phi - \sin\psi\sin\theta\cos\phi \\ \sin\psi\cos\theta + \cos\psi\sin\theta\sin\phi & \cos\psi\cos\theta & \sin\psi\sin\phi - \cos\psi\sin\theta\cos\phi \\ -\cos\theta\sin\phi & \sin\theta & \cos\theta\cos\phi \end{bmatrix}$$

如同单个旋转矩阵的情况一样，当一个向量在一个相对于原始坐标系旋转的坐标系中表示时，可以用这个一般的旋转矩阵将该向量转换到原始坐标系中表示。无论车辆的姿态是什么，或者它是如何达到这个姿态的，都存在一组按规定顺序的旋转，即偏航、俯仰和翻滚，这将产生相同的姿态。

5.1.6　齐次转换

在一些情况下，一个坐标系不仅相对于另一个坐标系旋转，而且还发生了平移。假设坐标系 2 相对于坐标系 1 既旋转又平移，那么一个最初相对于第 2 坐标系表示的向量相对于第 1 坐标系可以表示如下：

$$\begin{bmatrix} x_1 \\ y_1 \\ z_1 \end{bmatrix} = \boldsymbol{R}(\psi, \theta, \phi) \begin{bmatrix} x_2 \\ y_2 \\ z_2 \end{bmatrix} + \begin{bmatrix} x_{21} \\ y_{21} \\ z_{21} \end{bmatrix}$$

其中，$[x_{21}, y_{21}, z_{21}]^{\mathrm{T}}$ 是坐标系 2 的原点在坐标系 1 的位置。

也可以简写为

$$\begin{bmatrix} x_1 \\ y_1 \\ z_1 \end{bmatrix} = \boldsymbol{R}_{21} \begin{bmatrix} x_2 \\ y_2 \\ z_2 \end{bmatrix} + \begin{bmatrix} x_{21} \\ y_{21} \\ z_{21} \end{bmatrix}$$

如果经历了一系列的变换，操作就会变得更加烦琐。对于两个变换的情况，方程为

$$\begin{bmatrix} x_2 \\ y_2 \\ z_2 \end{bmatrix} = \boldsymbol{R}_{32} \begin{bmatrix} x_3 \\ y_3 \\ z_3 \end{bmatrix} + \begin{bmatrix} x_{32} \\ y_{32} \\ z_{32} \end{bmatrix}$$

和

$$
\begin{bmatrix} x_1 \\ y_1 \\ z_1 \end{bmatrix} = \boldsymbol{R}_{21} \begin{bmatrix} x_2 \\ y_2 \\ z_2 \end{bmatrix} + \begin{bmatrix} x_{21} \\ y_{21} \\ z_{21} \end{bmatrix}
$$

或

$$
\begin{bmatrix} x_1 \\ y_1 \\ z_1 \end{bmatrix} = \boldsymbol{R}_{21} \boldsymbol{R}_{32} \begin{bmatrix} x_3 \\ y_3 \\ z_3 \end{bmatrix} + \boldsymbol{R}_{21} \begin{bmatrix} x_{32} \\ y_{32} \\ z_{32} \end{bmatrix} + \begin{bmatrix} x_{21} \\ y_{21} \\ z_{21} \end{bmatrix}
$$

这可以更简洁地写成一个使用同构变换的单一操作。对于一个包含平移和旋转的单一变换：

$$
\begin{bmatrix} x_1 \\ y_1 \\ z_1 \\ 1 \end{bmatrix} = \boldsymbol{A}_{21} \begin{bmatrix} x_2 \\ y_2 \\ z_2 \\ 1 \end{bmatrix}
$$

其中，

$$
\boldsymbol{A}_{21} = \begin{bmatrix} & & & x_{21} \\ & \boldsymbol{R}_{21} & & y_{21} \\ & & & z_{21} \\ 0 & 0 & 0 & 1 \end{bmatrix}
$$

注意，左上角的 3×3 矩阵是旋转矩阵，而右列的上半部分由坐标系 1 中的坐标系 2 的原点组成。例如，车辆坐标系中传感器坐标系的原点。人们可以使用这种变换将一组坐标系中指定的向量转换为另一组坐标系中的表达，只需一次操作即可。当使用这种同质变换时，位置向量通过附加一维作为第四维，从而将该向量转换为四维。这不仅是为了使矩阵运算符合要求，也是为了使第二个坐标系的原点相对于原坐标系的位置耦合。在所有这些中，利用了这样一个事实：旋转矩阵是正交的，即

$$
\boldsymbol{R}^{-1} = \boldsymbol{R}^{\mathrm{T}}
$$

这种同质变换提供了一种简明的手段来表达一个原始坐标系中的向量，当第二坐标系相对于原始坐标系旋转和平移时，存在一系列的变换，例如，传感器坐标系到车辆坐标系，然后车辆坐标系到地球坐标系。

5.2　移动机器人的数学模型

在移动机器人领域，数学模型是研究和开发控制算法、路径规划以及感知系统的关键工具。通过数学模型，我们可以描述和理解机器人的运动、姿态以及与环境的交互，从而使机器人能够执行各种任务和行为。移动机器人的数学模型涵盖了多个领域，包括运动学、动力学、感知建模等。

5.2.1　非完整移动机器人概述

实际上，机器人的机械系统是一个复杂系统，通常会受到各种各样的约束，包括稳定与不稳定约束、几何约束与运动约束、单面约束与双面约束等。因此，"完整约束"和"非完整约束"被提出来并作为一种机械系统中不同类型约束的划分标准。如果一个机械系统的约束能够用系统的广义坐标和时间之间的代数方程来表示，且这些约束方程与速度无关，可通过直接积分得到，则称为"完整约束"系统。"完整约束"系统所受约束仅对被控对象的速度与位姿具有限制，并能够将积分运算转换为几何约束。而"非完整约束"系统的约束则不能通过积分运算变成几何约束。本书中的轮式移动机器人采用两轮差分驱动方式，具有不可微积分的约束，属于非完整系统范畴。

移动机器人的数学模型是轨迹跟踪研究的基础，但在机器人的数学建模过程中存在许多干扰问题，包括机器人的总质量、转动惯量、安装精度误差等。因此，在建立移动机器人的运动学模型前，本节对模型做以下规定：

1）移动机器人整体视为一个刚体。

2）移动机器人始终在地面上做二维平面运动。

3）移动机器人的两个轮子为纯翻滚运动。

4）移动机器人的轮子在转动过程中始终与地面接触，且接触点与轮中心连线始终与地面垂直。

5.2.2　运动约束

轮式移动机器人是一类典型的受到非完整性约束的非线性系统。中脚轮、瑞典轮和球形轮由于其可以全方位运动，所以不存在侧向滑动，此类移动机器人不需要添加任何运动学约束。固定标准轮和转向标准轮等会对移动机器人的底盘运动学施加约束，对于不同类型的轮子，运动约束也会有所差别。

假定每个轮子与运动平面总保持垂直且轮子与地面仅有一个接触点，每个车轮满足纯翻滚而且侧向运动速度为 0，即只翻滚无滑动，基于此可以得到对移动机器人车轮的两个约束：

1) 每个车轮与运动平面间是翻滚接触。

2) 每个车轮无侧向滑动，即对正交于车轮的平面，车轮无滑动。

假设一个在平面上运动的移动机器人具有 N 个车轮，该 N 个车轮由 N_f 个固定的车轮和 N_s 个可操作轮组成。$\beta_s(t)$ 表示 N_s 个可操纵车轮的可操纵角；$\beta_f(t)$ 表示 N_f 个固定车轮的轮子角度。固定和可操纵情况分别用位置旋转向量中的 $\varphi_f(t)$ 和 $\varphi_s(t)$ 表示，则

$$\boldsymbol{\varphi}(t) = \left[\begin{array}{c} \varphi_f(t) \\ \varphi_s(t) \end{array}\right]$$

所有轮子的翻滚约束可集合成

$$\boldsymbol{J}_1(\beta_s)\boldsymbol{T}\boldsymbol{X}_R - \boldsymbol{J}_2\boldsymbol{\varphi} = 0$$

式中，$\boldsymbol{T}$ 和 $\boldsymbol{X}_R$ 是机器人的旋转坐标以及在局部坐标系下的坐标；$\boldsymbol{J}_2$ 是一个 $N \times N$ 的所有车轮的半径为 r 的对角矩阵；$\boldsymbol{J}_1(\beta_s)$ 是一个投影矩阵。对可操纵轮而言，车轮的方向是随时间而改变的函数，而固定车轮的方向是恒定的。所以，所有固定车轮的 $\boldsymbol{J}_1(\beta_s)$ 都是 $N_s \times 3$ 的矩阵。

5.2.3 机器人坐标系

在机器人坐标系中通常会建立多个坐标系，如全局的参考坐标系，通常称为全局坐标系或世界坐标系，以及基于移动机器人本身信息建立的移动机器人坐标系等。以双轮差速移动机器人为例，假定移动机器人是刚性的，建立移动机器人的坐标系如图 5-5 所示。

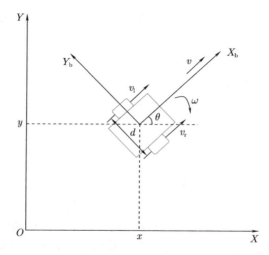

图 5-5　移动机器人坐标系

全局坐标系：也称为世界坐标系，是一个固定的参考坐标系，其他坐标系中的变量统一变换到世界坐标系中进行描述。

局部坐标系：局部坐标系基于移动机器人构建，其随着移动机器人的移动而移动，用来描述机器人感知器感知移动机器人与环境之间的位姿关系。局部坐标系相对于全局坐标系之间的位姿描述也是变化的。通常，局部坐标系以移动机器人质心为原点（在双轮差速移动机器人中通常以差速轮轴心的中点为原点），以小车前进方向为 X 轴，方向指向前进方向，以小车轴心为 Y 轴，方向指向 X 轴逆时针旋转 $90°$ 的方向。

局部坐标系的 X 轴与全局坐标系的 X 轴之间的夹角称为移动机器人的偏航角，夹角范围为 $[-180°, 180°]$。顺时针方向为负，逆时针方向为正。

假设机器人当前在全局坐标系下的坐标为 (x, y)，偏航角为 θ，则此时机器人在全局坐标系下的位姿向量可以表示为

$$\boldsymbol{X}_G = \begin{bmatrix} x \\ y \\ \theta \end{bmatrix}$$

根据刚体运动学原理，移动机器人的车轮只发生绕轮轴滚动方向的纯翻滚运动，不产生与车轮滚动方向垂直的滑行运动，因此，机器人在 (x, y) 处的速度为

$$v = \dot{x}\cos\theta + \dot{y}\sin\theta \tag{5-1}$$

且有以下非完整约束方程：

$$\dot{y}\cos\theta - \dot{x}\sin\theta = 0 \tag{5-2}$$

根据移动机器人的非完整性约束，可以得到如下的运动学方程：

$$\begin{cases} \dot{x} = v\cos\theta \\ \dot{y} = v\sin\theta \\ \dot{\theta} = \omega \end{cases}$$

在移动机器人的轨迹跟踪控制中，令 $\boldsymbol{X} = [x_t, y_t, \theta_t]^{\mathrm{T}}$ 作为机器人 t 时刻的状态量，$\boldsymbol{u}_t = [v_t, \omega_t]^{\mathrm{T}}$ 为 t 时刻的控制量，则移动机器人的运动学模型为

$$\dot{\boldsymbol{X}} = \begin{bmatrix} \dot{x} \\ \dot{y} \\ \dot{\theta} \end{bmatrix} = \begin{bmatrix} \cos\theta & 0 \\ \sin\theta & 0 \\ 0 & 1 \end{bmatrix} \begin{bmatrix} v \\ \omega \end{bmatrix} \tag{5-3}$$

移动机器人在移动过程中，其对环境的感知是相对于机器人本身，即相对于局部坐标系，需要将这些局部坐标系中的信息变换到全局坐标系中，通常是乘以变换矩阵来实现的：

$$\boldsymbol{X}_{\mathrm{G}} = \boldsymbol{T}\boldsymbol{X}_{\mathrm{R}}$$

根据坐标系之间的变换关系，变换矩阵可以表示为

$$\boldsymbol{T} = \begin{bmatrix} \cos\theta & \sin\theta & x \\ -\sin\theta & \cos\theta & y \\ 0 & 0 & 1 \end{bmatrix}$$

5.3　运动学模型

5.3.1　一般运动模型

假设移动机器人的控制输入为 u_t，经过时间间隔 Δt 后，移动机器人由前一时刻的状态 $\boldsymbol{X}_{t-1}$ 变为当前时刻的状态 $\boldsymbol{X}_t$，则

$$\boldsymbol{X}_t = f(\boldsymbol{X}_{t-1}, \boldsymbol{u}_t) + V_t$$

其中，V_t 表示系统的随机噪声和模型本身的不确定性，一般采用高斯分布噪声。

1) 若控制输入为移动机器人的平移量 $\Delta d_{r,t}$ 和转角 $\Delta\theta_{r,t}$，即 $\boldsymbol{u}_t = \begin{bmatrix} \Delta d_{r,t} \\ \Delta\theta_{r,t} \end{bmatrix}$，则移动机器人的运动转移方程为

$$\boldsymbol{X}_t = \begin{bmatrix} x_{r,t} \\ y_{r,t} \\ \theta_{r,t} \end{bmatrix} = \begin{bmatrix} x_{r,t-1} + \Delta d_{r,t} \cdot \cos\left(\theta_{r,t-1} + \Delta\theta_{r,t}\right) \\ y_{r,t-1} + \Delta d_{r,t} \cdot \sin\left(\theta_{r,t-1} + \Delta\theta_{r,t}\right) \\ \theta_{r,t-1} + \Delta\theta_{r,t} \end{bmatrix} + V_t$$

2) 若控制输入为机器人的平移速度 v_t 和旋转角速度 ω，即 $\boldsymbol{u}_t = \begin{bmatrix} v_t \\ \omega \end{bmatrix}$，则机器人的运动转移方程为

$$\boldsymbol{X}_t = \begin{bmatrix} x_{r,t} \\ y_{r,t} \\ \theta_{r,t} \end{bmatrix} = \begin{bmatrix} x_{r,t-1} + \left[-\dfrac{v_t}{\omega_t}\sin\left(\theta_{r,t-1}\right) + \dfrac{v_t}{\omega_t}\sin\left(\theta_{r,t-1} + \Delta t \cdot \omega_t\right) \right] \\ y_{r,t-1} + \left[\dfrac{v_t}{\omega_t}\cos\left(\theta_{r,t-1}\right) - \dfrac{v_t}{\omega_t}\cos\left(\theta_{r,t-1} + \Delta t \cdot \omega_t\right) \right] \\ \theta_{r,t-1} + \Delta t \cdot \omega_t \end{bmatrix} + V_t$$

5.3.2 前轮转向运动模型

要考虑的第一类移动机器人是具有前轮转向的移动机器人。在这里，车辆通常通过后轮提供动力，而转向是通过转动前轮的制动器来实现的。

图 5-6 为一个四轮前轮转向机器人的示意图。前面所述方程也适用于单个前轮的情况。前轮相对于机器人 y_{robot} 纵轴的角度定义为 α，以逆时针方向测量。纵轴 y_{robot} 相对于 y 轴的角度定义为 ψ，也是逆时针方向测量的。机器人转动的瞬时中心是两条线穿过轮轴的交点。

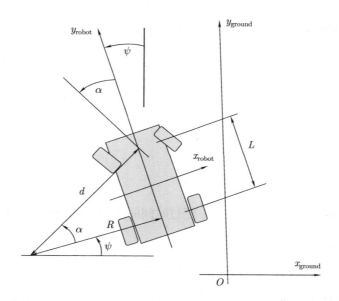

图 5-6 前轮转向机器人的原理图

从几何关系中可以得到

$$\frac{L}{R} = \tan \alpha$$

可求解得到机器人后轴中点路径的瞬时曲率半径为

$$R = \frac{L}{\tan \alpha} \tag{5-4}$$

从几何关系中也有

$$v = R \frac{\mathrm{d}}{\mathrm{d}t}(\psi) = R\dot{\theta}$$

或者

$$\dot{\theta} = \frac{v}{R}$$

可以重写为

$$\dot{\theta} = \frac{v}{L/\tan \alpha} = \frac{v}{L}\tan \alpha$$

如果保持转向角 α 不变，轨迹将形成一个圆，其半径由机器人长度和式 (5-4) 中使用的实际转向角决定。现在，瞬时曲率本身被定义为角度变化量除以距离变化量或者每走一段距离的角度变化量之比，即

$$\kappa = \frac{\Delta \theta}{\Delta s} = \frac{\Delta \theta / \Delta t}{\Delta s / \Delta t} = \frac{\dot{\theta}}{v}$$

它是曲率瞬时半径的倒数。因此曲率半径可以解释为

$$R = \frac{1}{\kappa} = \frac{v}{\dot{\theta}} = \frac{\mathrm{d}s}{\mathrm{d}\theta}$$

也就是说，曲率半径为偏航角每弧度变化的距离变化量。

机器人坐标系下运动的完整运动学方程组为

$$\begin{cases} v_x = 0 \\ v_y = v \\ \dot{\theta} = \dfrac{v}{L}\tan \alpha \end{cases} \tag{5-5}$$

换算成世界坐标系，即

$$\begin{cases} \dot{x} = -v \sin \theta \\ \dot{y} = v \cos \theta \\ \dot{\theta} = \dfrac{v}{L}\tan \alpha \end{cases} \tag{5-6}$$

这种形式的方程很简单。然而，应该注意到这些方程是非线性的。如果考虑到转向角和速度不能瞬间改变的事实，可以将这些变量的导数或速率定义为控制信号，即

$$\dot{\alpha} = u_1$$

和

$$\dot{v} = u_2$$

这个模型的方程组是五阶的。该方程组提供了 XOY 平面上变量运动和旋转的正确运动学关系，但不包括悬架或电动机动力学的复杂性，也不包括机器人俯仰和翻滚。

将这些方程转换为离散时间模型是可取的，这对离散时间模拟和其他应用都有用。显然，这些方程是非线性的，因此，将线性连续时间系统转换为离散时间表示的方法在这里不适用。一种可行的方法是使用欧拉积分法。该方法是对积分的一阶泰勒级数近似，并且导数可以用一阶有限差分来近似，即

$$\dot{x} \approx \frac{x(t + \Delta t) - x(t)}{\Delta t}$$

重新整理可以得到

$$x(t + \Delta t) = x(t) + \dot{x}\Delta t$$

设 $t = kT$，采样间隔 $\Delta t = T$，并将其应用于上述方程可以得到

$$x((k+1)T) = x(kT) - Tv(kT)\sin\psi(kT) \tag{5-7}$$

$$y((k+1)T) = y(kT) + Tv(kT)\cos\psi(kT) \tag{5-8}$$

$$\psi((k+1)T) = \psi(kT) + T\frac{v(kT)}{L}v(kT)\tan\alpha(kT) \tag{5-9}$$

$$\alpha((k+1)T) = \alpha(kT) - Tu_1(kT) \tag{5-10}$$

$$v((k+1)T) = v(kT) - Tu_2(kT) \tag{5-11}$$

在这里，采样间隔 T 必须选择足够小，这取决于原始微分方程的动力学，即离散时间模型的行为必须与原始系统的行为相匹配。对于线性系统，相当于选择采样间隔大约为系统最小时间常数的 1/5 或更小，这取决于所需的精度。对于非线性系统，可能需要根据经验确定这个极限尺寸。该离散时间模型可用于系统分析、控制设计、估计器设计和仿真。

现在已经为移动机器人建立了数学模型，下面提出并分析移动机器人的速度和方向的几个控制器。性能，包括稳定性和稳健性是最令人感兴趣的。首先，讨论前轮转向机器人的方向控制。在下文中，为了简化符号，设定：

$$v_{\mathrm{wheel}} = V$$

所需的方向可以直接作为一个命令给出：

$$\psi_{\mathrm{des}} = 特定方向$$

这个方向可能来自一个预定的轨迹，也可能是由检测到感兴趣内容的传感器指定的。如果不需要考虑障碍物，也可以根据当前位置和目的地的坐标来计算所需的方向。

从当前机器人位置到目的地的方向可以表示为

$$\psi_{\text{des}} = \arctan\left(\frac{x_{\text{des}} - x}{y_{\text{des}} - y}\right)$$

以上重点分析了控制移动机器人的方向以达到转向目的。此外，人们必须控制机器人的速度。选择机器人所需速度的一种方法是用到目的地的距离除以剩余时间，即

$$V_{\text{des}} = \frac{\sqrt{(x_{\text{des}} - x)^2 + (y_{\text{des}} - y)^2}}{t}$$

现在有可能出现的情况是机器人的速度超到预期。在这种情况下，可以修改指令速度的算法，使之成为

$$V_{\text{des}} = \min\left\{\frac{\sqrt{(x_{\text{des}} - x)^2 + (y_{\text{des}} - y)^2}}{t}, V_{\text{max}}\right\}$$

这里速度被表示为剩余距离/运行时间，或 V_{max}（最大速度）以较小者为准。即控制策略采用饱和控制的方式。

上面的表达式假设速度可以瞬间跳到指令值。一种更现实的方法是指定一个速率来达到期望的速度，或者让速度以一个时间常数接近期望的速度。后一种方法的表达式为

$$\tau \dot{V} + V = V_{\text{des}}$$

则

$$\dot{V} = \frac{V_{\text{des}} - V}{\tau}$$

或者

$$\dot{V} = \frac{\min\left\{\dfrac{\sqrt{(x_{\text{des}} - x)^2 + (y_{\text{des}} - y)^2}}{t}, V_{\text{max}}\right\} - V}{\tau}$$

这里期望的速度采用饱和控制的方式表示，即剩余距离/运行时间或 V_{max}，以较小者为准。速度在 τ 时间内接近期望值。在所有这些速度控制的可能性中，计算消耗的能量可能是有意义的。如果能确定实现运动所需的电动机扭矩，那么由于扭矩与电枢电流成正比，就能计算出所消耗的电功率，并对其进行整合，以找到所消耗的能量。当用有限的能量供应（如电池）运行时，能量管理尤其重要。

为了整合前轮转向机器人的转弯和速度控制，可以简单地让机器人在纵向行驶时转弯，而有些独立的控制则共同影响车辆的轨迹。对于一个固定的转向角，在地面上映射出的实际路径与机器人的速度无关。因此，对于许多问题来说，将这两个控制问题分开是合理的。如果有障碍物或高速行驶时可能导致机器人在急转弯时打滑，那么转向和速度控制就必须协调。

5.3.3 前轮转向机器人运动控制

为方便起见，下面重复前轮转向的后轮驱动机器人的运动方程：

$$\begin{cases} \dot{x} = -V\sin\theta \\ \dot{y} = V\cos\theta \\ \dot{\theta} = \dfrac{V}{L}\tan\alpha \end{cases}$$

这里使用的是简化的三阶模型，它假定速度和转向角可以直接控制。正如已经指出的，动态方程被看作非线性的，而大多数控制设计的理论是基于线性系统的。控制非线性系统的一种方法是，首先定义一个参考

$$\begin{cases} \dot{\alpha} = u_1 \\ \dot{V} = u_2 \end{cases}$$

即，使用机器人的五阶模型。在这里，转向系统可以作为一个具有指定自然频率和阻尼比的二阶系统来表示。

为此，选择 u_1，以实现

$$\theta'' + 2\xi\omega_n\theta' + \omega_n^2\theta = \omega_n^2\theta_{\text{des}}$$

或者

$$\theta'' = \omega_n^2(\theta_{\text{des}} - \theta) - 2\xi\omega_n\theta'$$

其中，θ' 表示相对于行进距离的微分。航向的动态行为是以这种方式而不是以时间来指定的，因为前轮转向机器人的实际转弯运动实际上取决于行进距离。注意到

$$\theta' = \frac{\mathrm{d}\theta/\mathrm{d}t}{\mathrm{d}s/\mathrm{d}t} = \frac{\tan\alpha}{L}$$

而且

$$\theta'' = \frac{1}{LV\cos^2\alpha}\dot{\alpha}$$

解决办法变成

$$\frac{\dot{\alpha}}{LV\cos^2\alpha} = [-2\xi\omega_n\tan\alpha/L + \omega_n^2(\theta_{\text{des}} - \theta)]$$

或者

$$u_1 = LV\cos^2\alpha[-2\xi\omega_n\tan\alpha/L + \omega_n^2(\theta_{\text{des}} - \theta)]$$

注意，这里的系统没有被近似为线性系统，而是在模型中保留了非线性。这种类型的控制器有时被称为"计算控制"。它取消了现有的动力学特性，并以所需的动力学特性取而代之。它假定有一个完美的机器人模型。这个控制方程必须受制于最大转向角率和最大转向角的各自约束，即

$$|u_1| = u_{1\max}$$

和

$$|\alpha| = \alpha_{\max}$$

选择 u_2 来控制速度, 根据一阶微分方程的解使速度收敛到期望速度, 则

$$\tau \dot{V} + V = V_{\mathrm{des}}$$

或者

$$u_2 = \frac{V_{\mathrm{des}} - V}{\tau}$$

如果 ψ_{des} 和 V_{des} 的值是恒定的, 那么只要不发生饱和, 上面描述的控制算法就能保证系统的稳定。当处于远程操作模式时, ψ_{des} 的表达可以是来自操作者的输入, 可通过使用操纵杆输入。速度指令也可以是来自操作者的输入。在 ψ_{des} 和 V_{des} 发生时间变化的情况下, 或者在控制变量出现饱和的情况下, 将需要进一步分析。

5.3.4　双轮驱动差速运动模型

双轮在移动机器人中使用广泛, 两轮移动机器人运动中最常见的是双轮差速运动, 如图 5-7 所示。双轮差速移动机器人通常由其安装在底部后方的两个独立驱动的驱动轮提供动力。前方安装随动轮起支撑作用。在实际运动中, 当两个驱动轮以相同速率和方向转动时, 移动机器人实现直线运动。以相同速率、不同方向转动实现原地旋转 (旋转角度为 0°)。通过动态修改角速度和线速度或者驱动轮的旋转方向就可以实现任意运动路径。实际上, 一般采用交替的直线运动和原地旋转的运动方式, 以此降低运动的复杂性, 便于计算里程。

双轮驱动差速系统原理非常简单, 但缺点是很难保证完全的直线运动。因为每个驱动轮是独立的, 一旦它们的旋转速度不完全相同, 机器人的偏航角就会产生偏差, 所以需要频繁调整电动机的转速来保证机器人按需求进行运动。

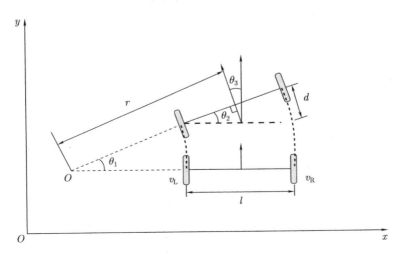

图 5-7　移动机器人差速运动模型

在双轮差速移动机器人中，其局部坐标系通常以驱动轮轴心的中点为原点，以小车移动方向为 x 轴，以驱动轮轴心为 y 轴。假设车轮半径为 r，控制输入为电动机左、右角速度 $\boldsymbol{u}_t = [\varphi_{\mathrm{L}}(t), \varphi_{\mathrm{R}}(t)]$，则在理想情况下，车轮的左、右轮线速度可以表示为

$$\begin{cases} v_{\mathrm{L}}(t) = \varphi_{\mathrm{L}}(t) \cdot r \\ v_{\mathrm{R}}(t) = \varphi_{\mathrm{R}}(t) \cdot r \end{cases}$$

此时，移动机器人的线速度及角速度可以表示为

$$\begin{aligned} v(t) &= \frac{v_{\mathrm{L}}(t) + v_{\mathrm{R}}(t)}{2} \\ \omega(t) &= \frac{v_{\mathrm{R}}(t) - v_{\mathrm{L}}(t)}{l} \end{aligned}$$

由上式可知，小车的瞬时旋转半径可以表示为

$$R = \frac{v(t)}{\omega(t)} = \frac{l}{2} \frac{v_{\mathrm{L}}(t) + v_{\mathrm{R}}(t)}{v_{\mathrm{R}}(t) - v_{\mathrm{L}}(t)}$$

由上式分析可知，通过控制左、右轮的角速度，就可以改变移动小车的运动状态：
1) 当 $v_{\mathrm{L}}(t) = v_{\mathrm{R}}(t)$ 时，小车的旋转半径无穷大，此时小车做直线运动。
2) 当 $v_{\mathrm{L}}(t) > v_{\mathrm{R}}(t)$ 或 $v_{\mathrm{L}}(t) < v_{\mathrm{R}}(t)$ 时，小车做圆弧运动。
3) 当 $v_{\mathrm{L}}(t) = -v_{\mathrm{R}}(t)$ 或 $v_{\mathrm{L}}(t) < v_{\mathrm{R}}(t)$ 时，小车原地旋转。

5.3.5 全向驱动运动模型

常见的移动机器人模型还有全向运动型，它可以实现在平面内的任意方向移动。常见的全向驱动移动机器人有三轮全向型、四轮全向型和六轮全向型，此处以四轮全向型为例说明。四轮全向型主体由四个全向轮组成，两两成 90°。移动机器人的全向驱动运动的实现不仅与全向轮的结构有关，也与全向轮的个数和布局方式紧密相关。目前常用的全向轮有 Castor 轮、Rotacaster 轮、瑞典轮中的麦克纳姆轮以及最近研发出的球形轮等，其中麦克纳姆轮和双排切换全向轮最常用。

全向驱动移动机器人中，以小车中心为原点建立移动小车坐标系，通常该坐标系有不同的构建方法。假设小车当前以 v 速度，向与 x 轴成 α 角的方向运动，则此时小车的速度分量可以表示为

$$\begin{cases} v_x(t) = v(t) \cdot \cos\alpha \\ v_y(t) = v(t) \cdot \sin\alpha \end{cases}$$

根据几何关系可知，小车移动速度与四个车轮之间的关系可以表示为

$$\begin{cases} v_1 = -v_x \sin\theta_1 + v_y \cos\theta_1 + \dot{\theta}l \\ v_2 = v_x \sin\theta_2 - v_y \cos\theta_2 - \dot{\theta}l \\ v_3 = v_x \sin\theta_3 - v_y \cos\theta_3 - \dot{\theta}l \\ v_4 = -v_x \sin\theta_4 + v_y \cos\theta_4 + \dot{\theta}l \end{cases}$$

其中，$\theta_i \, (i = 1, 2, 3, 4)$ 表示各车轮轴心与原点连线和 x 轴的夹角。由于车轮两两成 90° 分布，可知 $\theta_1 = \theta$，$\theta_2 = \theta + \dfrac{\pi}{2}$，$\theta_3 = \theta + \pi$，$\theta_4 = \theta + \dfrac{3\pi}{2}$，则上式可转化为

$$\begin{cases} v_1 = -v_x \sin\theta + v_y \cos\theta + \dot{\theta}l \\ v_2 = v_x \cos\theta + v_y \sin\theta - \dot{\theta}l \\ v_3 = -v_x \sin\theta + v_y \cos\theta - \dot{\theta}l \\ v_4 = v_x \cos\theta + v_y \sin\theta + \dot{\theta}l \end{cases}$$

转化为矩阵形式，可得

$$\begin{bmatrix} v_1 \\ v_2 \\ v_3 \\ v_4 \end{bmatrix} = \begin{bmatrix} -\sin\theta & \cos\theta & l \\ \cos\theta & \sin\theta & -l \\ -\sin\theta & \cos\theta & -l \\ \cos\theta & \sin\theta & l \end{bmatrix} \begin{bmatrix} v_x \\ v_y \\ \dot{\theta} \end{bmatrix}$$

其转换矩阵可以表示为

$$\boldsymbol{T} = \begin{bmatrix} -\sin\theta & \cos\theta & l \\ \cos\theta & \sin\theta & -l \\ -\sin\theta & \cos\theta & -l \\ \cos\theta & \sin\theta & l \end{bmatrix}$$

由其几何结构可知，四轮全向运动型移动机器人的运动约束为

$$v_1 + v_2 = v_3 + v_4$$

假设移动机器人在全局坐标系下的位姿为

$$\boldsymbol{P} = \begin{bmatrix} x \\ y \\ \theta \end{bmatrix}, \dot{\boldsymbol{P}} = \begin{bmatrix} v_x \\ v_y \\ \dot{\theta} \end{bmatrix}, \boldsymbol{v} = \begin{bmatrix} v_1 \\ v_2 \\ v_3 \\ v_4 \end{bmatrix}$$

则移动机器人的运动模型可以表示为

$$\dot{\boldsymbol{P}} = \left(\boldsymbol{T}\boldsymbol{T}^{\mathrm{T}}\right)^{-1} \boldsymbol{T}\boldsymbol{v}$$

5.4 运动控制

运动控制主要针对移动机器人在运动中产生的位姿偏差进行的控制，移动机器人的运动控制主要分为开环控制与闭环控制。开环控制是指给定系统的输入序列，使机器人从初始状态运动到期望状态。开环控制系统结构简单，无需反馈检测装置，但其控制精

度较低，系统无法精准跟踪期望的输出，适合对精度要求不高的场合。闭环控制增加了系统的输出反馈，对误差进行纠正，能精准跟踪系统期望的输出，控制精度更高，但由于增加了检测装置，使系统变得复杂且成本较高，适合精度要求高的场合。闭环控制策略中最经典的算法是 PID 控制算法，比例环节能够加快系统的响应速度，积分环节能使系统无静态误差，微分环节能有效减小系统的超调量。

PID 控制算法的数学描述为

$$u\left(t\right) = k_\mathrm{p}e\left(t\right) + \frac{1}{T_\mathrm{i}} \int_0^t e\left(t\right)\mathrm{d}t + T_\mathrm{d}\frac{\mathrm{d}e\left(t\right)}{\mathrm{d}t}$$

式中，$e(t)$ 表示期望输出与实际输出的偏差；k_p 是比例系数；T_i 是积分时间常数；T_d 是微分时间常数。

移动机器人的 PID 控制过程：给定机器人的期望轨迹，确定移动机器人的控制输入速度和角速度，然后识别出机器人的位姿，将当前位姿坐标与期望位姿进行比较得到全局位姿偏差，然后将局部位姿偏差映射到全局位姿偏差，经过控制算法校正得到输入，直至机器人的实际位姿镇定到期望位姿为止。闭环控制根据控制目标的不同又可形成点镇定、轨迹跟踪和路径跟踪这三种非完整移动机器人运动控制的基本问题。点镇定即对固定点的镇定，或称位姿镇定，简称镇定控制，是指根据某种控制理论为非完整移动机器人系统设计一个反馈控制律，使得非完整移动机器人能够达到任意指定的目标点，并且能够稳定在该目标点，即该控制率可使闭环系统的一个平衡点渐进稳定。

轨迹跟踪是指根据某种控制理论设计一个控制率，使得机器人能够达到并且最终以给定的速度跟踪运动平面上给定的某条轨迹。轨迹跟踪与路径跟踪最大的区别在于，轨迹跟踪要跟踪的理想轨迹是一条与时间成一定关系的几何曲线，或者说移动机器人必须跟踪一个移动的参考机器人。

移动机器人最主要的运动控制是路径跟踪控制，其任务是控制移动机器人使其运动轨迹渐进收敛于期望轨迹。路径跟踪是指移动机器人跟踪一条与时间无关的几何曲线，要求运动载体达到给定曲线上的最近点，没有时间上的约束，操作起来比较灵活。它强调首要的任务是到达空间位置，其次才考虑机器人本身的机动性，所以它有很好的灵活性和鲁棒性，在实际应用中更加方便。

5.5 机器人里程计

里程计是一种利用移动机器人传感器得到的数据来估计当前移动机器人位姿的装置，一般是指在移动机器人驱动轮上安装的编码器和陀螺仪。根据这些内部传感器的读数和移动机器人运动模型可以推算出当前移动机器人相对于初始位置的距离。除此以外，也有通过视觉传感器根据图像处理和视觉几何推算出移动机器人里程的方式，称为视觉里程计。这些传感器价格低廉，采样速率高，同时短距离内能够提供精确的定位精度，是移动机器人最常用的相对定位方法，能提供机器人的实时位姿信息。

光电编码器通过计数一定采样时间内光敏元件上接收到的脉冲数来测定速度。理论

上的里程计分辨率为

$$\delta = \frac{\pi D}{\eta p}$$

其中，δ 表示里程计的分辨率，即将编码器脉冲变换为线性车轮位移的转换因子；D 表示车轮直径 (mm)；η 表示驱动电动机的减速比；p 表示编码器的精度，即编码器每圈输出的脉冲数。在采样间隔 Δt 内，若驱动车轮的光电编码器输出的脉冲增量为 $N_{\mathrm{L}}(N_{\mathrm{R}})$，则可以计算出车轮的增量位移 $\Delta d_{\mathrm{L}}(\Delta d_{\mathrm{R}})$ 为

$$\Delta d_{\mathrm{L/R}} = \delta N_{\mathrm{L/R}}$$

里程计的模型可以分为圆弧模型和直线模型两种。圆弧模型是一种通用模型，其不但考虑机器人运动变化中的位移变化，同时还考虑运动中偏航角的变化。直线模型实际是圆弧模型的简化形式，它认为机器人在很短的时间内偏航角的变化很小，近似为零，所以用简单的直线对机器人的运动进行模拟。直线模型的形式简单，降低了系统的计算负担。在编码器采样频率足够高的情况下，两种模型均可以满足系统要求。

1. 圆弧模型

移动机器人里程计的圆弧模型同时考虑了机器人的位移变化和偏航角的变化，更加接近机器人的运动轨迹。当机器人终止位姿和起始位姿的方向角的差值大于 0 时，圆弧模型方程可描述为

$$\boldsymbol{X}_{t+1} = \begin{bmatrix} x_t + \dfrac{\Delta D_t}{\Delta \theta_t}\left[\sin\left(\theta_t + \Delta\theta_t\right) - \sin\theta_t\right] \\ y_t + \dfrac{\Delta D_t}{\Delta \theta_t}\left[\cos\left(\theta_t + \Delta\theta_t\right) - \cos\theta_t\right] \\ \theta_t + \Delta\theta_t \end{bmatrix}, \quad |\Delta\theta_t| \geqslant 0$$

其中，ΔD_t 为机器人从位姿 x_t 到位姿 x_{t+1} 的移动距离；$\Delta\theta_t$ 为机器人从位姿 x_t 到位姿 x_{t+1} 的偏航角变化量。

2. 直线模型

直线模型假设机器人在极短时间内偏航角的变化为零，是对圆弧模型的一种简化，适用于对机器人位姿要求不是很精确的情况，可有效降低计算的复杂度，利于计算机编程。直线模型因假设机器人在极短时间内的运动可用直线表示，所以直线模型的方程可描述为

$$\boldsymbol{X}_{t+1} = \begin{bmatrix} x_t + \Delta D_t \cos\theta_t \\ y_t + \Delta D_t \sin\theta_t \\ \theta_t \end{bmatrix}, \quad |\Delta\theta_t| \geqslant 0$$

该模型推导简单，其实际是圆弧模型的简化形式。

若以直线模型为主, 同时在位姿偏航角差值的推测中使用圆弧模型, 可描述如下:

$$\boldsymbol{X}_{t+1} = \left[\begin{array}{c} x_t + \Delta D_t \cos\left(\theta_t + \Delta\theta_t\right) \\ y_t + \Delta D_t \sin\left(\theta_t + \Delta\theta_t\right) \\ \theta_t + \Delta\theta_t \end{array}\right], \quad |\Delta\theta_t| \geqslant 0$$

里程计是基于安装在驱动车轮上的编码器将车轮旋转转换为相对地面的线性位移这一前提, 因而具有一定的局限性。其误差来源分为系统误差 (Systematic Errors) 和非系统误差 (Non-Systematic Errors)。系统误差包括左右驱动车轮半径的差异、车轮半径平均值与标称值的差异、车轮安装位置的差异、有效轮间距的不确定性、有限的编码器精度和采样速率, 它对里程计误差的积累是恒定的; 而非系统误差则包括运行地面的不平整、运行中经过意外物体, 以及多种原因造成的车轮打滑, 它对里程计误差的影响是随机变化的。

5.6 本章小结

本章深入介绍了机器人在运动过程中的基本特性和运动规律。首先, 介绍了刚体变换的基本概念, 包括平移和旋转在二维和三维空间中的表示和计算方法。然后, 深入研究了机器人的运动学建模方法, 包括描述机器人运动状态的数学模型和运动学方程, 以及如何利用这些模型进行运动控制和路径规划。通过对移动机器人运动学的学习, 读者可以更好地理解机器人在运动过程中的行为和特性, 从而为机器人的设计、控制和应用提供重要的理论基础和技术支持。

习题

1. 机器人的三种旋转姿态角分别是什么?
2. 偏航角的旋转矩阵为什么?
3. 什么是移动机器人的非完整性约束?
4. 假设坐标系 2 相对于坐标系 1 既旋转又平移。那么一个最初相对于第 2 坐标系表示的向量, 相对于第 1 坐标系表示为什么?
5. 差速系统中, 驱动轮速度和机器人线速度和角速度的转换关系是什么?
6. 差速系统中, 如何通过控制左右轮的角速度使机器人原地旋转?
7. 全向驱动机器人的速度与四个轮子之间的关系可以表示为什么?
8. 里程计的模型可以分为哪两种?

第 6 章　移动机器人定位与建图

地图构建和定位问题一直是移动机器人研究中的基础问题之一，是实现移动机器人在陌生环境中自主导航的前提。然而，地图的构建问题和机器人的定位问题的关系就像先有"鸡"还是先有"鸡蛋"的关系一样，相互影响。为了解决这个问题，同时定位与地图构建（SLAM）技术被提出，并用于移动机器人定位、导航、地图构建。SLAM 方法主要通过获取移动机器人的实时运动信息和感知信息，并对问题进行不断的迭代求解，不断优化和修正移动机器人在环境中的位姿和建立的环境地图，最终解决移动机器人的定位问题和地图构建问题。因此，SLAM 算法的研究是移动机器人系统中的一个重要环节。目前，SLAM 方法主要分为基于滤波原理的 SLAM 方法和基于非线性化理论的图优化 SLAM 方法。按传感器分类，SLAM 方法又可具体分为激光 SLAM 和视觉 SLAM，激光 SLAM 方法相较于视觉 SLAM 方法具有高精度、易实现、实时性高等优势，已经在自动驾驶、AGV、扫地机器人等领域中得到应用。本章将首先对 SLAM 问题进行理论研究，建立 SLAM 问题的数学描述。然后，对基于改进 RBPF 的 SLAM 方法理论和实现原理进行推导和分析，并对栅格地图的构建原理进行概述和分析。接着介绍基于激光雷达和 Gmapping 算法实现室内建图，研究分析 Gmapping 算法中改进 RBPF-SLAM 算法的关键环节——优化关键参数。最后介绍基于视觉的 ORB-SLAM3 算法。

6.1　SLAM 理论基础

6.1.1　SLAM 核心思想

SLAM 的问题主要是研究在没有任何已知先验位姿信息和环境信息的情况下，机器人通过自身的感知传感器进行自主定位，并对环境进行实时的地图建模，从而实现机器人基于绘制地图自主导航。因此，SLAM 方法具体包括位姿估计、特征匹配、数据关联、局部地图建模、全局地图更新五个部分，系统框图如图 6-1 所示。其核心思想是移动机器人在一个初始位置启动，通过内部里程计传感器和环境感知传感器，先分别对自身的运动控制信息和外部环境信息进行检测，完成对自身在环境中的位姿估计和局部地图构建，再将得到的局部地图与全局地图进行特征匹配并关联相应特征数据，增量式地更新全局地图，最终实现机器人的定位和建图。目前，通过概率论来求解 SLAM 问题是主要方法之一，本节将以概率论方法对 SLAM 问题进行求解。

SLAM 是机器人学和自动驾驶领域的核心技术之一。其核心思想在于通过传感器数据的获取和处理，使得机器人或车辆在未知环境中能够实时地确定自身位置，并同时构建出环境地图。这一技术的实现，对于机器人自主导航、无人驾驶、增强现实等领域的发展具有深远影响。

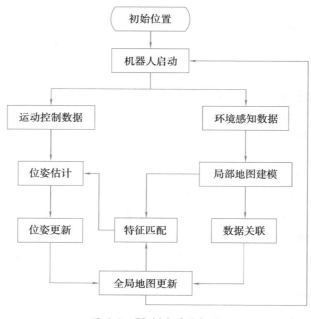

图 6-1　SLAM 系统框图

SLAM 的核心思想可以归结为"定位"与"建图"两大任务的并行执行与相互依赖。在定位方面，机器人或车辆通过搭载的传感器，如激光雷达、摄像头等，获取周围环境的信息。这些传感器数据经过处理后，被用于估计机器人或车辆在环境中的位置。这一过程通常依赖于对环境中特征的提取和匹配，通过比较当前观测到的特征与先前构建的地图中的特征，机器人能够确定自身的相对或绝对位置。而建图任务则是基于定位的结果，通过不断积累传感器数据，逐步构建出环境的地图。这个地图不仅包含了环境的空间结构信息，还可能包含物体的种类、位置等语义信息。在构建地图的过程中，SLAM 算法需要处理传感器数据的噪声和不确定性，以及环境中的动态变化，以确保地图的准确性和鲁棒性。值得注意的是，SLAM 中的定位与建图任务是相互依赖、相互促进的。一方面，准确的定位信息为建图提供了可靠的基础，使得构建的地图更加精确；另一方面，完善的地图又可以为定位提供丰富的参考信息，帮助机器人在复杂环境中进行更精确的定位。这种相互依赖的关系使得 SLAM 算法能够在不断迭代中优化自身的性能。

除了定位与建图任务外，SLAM 算法还需要考虑实时性和鲁棒性。实时性要求算法能够在短时间内处理大量的传感器数据，并给出及时的定位和建图结果；而鲁棒性则要求算法能够在各种复杂环境下稳定运行，包括光照变化、遮挡、动态物体干扰等情况。为了实现这些要求，SLAM 算法通常采用多种传感器融合的策略，以充分利用不同传感器的优势，提高系统的整体性能。随着技术的不断进步，SLAM 算法也在不断发展和完善。一方面，新的传感器技术和数据处理方法的出现为 SLAM 提供了更丰富的数据源和更强大的处理能力；另一方面，深度学习等人工智能技术的应用也为 SLAM 带来了新的可能性。通过结合深度学习的特征提取和识别能力，SLAM 算法可以更好地处理复杂环境中的动态变化和不确定性，进一步提高定位的准确性和建图的质量。

6.1.2　SLAM 概率模型

SLAM 概率模型提供了一种框架，用以描述机器人在未知环境中定位和建图的不确定性，并通过概率统计方法进行推理和优化。这一模型不仅考虑了机器人运动和环境感知的随机性，还通过贝叶斯滤波、马尔可夫假设等理论，实现了对机器人状态和环境地图的精确估计。

在 SLAM 的概率模型中，机器人的状态和环境地图被表示为一组概率分布。机器人的状态包括其位置、朝向等运动学参数，而环境地图则是对环境中物体位置、形状等特征的描述。这些概率分布反映了机器人对自身状态和环境地图的不确定性。随着机器人的运动和环境感知数据的不断获取，这些概率分布会不断更新和修正，以逐渐减小不确定性。为了实现概率模型的推理和优化，SLAM 算法通常采用贝叶斯滤波的方法。贝叶斯滤波通过结合机器人的运动模型和观测模型，计算机器人状态和环境地图的后验概率分布。运动模型描述了机器人在没有观测数据时的状态转移概率，而观测模型则描述了机器人在给定状态下观测到环境特征的条件概率。通过不断迭代地应用这两个模型，贝叶斯滤波能够逐步更新机器人状态和环境地图的概率分布。

在 SLAM 的概率模型中，马尔可夫假设是一个重要的概念。它假设机器人的当前状态只与其前一状态有关，而与更早的状态无关。这一假设简化了模型的复杂度，使得 SLAM 算法能够在实时性要求较高的情况下运行。同时，马尔可夫假设也符合许多实际场景中的物理规律，因此在实际应用中具有较好的适用性。除了贝叶斯滤波和马尔可夫假设外，SLAM 的概率模型还涉及其他多种技术和方法。例如，为了处理大规模的环境地图和复杂的传感器数据，SLAM 算法通常采用因子图等数据结构进行高效的状态估计。因子图能够直观地表示机器人状态、观测数据以及它们之间的依赖关系，从而方便地进行概率推理和计算。此外，为了进一步提高定位和建图的精度，SLAM 算法还会利用回环检测等技术来识别和纠正累积误差。通过结合深度学习的特征提取和识别能力，SLAM 算法可以更好地处理复杂环境中的动态变化和不确定性，进一步提高定位和建图的准确性和鲁棒性。

SLAM 问题可以描述为移动机器人在没有先验位置和环境信息的情况下，基于控制信息和环境信息进行自主定位和不断连续更新地图，原理图如图 6-2所示。图 6-2中，圆形代表移动机器人在 t 时刻不同位姿 x_t，五角星代表环境中不同位置观测到的路标 m_j，u_t 代表 t 时刻机器人的控制输入，x_t 代表 t 时刻机器人的位姿，在 t 时刻对 m_j 的观测结果为 $z_{t,j}$，令 $X_{0:t} = \{x_0, x_1, \cdots, x_t\}$ 为移动机器人前 t 时刻的所有位姿信息，$U_{0:t} = \{u_0, u_1, \cdots, u_t\}$ 为前 t 时刻的所有控制信息，$M = \{m_0, m_1, \cdots, m_n\}$ 为当前环境中的所有路标信息，$Z_t = \{z_{t,1}, z_{t,2}, \cdots, z_{t,j}\}$ 为机器人在 t 时刻所有观测到的路标信息集合。

具体地，移动机器人在初始位姿 x_0 开始启动，机器人基于这一时刻的控制量 u_0 和

对路标集合 M 的观察信息 Z_t，确定下一时刻 x_1 的位姿且更新观测到的路标 m_j 的位置，机器人在不断的位姿变换过程中，不断估计自身位姿和进行地图的更新，实现机器人的定位和建图。

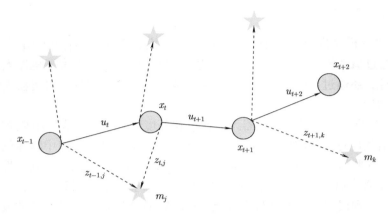

图 6-2　SLAM 问题原理图

根据概率论原理，SLAM 问题可以建模成

$$P(x_t, M|Z_{0:t}, U_{0:t}) \tag{6-1}$$

式（6-1）为机器人位姿和地图的联合概率密度分布，可通过已有的观测信息和控制信息计算求解。基于贝叶斯滤波理论，已知上一时刻的 $P(x_{t-1}, M|Z_{0:t-1}, U_{0:t-1})$，又已知机器人在 t 时刻的状态转移概率分布和观测信息的概率密度分布，通过计算便可得到机器人 t 时刻的联合后验概率密度分布，最终求得机器人 t 时刻的状态估计。

首先需要对机器人的状态定位进行预测计算，得到移动机器人的状态转移概率分布。机器人当前时刻 t 下的位姿 x_t 状态转移方程可以描述为

$$x_t = f(x_{t-1}, u_t) + V_t \tag{6-2}$$

其中，f 为位姿转化函数，V_t 为机器人传感器噪声误差。

基于马尔可夫假设理论，假设过去和未来的状态和控制量都是独立的，那么移动机器人在当前 t 时刻的位姿状态 x_t 只与上一时刻位姿状态 x_{t-1} 和控制命令 u_t 有关，与历史状态、观测信息和地图信息无关。因此，结合机器人的状态转移方程（6-2），机器人 t 时刻的状态转移概率分布如下：

$$P(x_t, M|x_{t-1}, U_{0:t}) = P(x_t, M|x_{t-1}, u_t) = F(x_{t-1}, u_t) + V_t \tag{6-3}$$

其次，根据机器人传感器测量数据，当前时刻机器人对路标位置的观测方程可以描述为

$$z_t = h(x_t, M) + W_t \tag{6-4}$$

其中，z_t 为机器人在 t 时刻对路标 M 的观测信息，h 为路标观测函数，W_t 为机器人观测噪声误差。

基于贝叶斯估计理论，结合机器人的观测方程（6-4）得到如下的观测信息的概率分布：

$$P(z_t|x_t, M) = H(x_t, M) + W_t \tag{6-5}$$

最后，在求得机器人的状态转移概率分布 $P(x_t, M|x_{t-1}, u_t)$ 和路标观测概率分布 $P(z_t|x_t, M)$ 之后，基于贝叶斯理论，可以通过递归的方式得到 SLAM 问题的预测公式和更新公式，即机器人联合后验概率密度分布，具体如下：

预测公式：

$$P(x_t, M|Z_{0:t-1}, U_{0:t}) = \int P(x_t, M|x_{t-1}, u_t) P(x_{t-1}, M|Z_{0:t-1}, U_{0:t-1}) \mathrm{d}x_{t-1} \tag{6-6}$$

更新公式：

$$P(x_t, M|Z_{0:t}, U_{0:t}) = \frac{P(z_t|x_t, M) P(x_t, M|Z_{0:t-1}, U_{0:t})}{P(z_t|Z_{0:t-1}, U_{0:t})} \tag{6-7}$$

在求解式（6-6）和式（6-7）的过程中，可以看到式（6-3）和式（6-5）中的误差 V_t 和 W_t 同样存在，无法忽略。这是由于机器人在执行控制命令和观测路标的过程中，执行器和传感器都会有误差，导致了机器人在运动过程和观测过程都与实际存在偏差，具有不确定性，这是 SLAM 问题中无法避免的。基于概率论的 SLAM 框架可以解决这一类不确定性，是求解 SLAM 问题的一个可行的方法。

6.2 基于改进 Rao-Blackwellized 粒子滤波的 SLAM 算法

6.2.1 Rao-Blackwellized 粒子滤波算法

Rao-Blackwellized 粒子滤波（RBPF）算法是一种融合了 Rao-Blackwellized 估计与粒子滤波技术的先进算法，它在处理高维非线性非高斯状态估计问题时展现出显著的优势。其核心思想在于通过条件独立性假设，将高维状态空间分解为若干低维子空间，并分别在这些子空间上应用粒子滤波，从而有效地降低了计算的复杂性。同时，Rao-Blackwellized 估计的引入，进一步提高了状态估计的精度。

具体而言，RBPF 算法首先根据系统的动态模型和观测模型，将状态向量划分为若干相互独立的子向量。这些子向量可能代表了不同的物理量或运动模式，它们之间虽然存在关联，但可以通过条件独立性假设进行解耦。然后，算法为每个子向量分配一组粒子，并在每个子空间上独立地执行粒子滤波操作。这些粒子通过采样和权重更新过程，逐步逼近各自子空间中的真实状态分布。在采样过程中，算法根据当前粒子的权重和系统的动态模型，生成新的粒子集。这些新粒子既反映了系统状态的随机性，又考虑了先前状态的不确定性。通过不断地迭代采样，粒子集逐渐覆盖了状态空间中的可能区域。

权重更新是粒子滤波中的另一个关键环节。在 RBPF 中，权重的计算不仅考虑了观测数据与粒子状态的匹配程度，还融入了 Rao-Blackwellized 估计的信息。Rao-Blackwellized 估计是一种利用条件期望来减少估计方差的方法，它通过计算子向量之间的条件期望，将高维状态估计问题转化为一系列低维估计问题。这种转化不仅简化了计算，还提高了估计的精度。因此，在权重更新过程中，算法将 Rao-Blackwellized 估计的结果与观测数据相结合，为每个粒子分配一个合适的权重。

随着迭代的进行，粒子滤波算法通过重采样步骤来避免粒子退化现象。重采样根据粒子的权重，选择权重较大的粒子进行复制，同时丢弃权重较小的粒子。这一过程保证了粒子集的多样性，使得算法能够更准确地逼近真实状态分布。最终，RBPF 算法通过综合所有子空间中的粒子信息，得到对系统整体状态的估计。这一估计结果不仅包含了各个子向量的信息，还考虑了它们之间的关联性和相互影响。因此，相较于传统的粒子滤波算法，RBPF 算法在处理高维非线性非高斯问题时具有更高的精度和效率。此外，值得注意的是，RBPF 算法在实际应用中需要根据具体问题进行调整和优化。例如，对于不同的系统模型和观测模型，可能需要设计不同的采样策略和权重更新方法。同时，算法的参数选择也会影响到估计的性能和计算成本。因此，在实际应用中，需要根据具体需求对算法进行定制和调试，以达到最佳的性能表现。

6.1 节中的预测公式（6-6）和更新公式（6-7）是基于贝叶斯理论的递推过程，仅仅是数学推导，不足以作为解析公式应用于实际 SLAM 中。但是基于以上的理论推导，学者们通过对机器人系统进行假设，得到了多种近似解析表达公式，包括基于高斯参数假设的 EKF-SLAM 以及非参数的粒子滤波的 SLAM 方法。其中 Fast-SLAM 是 Montemerlo 等人于 2003 年基于 RBPF 提出的最早的 SLAM 算法。该算法将 SLAM 问题分解为机器人的状态估计问题和环境地图构建问题两部分，其中状态估计问题通过粒子滤波算法求解，环境地图构建问题则基于拓展卡尔曼滤波算法求解，既降低了计算的维度，解决粒子滤波求解计算量大的问题，又避免了 EKF-SLAM 求解非线性问题能力差的缺点。

基于 RBPF 的 SLAM（RBPF-SLAM）问题实际上是计算机器人位姿和地图的联合概率分布的问题，通过 RBPF 分解为对机器人位姿的后验概率分布和地图概率分布，最后通过两者乘积获得。联合后验概率分布如下：

$$P(X_{0:t}, M|Z_{0:t}, U_{0:t}) = P(X_{0:t}|Z_{0:t}, U_{0:t})P(M|X_{0:t}, Z_{0:t})$$

$$= P(X_{0:t}|Z_{0:t}, U_{0:t}) \prod_{i=1}^{n} P(m_i|X_{0:t}, Z_{0:t}) \tag{6-8}$$

其中，RBPF 算法假设地图中的任意两个不同路标间是相互独立的，因此式（6-8）中将地图概率分布估计分解为多个独立的路标特征估计问题，进行独立的概率分布更新。

基于式（6-8），RBPF 算法采用非参数的粒子滤波方法，使用粒子滤波实现对联合后验概率分布进行估计。其中，每个粒子都相互独立，包含了机器人的位姿估计、地图所有路标 M 的估计，即每个粒子都具有机器人运动路线的独立解和一个独立的子地图信息。其基本思想是对已知的概率分布的采样，并基于采样结果更新粒子的权重，利用更新的粒子权重得到对后验概率分布的估计。

记 $x_t^{(i)}$ 为 t 时刻第 i 个粒子的位姿，$w_t^{(i)}$ 为 t 时刻第 i 个粒子的重要性权重，在求解过程中一般包括以下 5 个步骤：

1）粒子初始化。在 RBPF 中，建议分布函数通常是通过机器人的运动状态转移概率估计来求得，即

$$\pi(x_t|X_{0:t-1}, Z_{0:t}, U_{0:t}) = P(x_t|x_{t-1}, u_{t-1}) \tag{6-9}$$

然后，由运动模型得到的建议分布函数中生成 N 个相互独立粒子 $\{x_{t-1}^{(i)}\}_{i=1}^N$，即 $x_{t-1} \sim \pi(x_{t-1}|X_{0:t-2}, Z_{0:t-1}, U_{0:t-1})$，每个粒子权值为 $\{w_{t-1}^{(i)}\}_{i=1}^N$。

2）重要性采用。建议分布函数 π 不变的前提下，将上一时刻的 N 个粒子 $\{x_{t-1}^{(i)}\}_{i=1}^N$ 代入 π 分布中，得到当前 t 时刻的新粒子 $\{x_t^{(i)}\}_{i=1}^N$。

3）重要性权重更新。每个 $w_t^{(i)}$ 都是一个权重因子，它体现了建议分布函数与真实后验分布函数的相似性，权重 $w_t^{(i)}$ 越大，表明该粒子与机器人真实位姿越接近。由于建议分布和真实的后验分布的差异是由运动模型中的误差产生的，为了使新的粒子尽量接近真实的后验分布，RBPF 算法通过如激光雷达观测到的数据来确定每个粒子的权重，得到更加准确的粒子权重。结合建议分布函数式（6-9），具体更新公式如下：

$$
\begin{aligned}
w_t^{(i)} &= \frac{P(X_{0:t}^{(i)}|Z_{0:t-1}, U_{0:t-1})}{\pi(X_{0:t}^{(i)}|Z_{0:t-1}, U_{0:t-1})} \\
&\propto w_{t-1}^{(i)} \frac{P(z_t|m_{t-1}^{(i)}, x_t^{(i)}) P(x_t^{(i)}|x_{t-1}^{(i)}, u_{t-1})}{\pi(x_t^{(i)}|X_{1:t-1}^{(i)}, Z_{0:t}, U_{0:t-1})} \\
&\propto w_{t-1}^{(i)} P(z_t|m_{t-1}^{(i)}, x_t^{(i)})
\end{aligned}
\tag{6-10}
$$

4）重采样：在多次粒子的重要性权重更新计算之后，会导致仅有小部分粒子具有较大的权重，大部分粒子权重太小，出现粒子退化，不能准确地预测机器人的位姿。为了解决这个问题，重采样通过多采用权重大的粒子，舍弃权重小的粒子，降低小权重粒子的计算量，同时重采样后，所有粒子的权重定义为 $w_t^{(i)} = 1/N$。

5）更新地图：根据以上 4 个步骤得到机器人的位姿估计，基于机器人的路标观测数据更新地图，即

$$P(m^{(i)}|X_{0:t}^{(i)}, Z_{0:t}) = \sum_{i=1}^n w_t^{(i)} P(m|Z_{0:t}, U_{0:t-1}, X_{0:t}^{(i)}) \tag{6-11}$$

通过以上 5 个步骤不断迭代，机器人最终可以实现自主定位和地图构建。其关键是基于重采样步骤，将生成的粒子群密度趋向于真实后验分布，保留权重大的粒子，抛弃权重小的粒子，使得多数粒子集中在似然概率较高的位姿，同时大幅降低了对低权重粒子的计算量，缓解了粒子退化现象。

6.2.2 基于改进 RBPF 的 Gmapping 算法

基于改进 RBPF 的 Gmapping 算法是一种结合了 RBPF 与经典 Gmapping 框架的高效地图构建方法。它旨在通过优化状态估计过程，提升机器人在未知环境中的定位精度和地图构建质量。

传统的 Gmapping 算法在构建环境地图时，往往依赖于大量的粒子来近似表示机器人的状态分布，这导致了计算复杂度高和实时性能受限的问题。而改进 RBPF 的 Gmapping 算法通过引入 RBPF 技术，对机器人的状态空间进行了有效分解，将部分状态通过最大似然估计进行精确计算，而将剩余的不确定性状态通过粒子滤波进行概率估计。这种分解使得算法能够在保持估计精度的同时，显著减少所需的粒子数量，从而降低了计算负担，提高了实时性能。

在实际应用中，改进 RBPF 的 Gmapping 算法充分利用了激光雷达的精确测量数据。激光雷达通过发射激光束并测量其反射回来的时间，获取到环境中物体的距离信息，进而构建出点云数据。这些数据为算法提供了丰富的环境感知信息，使得机器人能够准确感知自身位置及周围环境。算法通过处理这些点云数据，结合机器人的运动模型，实现了对机器人状态的精确估计。在状态估计过程中，改进 RBPF 的 Gmapping 算法通过结合最大似然估计和粒子滤波技术，有效融合了多源信息。最大似然估计用于计算可观测状态的最优估计值，而粒子滤波则用于对不可观测状态进行概率估计。这种融合方式使得算法能够充分利用各种信息源的优势，提高了估计的准确性和鲁棒性。

此外，改进 RBPF 的 Gmapping 算法还通过一系列优化措施，进一步提升了性能。例如，算法采用了自适应重采样策略，根据粒子的权重分布进行选择性重采样，避免了粒子退化现象的发生。同时，算法还引入了并行计算技术，利用多核处理器或分布式计算资源，加速计算过程，提高了算法的运行效率。在实验结果方面，改进 RBPF 的 Gmapping 算法表现出了显著的优势。相比传统 Gmapping 算法，它在定位精度和地图构建质量上均有所提升。无论是在静态环境还是在动态环境中，该算法都能够准确估计机器人的位置和方向，并构建出高质量的二维栅格地图。这些地图不仅具有清晰的边界和细节信息，还能够准确反映环境的结构和布局。

在传统 RBPF 算法中采用了粒子滤波算法，其算法的精度依赖所生成的粒子数，粒子数量越多，机器人的位姿估计越准确，但这也使得算法的计算量急剧增加。此外，RBPF 的重采样方法增大了粒子采样过程的采样方差，造成只有高似然的粒子才能保留到下一次迭代，降低了粒子群的多样性，可能导致真实的粒子在采样过程中被抛弃。这极大地影响了移动机器人定位能力的鲁棒性，甚至会使得机器人的定位失败。

为了解决传统 RBPF 的计算量大和粒子退化的问题，Gmapping 算法对 RBPF 算法进行改进，提出了改进建议分布和自适应重采样方法。Gmapping 结合了精确的激光雷达数据和里程计数据，是当前 2D 激光 SLAM 中应用最广泛的方法。

与传统 RBPF 算法不同，Gmapping 算法在计算建议分布函数的过程中，结合考虑了机器人的里程计数据和激光雷达精确的观测数据，得到了更为可靠和更接近真实位姿的建议分布函数。因此，Gmapping 算法的建议分布函数如下：

$$P(x_t^{(i)}|m_{t-1}^{(i)}, x_{t-1}^{(i)}, z_t, u_{t-1}) = \frac{P(z_t|m_{t-1}^{(i)}, x_t^{(i)})P(x_t^{(i)}|x_{t-1}^{(i)}, u_{t-1})}{P(z_t|m_{t-1}^{(i)}, x_{t-1}^{(i)}, u_{t-1})} \tag{6-12}$$

基于式（6-12），粒子的权重公式则为

$$
\begin{aligned}
w_t^{(i)} &= w_{t-1}^{(i)} \frac{\eta P(z_t|m_{t-1}^{(i)}, x_t^{(i)})P(x_t^{(i)}|x_{t-1}^{(i)}, u_{t-1})}{P(x_t^{(i)}|m_{t-1}^{(i)}, x_{t-1}^{(i)}, z_t, u_{t-1})} \\
&\propto w_{t-1}^{(i)} P(z_t|m_{t-1}^{(i)}, x_{t-1}^{(i)}, u_{t-1}) \\
&= w_{t-1}^{(i)} \int P(z_t|x')P(x'|x_{t-1}^{(i)}, u_{t-1}) \mathrm{d}x' \\
&\approx w_{t-1}^{(i)} \cdot \sum_{j=1}^{K} P(z_t|x_j)P(x_j|x_{t-1}^{(i)}, u_{t-1})
\end{aligned}
\tag{6-13}
$$

由式（6-12）和式（6-13），改进建议分布基于高精度的激光雷达数据，结合了机器人的状态转移方程和激光观测数据，有效地提高了准确粒子的采样精度，提高了机器人状态位姿的估计，降低了粒子退化程度带来的不稳定性，同时降低了对粒子数量的要求。

考虑到每次迭代循环中都对粒子进行重采样，不仅导致了粒子退化，降低粒子的多样性特征，还进行了许多无效计算，浪费有限的计算机资源。Gmapping 算法采用改进的建议分布进行采样，粒子的精度有了很好的提升，因此 Gmapping 算法设计了一个粒子群有效度 N_{eff} 进行判断，当粒子群的有效度低于某个阈值 N_{th} 时才进行重采样。该粒子群有效度的计算公式如下：

$$N_{\text{eff}} = \frac{1}{\sum_{i=1}^{N} w_i^2} \tag{6-14}$$

通过式（6-14）计算得到 N_{eff} 后，对其进行判断，当 $N_{\text{eff}} < N_{\text{th}}$ 时，对粒子进行重采样，否则进行采样。一般情况下，N_{th} 的取值为粒子总数的一半，即 $N_{\text{th}} = N/2$。

6.3 基于激光雷达的 Gmapping 算法室内地图构建实现

基于激光雷达的 Gmapping 算法是机器人建图领域的一项重要技术，它结合了激光雷达的精确测量和 SLAM 算法的高效计算，实现了对未知环境的精确建模。这一算法的核心在于利用激光雷达提供的点云数据，通过一系列复杂的处理步骤，构建出环境的二维栅格地图。

激光雷达作为 Gmapping 算法的核心传感器，其工作原理是通过发射激光束并测量其反射回来的时间，从而计算出与周围物体的距离。这些距离数据以点云的形式被

Gmapping 算法获取，每一个点都代表了机器人在当前位置感知到的环境信息。这些点云数据不仅包含了物体的位置信息，还隐含了环境的结构和布局。Gmapping 算法在接收到激光雷达的点云数据后，首先进行预处理，包括滤波和降噪，以消除数据中的异常值和噪声。接着，算法利用这些处理后的数据，通过扫描匹配技术，将当前扫描与之前的地图进行对齐。这一过程的关键在于估计机器人的运动状态，包括位置和方向，以便将新的扫描数据准确地融入已有的地图中。为了实现精确的扫描匹配，Gmapping 算法采用了粒子滤波技术。粒子滤波是一种基于贝叶斯推理的概率估计方法，它通过维护一组粒子来近似表示机器人的状态分布。每个粒子都代表了一个可能的机器人位置和地图，算法根据激光雷达的观测数据和机器人的运动模型，不断更新这些粒子的权重和位置。通过多次迭代和重采样，粒子滤波能够逐渐收敛到最可能的机器人状态和地图。

在 Gmapping 算法中，粒子滤波不仅用于估计机器人的位置，还用于构建环境的地图。每个粒子都携带了一个局部地图，这些地图在算法的运行过程中不断被更新和融合。通过综合考虑所有粒子的地图信息，算法能够构建出一个全局一致的二维栅格地图。这个地图以栅格为单位，每个栅格代表了一定范围内的环境信息，栅格的颜色或数值则表示了该区域的占据概率或高度信息。值得注意的是，Gmapping 算法在构建地图的过程中，还考虑了环境的动态性和不确定性。它通过不断更新粒子的权重和位置，能够适应环境的变化，并在一定程度上处理噪声和干扰。此外，算法还采用了回环检测机制，当机器人回到之前访问过的区域时，能够识别并纠正累积的误差，从而进一步提高地图的准确性和一致性。

为了实现移动机器人的自动定位和建图功能，本节的实验将在室内杂物较多的环境中进行验证，基于 ROS 系统和搭建的移动机器人硬件平台，应用改进 RBPF 的 Gmapping 的 SLAM 算法功能，实现机器人的定位和建图功能。

6.3.1 SLAM 实验环境与 Gmapping 应用

本节采用的是 ROS 平台的 Gmapping 功能包，并通过调节具体参数完成实验。本节的实验是在 $6 \times 8 \mathrm{m}^2$ 的室内实验室进行，实验场景如图 6-3所示。取激光雷达的 270° 的扫描角度，通过远程 PC 端监控和控制移动机器人的运动情况和建图情况。

图 6-3 Gmapping 实验场景

在完整运行移动机器人的底盘驱动、激光雷达、IMU、Gmapping 以及远程控制节点等的 launch 启动文件之后，其节点关系和 tf 树坐标关系图分别如图 6-4和图 6-5所示。

/rplidarNode
/scan
/tf
/base_link_to_laser
/tf
/slam_gmapping
/tf
/IMU
/imu/data
/robotbase_node
/raw_vel
/my_cmd_vel
/teleop_twist_keyboard
/stm32_node

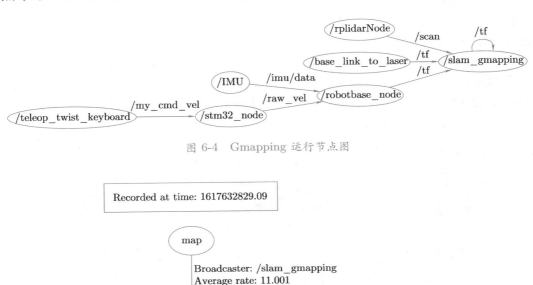

图 6-4 Gmapping 运行节点图

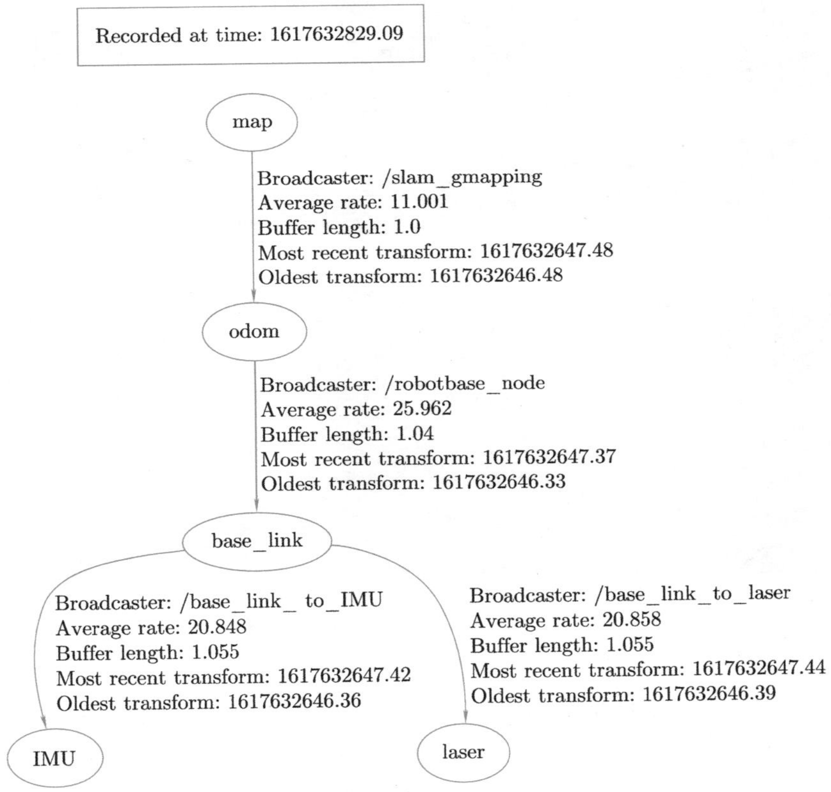

Recorded at time: 1617632829.09
map
Broadcaster: /slam_gmapping
Average rate: 11.001
Buffer length: 1.0
Most recent transform: 1617632647.48
Oldest transform: 1617632646.48
odom
Broadcaster: /robotbase_node
Average rate: 25.962
Buffer length: 1.04
Most recent transform: 1617632647.37
Oldest transform: 1617632646.33
base_link
Broadcaster: /base_link_ to_IMU
Average rate: 20.848
Buffer length: 1.055
Most recent transform: 1617632647.42
Oldest transform: 1617632646.36
Broadcaster: /base_link_to_laser
Average rate: 20.858
Buffer length: 1.055
Most recent transform: 1617632647.44
Oldest transform: 1617632646.39
IMU
laser

图 6-5 Gmapping 运行 tf 树

从图 6-4中可以看到，IMU 和 STM32 分别发布惯导信息消息（/imu/data）和编码器消息（/raw_vel），输入机器人的底盘节点得到里程计信息，Gmapping 分别订阅底盘的里程计信息和激光雷达信息，用于机器人的位姿估计和栅格地图构建，/my_cmd_vel 消息则是远程端的控制消息。图 6-5中，map 为实际世界地图的全局坐标系，odom 为机器人里程计的坐标系，base_link 则是以移动机器人为中心的坐标系，IMU 和 laser 分别是 IMU 和雷达的坐标系。

6.3.2　Gmapping 地图构建

在启动建图之前，Gmapping 需要配置的参数较多，其中 particles 和 minimumScore 是比较重要的调节参数，分别作用于调节算法在运行过程中的粒子数量和判断是否采用改进建议分布的扫描匹配值。为了保证算法的运算效率和定位建图精度，本节的粒子数 particles 设置为 50，扫描匹配分数 minimumScore 设置为 100。参数设置完成后，先后启动 Gmapping 功能包、机器人底层的 Bringup、远程 PC 端的 teleop_keyboard 功能包以及 RVIZ 可视化界面后，通过远程控制机器人移动，对实验场景进行 SLAM 建图实现，移动机器人的建图过程如图 6-6 所示。

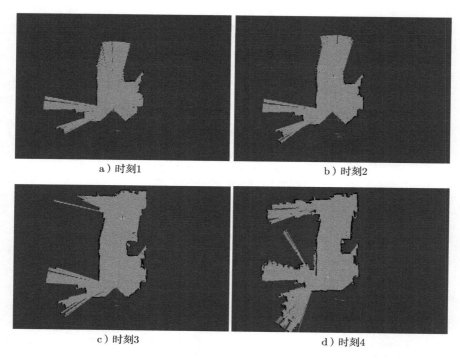

a）时刻1　　　　　　　　　　b）时刻2

c）时刻3　　　　　　　　　　d）时刻4

图 6-6　Gmapping 地图构建过程

在室内实验室中，所建地图的精度基本满足导航要求。从图 6-6 中可以看到，栅格地图的墙壁和角落没有明显的扭曲变形，对实验室内的物体都能成功建图，与真实场景形状基本吻合。通过 Gmapping 功能包成功实现了移动机器人的建图功能，可满足移动机器人的定位导航要求。

6.4　Catorgrapher 算法

局部 2D 激光 SLAM 是一种利用二维激光雷达进行实时定位和地图构建的技术。该技术聚焦于局部环境的感知与理解，通过激光雷达扫描周围环境获取点云数据，进而实现机器人的自主导航和决策。在详细介绍局部 2D 激光 SLAM 时，需要关注其工作原理、关键算法、应用场景以及未来发展趋势等。

局部 2D 激光 SLAM 的工作原理基于激光雷达的扫描数据。激光雷达通过发射激光束并测量其反射回来的时间，获得环境中物体的距离信息。这些距离信息以点云的形式呈现，为机器人提供了丰富的环境感知数据。通过对连续扫描的点云数据进行处理，机器人能够识别出环境中的障碍物、墙壁、门等特征，进而构建出局部环境的二维栅格地图。在局部 2D 激光 SLAM 中，关键算法是实现精准定位和地图构建的核心。其中，扫描匹配算法用于将当前扫描的点云数据与已构建的地图进行匹配，确定机器人的相对位置。通过不断优化匹配过程，机器人能够逐渐修正自身的位置估计，实现精确定位。同时，地图构建算法负责将扫描数据转化为地图表示形式。这通常涉及滤波、特征提取和地图更新等步骤，以生成清晰、准确的局部环境地图。

局部 2D 激光 SLAM 在实际应用中具有广泛的前景。例如，在仓储物流领域，机器人可以利用局部 2D 激光 SLAM 技术实现货架间的自主导航和货物搬运。在扫地机器人领域，该技术可以帮助机器人识别房间布局和障碍物，实现高效清扫。此外，局部 2D 激光 SLAM 还可应用于自动驾驶汽车的局部环境感知和决策支持。然而，局部 2D 激光 SLAM 也面临一些挑战和限制。首先，激光雷达的感知范围有限，对于大规模或复杂环境的地图构建可能不够全面。其次，局部 2D 激光 SLAM 主要关注二维平面上的定位和地图构建，对于三维空间中的障碍物和地形变化可能无法准确感知。此外，算法的稳定性和鲁棒性也是影响局部 2D 激光 SLAM 性能的关键因素。为了克服这些挑战，研究者们正在不断探索新的技术和方法。例如，通过融合多传感器数据（如视觉、IMU 等），可以扩展局部 2D 激光 SLAM 的感知范围和精度。同时，深度学习等人工智能技术的应用也为局部 2D 激光 SLAM 提供了更强大的特征提取和地图构建能力。此外，优化算法和提高计算效率也是提升局部 2D 激光 SLAM 性能的重要途径。

Cartographer 是 Google 在 2016 年提出的一套 SLAM 算法，它是一种基于图优化的激光 SLAM 算法，传感器输入同时支持 2D 和 3D 激光，而且允许跨平台使用，是目前落地应用最广泛的激光 SLAM 算法之一。Google 推出的 Cartographer 以配备传感器的背包的形式为室内建图提供了实时解决方案，可以生成分辨率为 5cm×5cm 的 2D 网格地图。系统操作员可以在穿过建筑物时看到正在创建的地图。激光扫描被插入子地图的最佳估计位置，并且满足实时性和准确性。扫描匹配发生在最近的子地图上，所以它只依赖于最近的扫描，姿态估计误差会在世界坐标系下累积。

为了在适度的硬件要求下获得良好的性能，Cartographer 方法不使用粒子滤波器。为了应对误差的积累，系统定期进行姿态优化。当子地图完成时，即不再向其插入新的扫描，它将参与循环闭包的扫描匹配。所有完成的子地图和扫描将自动被视为回环检测和校正。如果它们基于当前姿态估计足够接近，扫描匹配器将尝试在子地图中找到扫描。如果在当前估计姿态周围的搜索窗口中找到足够好的匹配，则将其作为回环校正约束添加到优化问题中。该系统采取的策略是，每隔几秒执行一次优化，当重新访问某个以前到过的位置时，系统执行回环校正。但这种策略会增加系统的实时性要求，即回环校正扫描匹配必须比添加新扫描更快地完成，否则系统会出现延迟等待。为了解决这个问题，Cartographer 使用了分支定界法，并在每个完成的子地图中使用多个预计算网格。

Cartographer 作为一种实时同时定位与地图构建算法，凭借其精确的定位能力和高效的地图构建效率，在机器人技术、自动驾驶和增强现实等领域得到了广泛应用。该算法的核心原理在于通过传感器数据融合和优化算法，实现机器人的自定位与周围环境的地图构建。在算法原理层面，Cartographer 采用了一种称为子地图的方法来进行地图构建。当机器人移动时，它会不断收集激光扫描或深度相机等传感器的数据，并将这些数据划分为一系列重叠的子地图。每个子地图都是环境的一部分的局部表示，通过连续的扫描和匹配，这些子地图逐渐拼接成完整的地图。为了精确匹配子地图，Cartographer 使用了一种基于扫描匹配的优化算法，通过最小化不同扫描之间的误差来对齐子地图。

定位是 Cartographer 算法的另一个关键组成部分。机器人通过对比当前扫描与已构建地图中的特征，来估计自身的位置。这种基于特征的方法对环境的变化具有一定的鲁棒性，因为即使环境中存在动态物体或小的变化，算法仍然可以依靠稳定的特征来进行定位。此外，Cartographer 还采用了回环检测机制，通过识别环境中重复出现的特征来纠正累积的误差，进一步提高定位的精度。在应用层面，Cartographer 的实时性和精确性使其在各种场景中都能发挥出色。在机器人导航领域，Cartographer 帮助机器人自主探索未知环境，构建精确的环境地图，从而实现自主导航和避障。无论是家庭服务机器人还是工业自动化机器人，Cartographer 都能为其提供可靠的定位和导航支持。

Cartographer 结合了独立的局部和全局的 2D SLAM 方法。两种方法都优化姿态 $\xi = \xi_x, \xi_y, \xi_\theta$，位姿由平移 (x, y) 和旋转 ξ_θ 组成。激光雷达观测也被称为扫描。在不稳定的平台上，IMU 用于估计重力方向，以便将水平安装的激光雷达的扫描结果投射到二维世界中。在系统的局部方法中，每次连续扫描都与世界的一小块匹配，称为子地图 M，使用非线性优化将扫描与子地图对齐；这个过程进一步被称为扫描匹配。随着时间的推移，扫描匹配会累积误差，这些误差后来会被全局优化所消除。

子地图构建是一个迭代地对齐雷达观测和子地图坐标系的过程。现在定义初始坐标 $(0, 0) \in \mathbf{R}^2$ 作为扫描原点，把 K 个激光点云的信息记作 $H = \{h_k\}_{k=1, \cdots, K}, h_k \in \mathbf{R}^2$。在子图坐标系下扫描帧的位姿 ξ 可以写作 T_ξ，它表示点云从激光雷达坐标系到子图坐标系的刚体变换，这个变换过程具体为

$$T_\xi p = \begin{bmatrix} \cos \xi_\theta & -\sin \xi_\theta \\ \sin \xi_\theta & \cos \xi_\theta \end{bmatrix} p + \begin{bmatrix} \xi_x \\ \xi_y \end{bmatrix} \tag{6-15}$$

子地图是由一些连续的扫描组成的。这些子地图由概率网格 $M : r_{\mathbf{Z}} \times r_{\mathbf{Z}} \to [p_{\min}, p_{\max}]$ 的形式组成，它们从 5cm×5cm 的离散网格映射到具体的值，如图 6-7所示。这些值可以被看作网格被占用的概率值。对于每个网格点，系统会定义相应的像素，由最接近该网格点的所有点组成。每当将扫描点集插入概率网格时，将计算命中的网格点集和未命中的网格点集。对于每次命中，将最近的网格点插入命中集。对于每次未命中，插入与扫描原点和每个扫描点之间的射线相交的每个像素相关联的网格点，不包括已经在命中集中的网格点，如图 6-8所示。如果每个以前未观测到的网格点位于其中一个集合时，

则为其分配概率 p_{hit} 或 p_{miss}。如果已经观察到网格点 x，则更新命中和未命中的概率为

$$\text{add}(p) = \frac{p}{1-p} \tag{6-16}$$

$$M_{\text{new}}(x) = \text{clamp}(\text{odds}^{-1}(\text{odds}(M_{\text{old}}(x)) \cdot \text{odds}(p_{\text{hit}}))) \tag{6-17}$$

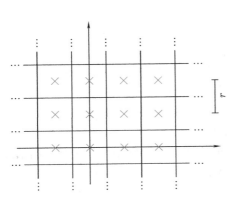

图 6-7　网格点和对应的像素示意图

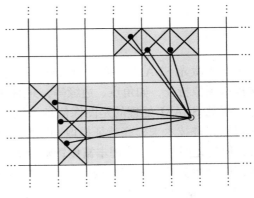

图 6-8　命中与未命中网格示意图

　　在将扫描插入子地图之前，使用基于 Ceres 求解器的扫描匹配器相对于当前本地子地图优化扫描姿态。扫描匹配器负责找到一个扫描姿态，使子图中扫描点的概率最大化。我们把它看作一个非线性最小二乘问题，根据扫描帧的位姿，利用 T_ξ 将 h_k 从扫描帧变换到子地图。这种平滑函数的数学优化通常比网格的分辨率提供更好的精度。由于这是局部优化，因此需要良好的初始估计。能够测量角速度的 IMU 可以用来估计扫描匹配之间的姿态旋转分量。在没有 IMU 的情况下，可以使用更高频率的扫描匹配或像素精确的扫描匹配方法，尽管这样会计算量更大。

　　由于扫描仅与包含少量近期扫描的子地图进行匹配，上述方法会慢慢累积误差。对于只有几十次的连续扫描，累积误差很小。较大的空间可以通过创建许多小的子地图来处理。该方法是对所有扫描和子地图的位置进行优化，遵循稀疏位置调整的原则。扫描插入的相对位置会存储在内存中，以便在循环闭合优化时使用。除了这些相对位置外，一旦子地图不再变化，由扫描和子地图组成的所有其他对都会被考虑用于闭环。扫描匹配器在后台运行，如果发现匹配结果良好，就会将相应的相对姿态添加到优化问题中。

　　在自动驾驶领域，Cartographer 同样发挥着重要作用。自动驾驶车辆通过搭载激光雷达、摄像头等传感器，利用 Cartographer 算法进行实时定位和地图构建。这使得车辆能够准确感知周围环境，实现高精度的路径规划和自主驾驶。在复杂的交通环境中，Cartographer 的精确定位能力确保了车辆的安全行驶。此外，Cartographer 还在增强现实、虚拟现实等领域找到了应用空间。通过构建真实世界的三维地图，Cartographer 为增强现实应用提供了丰富的空间信息，使得虚拟物体能够更自然地融入现实环境。在虚拟现实应用中，Cartographer 则可以帮助构建高度逼真的虚拟场景，提升用户体验。值得一提的是，Cartographer 算法还在不断发展和完善中。随着深度学习技术的不断进步，研究人员正尝试将深度学习与 Cartographer 相结合，以提高算法对复杂环境的适

应能力和定位精度。此外，随着硬件设备的不断升级和优化，Cartographer 的性能也将得到进一步提升，为更广泛的应用场景提供支持。Cartographer 算法以其独特的原理和广泛的应用场景，在机器人技术、自动驾驶和增强现实等领域展现出了强大的潜力。未来，随着技术的不断进步和应用需求的不断增长，Cartographer 算法将继续发挥重要作用，推动相关领域的发展和创新。

6.5   ORB-SLAM3 算法

不同于激光 SLAM，视觉 SLAM 是基于摄像头采集的图像数据，通过计算机视觉算法提取图像特征，如角点、边缘等，并通过图像序列间的特征匹配来估计相机的运动轨迹。视觉 SLAM 处理的是图像信息，包括单目、双目或多摄像头系统，可以采用深度学习等先进技术来提高特征提取和匹配的效率与准确性。视觉 SLAM 在成本上更为经济，但受光照条件、纹理丰富度影响较大。激光雷达通常价格昂贵，尤其是高精度的设备，而摄像头的成本相对较低，使得视觉 SLAM 在成本敏感的应用中更受欢迎。激光 SLAM 在室内环境和需要高精度测量的场景中表现突出，例如自动驾驶汽车的早期发展阶段、仓库自动化和精密测绘。视觉 SLAM 则因摄像头的通用性和低成本，在消费级电子产品、增强现实、无人机导航等更广泛的领域得到应用，尤其是在光线条件适宜、环境纹理丰富的环境中效果更佳。

在过去的 20 年里，人们对视觉 SLAM 系统和视觉里程测量系统进行了深入研究，这些系统或单独使用相机，或与惯性传感器结合使用，其精度和鲁棒性不断提高。现代系统依赖于最大后验估计，对于视觉传感器而言，这种估计相当于使用了光束平差（Bundle Adjustment，BA），在基于特征的方法中，BA 可以使特征重投影误差最小化；在直接方法中，BA 可以使一组选定像素的光度误差最小化。视觉 SLAM 的目标是利用移动智能体所搭载的传感器构建环境地图，并实时计算智能体在地图中的姿态。相比之下，视觉里程计（Visual Odometry, VO）系统的重点是计算智能体的自我运动，而不是构建地图。SLAM 地图的最大优势在于，它可以匹配和使用 BA 先前的观测数据，执行三种类型的数据关联。短期数据关联：匹配最近几秒内获得的地图元素。这是大多数虚拟机系统使用的唯一数据关联类型，一旦环境元素离开视线，系统就会遗忘它们，从而导致即使系统在同一区域移动，估计值也会持续漂移。中期数据关联：匹配靠近相机且累积漂移仍然较小的地图要素。与短期观测数据相比，这些数据可以在 BA 中以同样的方式进行匹配和使用，当系统在测绘区域内移动时，可以实现零漂移。这也是视觉 SLAM 系统能比 VO 系统获得更高精度的关键所在。长期数据关联：使用地点识别技术将观测结果与之前访问过的区域中的元素进行匹配，而不管累积漂移、当前区域之前在断开的地图中绘制或跟踪丢失。通过长期匹配，可以重置漂移，并使用姿态图（PG）优化或更准确地使用 BA 来纠正地图。这是在中型和大型循环环境中保证 SLAM 精确度的关键。

ORB-SLAM3 是首个能够使用单目、立体和 RGB-D 相机，利用针孔和鱼眼镜头模型执行视觉、视觉–惯性和多地图 SLAM 的系统。首先，它是一个紧密集成的视觉–惯性 SLAM 系统，完全依赖于最大后验估计（MAP），从而可在小型和大型、室内和室外环境中实现实时稳健运行，其精度是以前方法的 2~10 倍。其次，它提供了多地图系统，依赖于一种新的地点识别方法，具有更高的召回率，使 ORB-SLAM3 能够在长时间视觉信息不佳的情况下运行。当系统跟踪失败时，它会启动一个新的地图，在重新访问之前的地图时，该地图将与之前的地图无缝合并。

ORB-SLAM3 以 ORB-SLAM1、ORB-SLAM2 为基础拓展而来，这是第一个能够充分利用短期、中期和长期数据关联的视觉和视觉惯性系统，在建图区域实现零漂移。其中，该系统提供了多地图数据关联，使得能够匹配和使用来自先前地图会话的 BA 地图元素，从而实现 SLAM 系统的真正目标：构建一个地图，以后可以使用它来提供准确的定位。它也是一种单目和立体视觉惯性 SLAM 系统，即使在惯性测量单元初始化阶段，也完全依赖于最大后验估计。另外，系统添加了它与 ORB-SLAM 视觉惯性的集成、对立体惯性 SLAM 的扩展，以及对公共数据集的全面评估。实验结果表明，即使在没有环路的数据集中，单目和立体视觉惯性系统也非常鲁棒，并且比其他视觉惯性方法更准确。ORB-SLAM3 改进了回环位置识别。许多视觉 SLAM 和 VO 系统使用 DBoW2 词库解决位置识别问题。DBoW2 需要时间一致性，在检查几何一致性之前，将三个连续的关键帧匹配到同一区域，以牺牲召回率为代价来提高精度。因此，系统在闭环和重用先前建图的区域方面太慢。ORB-SLAM3 提出了一种新颖的位置识别算法，其首先检查候选关键帧的几何一致性，然后检查三个共视关键帧的局部一致性，在大多数情况下，这些关键帧已经在地图中。这种策略增加了召回率并密集了数据关联，从而提高了地图的准确性，但代价是计算成本略高。

ORB-SLAM3 是第一个完整的多地图 SLAM 系统，能够处理单目和立体配置的视觉和视觉惯性系统。ORB-SLAM3 可以将所有地图操作应用于非活动地图，包括位置识别、相机重新定位、回环校正和地图合并。换言之，ORB-SLAM3 可以使用和组合在不同时间构建的子地图。ORB-SLAM3 添加了新的地点识别系统、视觉-惯性多地图系统，并且在公共数据集上评估自身的性能。最后，ORB-SLAM3 支持与相机模型解耦设计，使程序代码与所使用的相机模型无关，并允许通过提供投影、取消投影和雅可比函数来添加新模型，此外，系统提供了针孔和鱼眼模型的实现。这些新颖特性，加上一些代码改进，使 ORB-SLAM3 成为新的视觉和视觉惯性 SLAM 的标杆，在实际测试中，也表现出良好的鲁棒性和准确性。

上面提到，ORB-SLAM3 是一个完整的多地图和多会话系统，能够使用针孔和鱼眼相机模型，在纯视觉或视觉惯性模式下使用单目、立体或 RGB-D 相机。图 6-9 显示了与 ORB-SLAM2 相似的主要系统组件，这些组件具有一些重要的创新点，下面进行具体分析。首先，非活动地图是由一组不相连的地图组成的多地图系统。当前的活动地图只有一个，在跟踪线程里系统会传入图像帧，并由局部建图线程对插入的关键帧不断优化和位姿估计。该系统构建了一个基于 DBoW2 的关键帧数据库，用于重新定位、回环校正和地图合并。其次，跟踪线程处理传感器信息并实时计算当前相机相对于活动地图的位置，从而最大限度地减少与地图点的重投影误差。它还执行是否插入关键的操作。在视觉惯性模式下，通过优化惯性残差和视觉残差来估计相机的速度和 IMU 偏差。当相机的位姿出现跟踪丢失时，跟踪线程会尝试重新定位所有非活动地图中的当前帧。如果重新定位成功，则会恢复追踪，并在需要时切换活动地图。否则，在一定时间后，活动地图将转换为非活动地图，并存入地图库，系统会从头开始初始化新的活动地图。最后，局部线程在与当前关键帧存在共视关系的滑动窗口中运行，它负责将关键帧和地图点添加到活动建图环境中，此外还需要删除冗余的关键帧和地图点，并使用视觉或视觉惯性 BA 优化地图。此外，IMU 参与位姿估计的情况下，IMU 参数由建图线程使用新的 MAP 估计方法进行初始化。回环校正和地图合并线程以插入关键帧的频率检测活动地图和非活动地图之间的公共区域。如果公共区域属于活动地图，则执行回环校正；如果它属于其他的地图，则两个地图将无缝合并为一个地图，从而成为活动地图。回环校正后，在独立线程中启动完整的 BA 优化全局的相机位姿，以在不影响实时性能的情况下进一步优化地图。

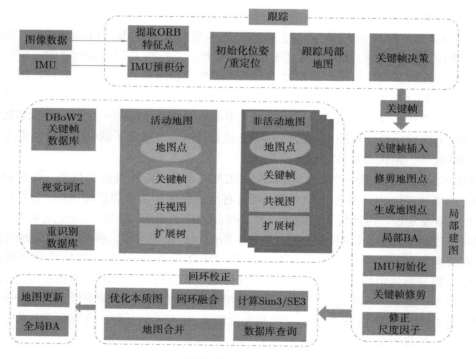

图 6-9   ORB-SLAM3 的系统结构图

跟踪和建图线程通常会通过将地图点投影到估计的相机姿态中，并在仅有几个像素的图像窗口中搜索匹配特征点来查找当前帧与活动地图之间的短期和中期数据关联。为了实现重定位和回环检测的长期数据关联，ORB-SLAM3 使用了 DBoW2 词袋位置识别系统。与跟踪不同，位置识别不是从对相机姿势的初始猜测开始的，而是通过 DBoW2 使用其词袋向量构建关键帧数据库，并且给定查询图像，能够根据其词袋有效地提供最相似的关键帧。如果只使用第一个候选帧，原始 DBoW2 查询的精确度和召回率约为 50% 和 80%。为了避免误匹配带来的负面影响，DBoW2 实现了时间和几何一致性检查，将工作点移动到 100% 的精度和 30%~40% 的召回率，时间一致性检查不会在最近的三个关键帧期间执行位置识别。更重要的是，ORB-SLAM3 提出了一种新的地点识别算法，该算法改进了对长期和多地图数据关联的召回率。每当局部建图线程创建新关键帧时，都会启动地点识别，尝试与非活动地图中所有关键帧进行匹配检测。如果找到的匹配关键帧属于活动地图，则执行闭环；否则，它是多地图数据关联，然后合并活动地图和匹配的非活动。一旦估计了新关键帧和匹配地图之间的相对位姿，系统就会在共视图中定义一个具有匹配关键帧及其相邻帧的局部窗口。在这个窗口中，系统密集搜索中期数据关联，提高闭环和地图合并的准确性。在 EuRoC 数据集性能评估中，前述的两个特点帮助 ORB-SLAM3 获得了比其他系统更好的准确性。

6.6　本章小结

SLAM 是机器人领域的一个关键概念，它允许机器人在未知环境中通过自身传感器数据，同时进行自我定位和环境地图的构建。本章对 SLAM 理论进行了全面的阐述和分析，包括其类型、核心思想、概率模型以及多种具体的实现方法。通过对这些方法的深入研究和实践应用，为机器人在未知环境中的定位和导航提供了有效的解决方案。

首先，本章介绍了 SLAM 方法的类型。SLAM 方法根据其使用的传感器类型和数据处理方式，可以大致分为基于激光雷达的 SLAM、基于视觉的 SLAM 以及多传感器融合的 SLAM，每一种方法都有其独特的优势和应用场景。SLAM 的核心在于通过机器人的运动模型和传感器观测模型，不断估计和更新机器人的位置和环境地图。这一过程中，机器人需要不断地对自身状态进行预测，并根据观测数据对预测进行修正，从而逐步逼近真实的环境状态。为了更深入地理解 SLAM 的工作原理，本章还引入 SLAM 概率模型。这一模型将机器人的状态和环境地图表示为概率分布，通过贝叶斯滤波等方法，结合机器人的运动模型和观测模型，计算后验概率分布，从而实现对机器人状态和环境地图的精确估计。

然后在理论层面进行了详细的数学推导分析，验证了 SLAM 方法的可行性。通过对基于粒子滤波原理的 RBPF-SLAM 方法的研究，推导了其解析公式，并深入分析了其方法的优缺点。除了基于粒子滤波的 SLAM 方法外，本章还介绍了另一种重要的 SLAM 算法——Cartographer。在 Cartographer 中，激光扫描数据被插入子地图的最佳估计位置，实现了实时性和准确性的平衡。虽然扫描匹配发生在最近的子地图上，可能导致姿态估计误差在世界坐标系下累积，但整体而言，Cartographer 算法在激光 SLAM 领域具有广泛的应用和认可。

最后介绍了一种基于 ORB 特征点进行数据关联的视觉 SLAM 方法——ORB-SLAM3。ORB-SLAM3 是第一个完整的多地图 SLAM 系统，它能够处理单目和立体配置的视觉和视觉惯性系统。通过引入非活动地图机制，ORB-SLAM3 能够表示一组离散的地图，并顺利地将所有地图操作应用于位置识别、相机重新定位、回环检测和地图合并。

习题

1. 从工作原理上区分，SLAM 方法有哪些？
2. 一个完整的 SLAM 系统由哪几个部分组成？
3. 什么是一阶马尔可夫假设？
4. 在 Cartographer 算法中，优化的位姿参数有哪些？
5. ORB-SALM3 如何实现相邻帧之间的数据关联？
6. 光束平差（BA）的作用是什么？

第 7 章　移动机器人路径规划与自主导航

在第 6 章中研究分析了机器人在自主移动过程中的 SLAM 问题，解决了机器人的自主定位和地图构建问题。而机器人为了能到达目标地点，还须具备自主导航的能力，从而完成路径规划任务，指导移动机器人行进的方向。因此，路径规划是移动机器人研究中的一个关键环节，它可以为机器人在所建立好的地图上推荐一条路径，指导机器人躲开所有的障碍物到达目标地点。根据路径规划原理的不同，常用的路径规划算法主要可分为基于采样的导航算法和基于地图的导航算法，本章将采用基于地图的导航算法，通过构建好的栅格地图进行规划导航。

在本章中，对机器人的路径规划算法进行分析和研究，实现移动机器人的自主导航；将机器人的自主导航分为全局路径规划算法和局部路径规划算法，分别对全局路径规划算法（A* 算法）和局部路径规划算法（DWA）进行研究和分析，并通过 MATLAB 进行算法实验验证。

7.1　路径规划算法概述

机器人路径规划算法是机器人技术中的核心组成部分，它负责指导机器人在复杂环境中寻找从起点到终点的最优或可行路径。这一算法融合了图论、优化理论、人工智能等多个学科的知识，旨在解决机器人在执行任务过程中遇到的路径选择和障碍物避让等问题。

路径规划不仅仅应用于机器人的导航避障上，还常见于手机地图软件的路线导航、游戏人物的自动行走等。根据规划过程中的目的策略不同，路径规划可以具体分为全局路径规划和局部路径规划。全局路径规划的主要目的和作用是基于现有的地图进行路径规划，根据某种代价规则，如行进路径最短、行进时间最短、能量消耗最少等，为移动机器人生成一条从起始到目标地点的路径，然而全局路径规划只依赖已经建好的地图，生成的路径并未考虑移动机器人的速度、转向、地图中位置变化的障碍物等情况，无法完全用于指导机器人运动。因此移动机器人的自主导航还需要包括局部路径规划，结合全局路径规划生成的路径坐标，在路径上的每一个位置动态地规划出可行的局部路径，并提供机器人在该局部区域的控制信息，实现移动机器人在全局路径中的动态导航和避障。

路径规划整个过程包括目标给定、全局路径规划、局部路径规划和机器人轨迹跟踪控制四个部分。其具体实现过程如图 7-1所示。移动机器人首先根据已经构建好的环境栅格地图，利用全局路径规划算法生成一条从初始起点到目标地点的全局最优路径，避开地图上已知的障碍物。然后局部路径规划基于这条规划好的路径，结合栅格地图信息和激光雷达数据信息，识别运动过程中的动作环境信息，为移动机器人规划出实时的控制信息，指导机器人进行动态移动避障，最终到达目标位置。

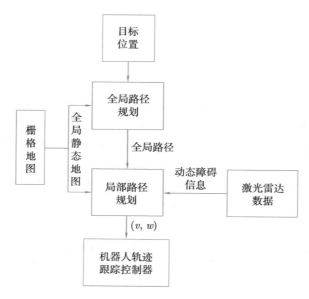

图 7-1　路径规划流程图

　　路径规划算法的基本思路是，在已知机器人工作环境地图的基础上，通过一系列计算和分析，找到一条或多条满足特定约束条件的路径。这些约束条件可能包括路径长度最短、避免与障碍物碰撞、满足机器人的动力学和运动学限制等。根据约束条件的不同，路径规划算法可分为全局路径规划和局部路径规划两类。全局路径规划关注于在已知环境中找到一条从起点到终点的最优路径，而局部路径规划则更注重机器人在未知或动态变化的环境中实时调整路径以应对突发情况。

　　在实现路径规划算法时，首先需要构建机器人工作环境的模型。这通常通过地图构建算法完成，例如，基于激光雷达或视觉传感器的 SLAM 技术。一旦获得了环境地图，算法就可以开始搜索路径。一种常见的方法是使用图搜索算法，如 Dijkstra 算法或 A* 算法。这些算法通过构建和维护一个表示可达路径的图结构，逐步扩展搜索范围，直到找到目标点或确定无法到达。

　　然而，单纯的图搜索算法往往难以应对复杂环境中的障碍物问题。因此，路径规划算法通常还需要结合碰撞检测和避障策略。碰撞检测通过对机器人和环境进行建模，计算它们之间的相对位置和姿态，从而判断是否存在碰撞风险。避障策略则是在检测到碰撞风险后，采取一系列措施来避免碰撞，如调整机器人的运动方向、速度或姿态，或者重新规划路径。

　　随着人工智能技术的发展，越来越多的智能算法被引入路径规划领域。例如，基于强化学习的路径规划算法可以通过与环境的交互学习来优化路径选择；基于深度学习的算法则可以通过训练神经网络来预测环境变化和机器人行为，从而实现更高效的路径规划。这些智能算法的出现，使得机器人在处理复杂环境和未知任务时表现出了更高的自主性和适应性。此外，路径规划算法还需要考虑实时性和计算效率的问题。在机器人执行任务的过程中，环境可能随时发生变化，因此算法需要能够快速响应并重新规划路径。同时，由于机器人的计算能力有限，算法还需要在保证路径质量的前提下尽量降低计算复杂度。为了实现这一目标，研究者们提出了许多优化技术，如启发式搜索、剪枝策略、并行计算等，以提高路径规划算法的性能和效率。总之，机器人路径规划算法是一个涉及多个学科和技术的复杂问题。通过综合运用图论、优化理论、人工智能等知识和方法，可以构建出高效、可靠的路径规划算法，从而为机器人在各种环境中执行任务提供有力支持。随着技术的不断进步和应用场景的不断拓展，未来的机器人路径规划算法将更加智能、高效和灵活，为人们的生活和工作带来更多便利和价值。

7.2　基于 A* 算法全局路径规划

本节研究的全局路径规划算法是基于图的路径规划算法，即在已构建好的栅格地图上计算出可行的全局导航路线。全局路径规划算法主要可以分为广度优先搜索算法（Breadth-first Search，BFS）、深度优先搜索算法（Depth-first Search，DFS）、启发搜索算法（Heuristic Search，HS）等。BFS 算法和 DFS 算法都属于遍历搜索算法，分别对图逐层递归搜索和不断向下一层递归搜索，通常都需要对全图进行完整的遍历，计算量大且结果无法保证最优。而本章所研究的 A* 算法则是一种典型的启发式搜索算法，通过贪心最优原理选择搜索方向，大幅减少了遍历次数，提高了搜索效率。

7.2.1　Dijkstra 算法简述

A* 算法是在 Dijkstra 算法的基础上进行改进提升的。在研究 A* 之前，本节先对 Dijkstra 算法思想进行简介。Dijkstra 算法是一种著名的单源最短路径算法，用于计算一个节点到其他所有节点的最短路径。这一算法以其高效性和实用性在计算机科学领域得到了广泛应用，特别是在路由选择、物流规划等实际问题中发挥着重要作用。

Dijkstra 算法的基本思想是通过逐步扩展已知最短路径的集合，来找出从起点到所有其他节点的最短路径。算法开始时，将起点设置为已知最短路径集合中的一个元素，并将其距离设为 0，其他所有节点的距离则设为无穷大或某个极大值。然后，算法通过不断迭代，从未访问的节点中选择一个距离最小的节点，将其加入已知最短路径集合，并更新其相邻节点的距离。这个过程一直持续到所有节点都被访问为止。在具体实现中，Dijkstra 算法通常采用一个优先队列来存储待访问的节点，并根据它们的距离进行排序。优先队列保证了每次从队列中取出的都是当前距离最小的节点，从而确保了算法的正确性和效率。同时，算法还需要一个数组或列表来记录每个节点的最短距离和前置节点信息，以便在算法结束时构建出最短路径树。Dijkstra 算法的一个重要特性是它只能处理没有负权边的图。负权边的存在可能导致算法陷入无限循环或得到错误的结果。因此，在使用 Dijkstra 算法之前，通常需要确保输入的图满足这一条件。然而，这也限制了 Dijkstra 算法在某些特殊场景下的应用，比如需要处理带有负权边的交通网络或物流系统。

尽管存在这一局限，但 Dijkstra 算法仍然是一种非常实用的最短路径算法。它的时间复杂度主要取决于图的边数和节点数，因此在处理稀疏图或中等规模图时表现出色。此外，Dijkstra 算法还可以与其他优化技术结合使用，如启发式搜索和并行计算，以进一步提高其性能和效率。在实际应用中，Dijkstra 算法被广泛应用于各种场景。例如，在交通领域，它可以用于计算车辆从起点到终点的最短行驶路径；在物流领域，它可以用于规划货物的最优运输路线；在通信网络领域，它可以用于确定数据包在网络中的最佳传输路径。这些应用都充分展示了 Dijkstra 算法在实际问题中的实用价值和重要性。随着计算机科学和人工智能技术的不断发展，Dijkstra 算法也在不断得到改进和优化。例如，一些研究者提出了基于动态规划的改进算法，可以在处理大规模图时显著提高性能；还有一些研究者将 Dijkstra 算法与机器学习技术相结合，用于解决更复杂的路径规划问题。这些改进和创新使得 Dijkstra 算法在应对现代复杂场景时更加灵活和高效。

Dijkstra 算法作为一种经典的单源最短路径算法，在理论研究和实际应用中都具有重要地位。它通过逐步扩展已知最短路径集合的方式，高效地计算出从起点到所有其他节点的最短路径。尽管存在不能处理负权边的局限，但 Dijkstra 算法仍然在许多领域发挥着重要作用，并不断得到改进和优化以适应更复杂的需求。随着技术的不断进步和应用场景的不断拓展，Dijkstra 算法将在未来继续发挥其重要作用，并为人们解决更多实际问题提供有力支持。

7.2.2　A* 算法原理

A* 算法是在 Dijkstra 算法基础上巧妙地加入了启发函数，是一种典型的启发式的搜索算法。A* 的算法思想是通过把当前节点到目标节点的路径长度估算纳入后续节点选择的考虑中，指导后续节点的搜索方向。A* 加入的启发函数大幅降低了需要遍历的地图节点数量，同时保证了选取的节点总是在起点到目标节点的最优路径上。

A* 算法的核心原理是从初始栅格节点开始搜索邻域 8 个栅格节点，通过具有启发函数的评估函数 $F(n)$ 计算这 8 个节点的代价数值，以代价值最小的节点作为选取点，并基于这个新的栅格节点继续拓展，不断循环重复这个搜索过程，直到搜索到的拓展点为目标点或搜索次数超过阈值则停止路径搜索。其中估算函数 $F(n)$ 用于估算起始节点 n_{start} 到当前节点 n 的最短距离与当前节点 n 到目的节点 n_{object} 的距离之和，具体的评估函数如下：

$$F(n) = G(n) + H(n) \tag{7-1}$$

其中，$G(n)$ 为初始节点 n_{start} 到当前节点 n 的最短路径长度计算函数；$H(n)$ 则为 A* 算法引入的启发函数，可以估算当前节点 n 到目标节点 n_{object} 的路径长度，以此引导路径的搜索方向。

A* 算法的搜索效率很大程度由启发函数 $H(n)$ 决定，当启发函数估算的距离值恰好等于真实的当前节点 n 到目标节点 n_{object} 的最短路径距离值时，A* 算法的搜索方向始终以最短路径为方向，搜索速度最快；当启发函数估算的距离值大于真实的最短路径距离时，$H(n)$ 函数失去了引导意义；当估算的距离值小于真实的最短路径距离时，启发函数的值越小，搜索效率越小，$H(n) = 0$ 时，A* 算法退化为 Dijkstra 算法。因此，启发函数 $H(n)$ 的距离估算方式的准确性非常重要，当前常用的距离估算函数主要有三种：基于曼哈顿距离的估算函数、基于欧氏距离的估算函数以及基于切比雪夫距离的估算函数。这三种距离估算函数均适用于计算平面内两点 (x_1, y_1) 和 (x_2, y_2) 的距离，具体估算公式如下。

基于曼哈顿距离的估算函数：

$$H(n) = |x_1 - x_2| + |y_1 - y_2| \tag{7-2}$$

基于欧氏距离的估算函数：

$$H(n) = \sqrt{(x_1 - x_2)^2 + (y_1 - y_2)^2} \tag{7-3}$$

基于切比雪夫距离的估算函数：

$$H(n) = \max(|x_1 - x_2|, |y_1 - y_2|) \tag{7-4}$$

A* 算法的具体流程如下：

1）定义开列表 Open list 和闭列表 Close list，分别用于保持可选择的路径节点和不再选择的路径节点，将起点 n_{start} 保存到 Open list 中。

2）取出 Open list 中 $F(n)$ 最小的节点为当前节点 n，并加入 Close list。

3）设置当前节点 n 为父节点并将其邻域的 8 个节点加入 Open list 中（已经存在于 Open list 中或 Close list 中的不执行加入），计算每个加入节点的 $F(n)$：若有节点的当前 $G(n)$ 比历史值低，则更新其值并以该节点为新的当前节点 n；若无则取 $F(n)$ 最小的节点为新的当前节点 n。

4）重复步骤 2）和 3），若目标点 n_{object} 已经加入 Close list，则搜索结束，通过父节点回溯到起始节点的路径为最短路径；若 Open list 为空，则没有寻找到目标点 n_{object}，无最短路径，搜索结束。

7.2.3　A* 算法仿真实现

本节对 A* 算法进行了多次的 MATLAB 仿真实验。为了对比三种不同的估算函数 $H(n)$，本节首先分别对基于曼哈顿距离的估算函数、欧氏距离的估算函数以及切比雪夫距离的估算函数进行仿真，三种估算函数在同一种障碍栅格图中的路径规划分别如图 7-2a、7-2b、7-2c 所示，最终三种规划路径对比如图 7-2d 所示。实验中采用的是 35×35 的方形地图进行路径规划，图 7-2a、7-2b、7-2c 中黑色圆点为障碍物，黑色的叉为起点，深蓝色的圆点为终点，浅蓝色方块为 Open list 内的点，灰色方块为 Close list 中的点，图中的黑实线、蓝实线和黑虚线分别是基于三种估算函数的 A* 算法最终轨迹。

由图 7-2可以看出，三种估算函数的规划路径中，基于切比雪夫距离的 A* 算法是按照规划路径中的横、纵向的最大差值作为搜索方向引导，其搜索过程中放入 Close list 的节点较少，搜索方向成功绕开了图 7-2中的障碍，地图路径较短，在本次地图实验中路径最优。而基于曼哈顿距离估算函数的 A* 算法是以起始点坐标与目标点坐标的差值之和作为搜索方向，而基于欧氏距离估算函数的 A* 算法则按照起始点坐标与目标点坐标的距离平方差之和作为搜索方向，二者都没有绕开设置在图 7-2 的中心障碍，且放入 Close list 节点较多，搜索时间较长，在障碍躲避中都出现了绕路的情况，所以比切比雪夫距离估算函数算法的路径更长。

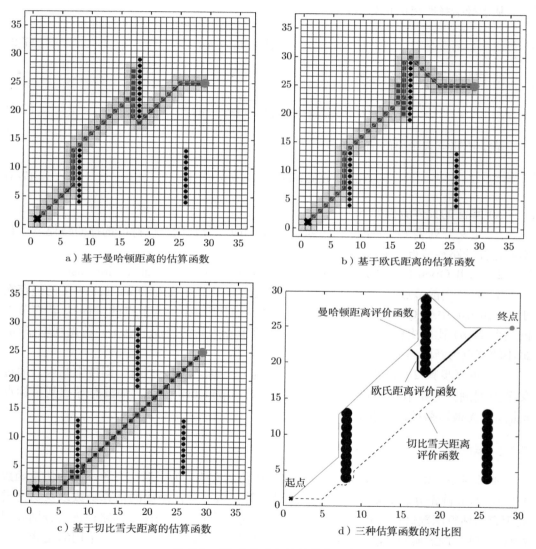

a）基于曼哈顿距离的估算函数　　　　　b）基于欧氏距离的估算函数

c）基于切比雪夫距离的估算函数　　　　d）三种估算函数的对比图

图 7-2　A* 全局路径规划算法仿真

为了探究对比实验结果的普遍性，本节重新设置一个 300×300 的正方形地图，并在地图中重新随机生成了 5000 个障碍点，选择固定的起点和终点，对每个估算函数分别进行了 100 次实验仿真对比，分别记录三种启发函数的 A* 算法的计算时间和最终路径长度，对计算时间和规划路径长度求平均并进行算法性能对比，其实验仿真结果见表 7-1。

表 7-1　三种启发函数的 A* 算法的平均计算时间及平均路径长度

启发函数	基于曼哈顿距离估算	基于欧氏距离估算	基于切比雪夫距离估算
平均计算时间/s	11.1485	10.9021	11.2796
平均路径长度（格）	303.11	298.22	309.22

可以看出，在随机障碍的地图中，基于欧氏距离的启发函数的 A* 算法的计算时间和路径长度都最优，基于曼哈顿距离的次之，基于切比雪夫距离的效果最差。因此不同的启发函数的选择需要根据规划的环境地图进行调整，才能实现较优的全局路径规划。

7.3　基于 DWA 局部路径规划

7.2 节中对基于栅格地图的全局路径规划的 A* 算法原理进行了分析研究，得到了从起始点到终点的最短路径。但移动机器人在实际的导航中仅有路径是不够的，现实环境中可能存在仿真栅格地图中没有的动态障碍物，如行人、障碍摆设变动等。因此，为了使机器人能够根据实时位置状态进行实时的动态障碍物躲避，需要加入局部路径规划算法。

本节的局部路径算法采用 DWA（动态窗口法）实现移动机器人的动态避障。其算法的基本思想是将移动机器人的速度限制在一个动态窗口中，在这个窗口中，机器人的速度和加速度都是具有上、下界的，机器人的速度采样只能在这个窗口内进行，在设定的采样时间内进行多组的采样，并根据运动模型对每一组的采样结果估计机器人的运动轨迹，最后基于观测数据和地图信息，通过设定的评价函数对每一条生成的运动轨迹进行评估，选择评估最优的轨迹，以该轨迹对应的采样速度作为移动机器人的控制量，实现局部的动态避障。具体过程可以分为速度模型建立、速度采样和路径评价三部分。

基于（DWA）的局部路径规划原理是机器人在未知或动态变化的环境中实现实时路径规划的核心技术。DWA 通过结合机器人的动力学约束和传感器信息，在动态变化的环境中为机器人规划出一条安全、可行的局部路径。这一原理融合了机器人的运动学特性、环境感知以及实时决策等多个方面，使得机器人能够在复杂环境中自主导航并完成任务。

DWA 的核心思想是在机器人的运动学约束范围内，根据当前的环境信息和目标位置，生成一组可行的速度控制指令，即动态窗口。这些速度指令反映了机器人在未来短时间内可能的运动轨迹。算法通过评估每个轨迹的潜在碰撞风险、目标接近程度以及其他优化指标，选择出最优的速度指令来控制机器人的运动。在 DWA 中，动态窗口的生成是关键步骤。由于机器人的运动受到其动力学特性的限制，如最大线速度和角速度、加速度等，因此不可能选择任意速度作为控制指令。动态窗口通过考虑这些约束，以及机器人当前的速度和加速度，生成一个有限的速度空间。这个速度空间包含了机器人在下一个控制周期内可能达到的所有速度组合。

在生成动态窗口后，DWA 需要对每个速度指令对应的轨迹进行评估。评估过程通常包括碰撞检测、目标接近度计算以及平滑性考量等。碰撞检测通过比较机器人预测轨迹与环境中的障碍物位置，判断是否存在碰撞风险。目标接近度则衡量了机器人轨迹与目标位置之间的距离和角度关系，以评估轨迹是否有助于机器人接近目标。此外，为了确保机器人的运动平稳，还需要考虑轨迹的平滑性，避免速度或方向的突变。

基于上述评估指标，DWA 为每个速度指令计算一个综合得分。这个得分通常是一个加权和，其中各个评估指标根据其重要性被赋予不同的权重。通过比较不同速度指令的得分，算法选择出得分最高的指令作为当前的控制输入，驱动机器人按照该指令运动。DWA 的实时性是其另一个重要特点。由于环境是动态变化的，机器人需要不断感知环境信息并更新其局部路径规划。DWA 通过循环执行动态窗口生成、轨迹评估和最优指令选择等步骤，实现了对环境的实时响应。这使得机器人能够在遇到突发障碍物或目标位置变化时，迅速调整其运动轨迹，以确保安全和高效地完成任务。

基于 DWA 的局部路径规划原理通过结合机器人的动力学约束、环境感知和实时决策，为机器人在复杂环境中实现自主导航提供了有效方法。这一原理不仅考虑了机器人的运动特性，还充分利用了传感器信息来感知和评估环境，使得机器人能够在实时变化的环境中做出合理的路径选择。随着传感器技术和计算能力的不断进步，基于 DWA 的局部路径规划将在未来机器人应用中发挥更加重要的作用，推动机器人技术的进一步发展。

7.3.1　直线速度模型建立

移动机器人的直线速度模型如图 7-3 所示，它是机器人导航与控制中的关键组成部分，描述了机器人在直线运动过程中速度与加速度、时间以及位置之间的动态关系。这一模型不仅为机器人路径规划提供了理论基础，也是实现精确导航和高效运动控制的重要依据。

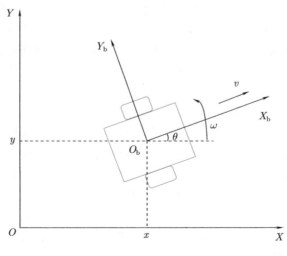

图 7-3　直线速度模型

首先来看直线速度模型的基本定义。在二维平面中，移动机器人的直线运动可以简化为一个一维的速度变化过程。在这个过程中，机器人的速度 v 随时间 t 的变化遵循一定的规律。这种规律通常由加速度 a 来刻画，即速度 v 是加速度 a 对时间 t 的积分。加速度可以是恒定的，也可以是变化的，这取决于机器人的运动需求和外部环境。进一步地，直线速度模型需要考虑机器人的初始状态。初始状态包括机器人的初始位置 x_0 和初始速度 v_0。在任意时刻 t，机器人的位置 x 可以通过初始位置 x_0 和速度 v 在时间上的积分得到。这个过程体现了机器人在直线运动中的空间位移与时间的关系。

在构建直线速度模型时，还需要考虑一些实际因素。例如，机器人的最大速度和最大加速度通常受到其物理性能的限制。这些限制条件必须在模型中予以考虑，以确保规划出的路径和速度曲线是实际可行的。此外，外部环境中的障碍物和约束条件也会对机器人的直线运动产生影响，因此模型需要具备一定的避障和约束处理能力。直线速度模型在移动机器人的应用中具有广泛的意义。它可以用于实现机器人的精确导航，通过实时调整速度和加速度，使机器人能够按照预定的路径平稳地移动。同时，模型还可以用于优化机器人的运动性能，通过选择合适的速度和加速度曲线，减少机器人的能耗和磨损，提高其使用寿命。

此外，直线速度模型还可以与其他导航算法和控制策略相结合，形成更完整的机器人运动控制系统。例如，通过将直线速度模型与路径规划算法相结合，可以实现机器人在复杂环境中的自主导航；通过将模型与传感器信息融合技术相结合，可以实现机器人的实时避障和动态路径调整。在实际应用中，直线速度模型的准确性和实时性对于机器人的运动控制至关重要。因此，需要不断地对模型进行优化和改进，以适应不同的应用场景和需求。例如，可以引入更复杂的动力学模型来更准确地描述机器人的运动特性；可以利用机器学习和人工智能技术来提高模型的自适应能力和鲁棒性；还可以通过优化算法来减少模型计算的时间和降低空间复杂度，提高其实时性能。

本书采用的机器人结构是两轮差速运动结构，具体如图 7-3所示，机器人无纵向速度，即机器人在 $X_bO_bY_b$ 中 Y_b 轴方向的速度为 0，只具备 X_b 轴向速度 v 和旋转角速度 ω，且移动机器人在短时间内的行走轨迹可以用直线和圆弧表示。定义动态窗口的速度采样间隔为 Δt，通常采样间隔是非常短的，以 ms 为单位，因此，移动机器人在两个相邻的采样点之间的行走轨迹可以认为是一条直线，可以采用直线速度模型进行轨迹计算，其位姿在 Δt 时间内的增量可以表达为

$$\begin{cases} \Delta x = v\cos\theta \cdot \Delta t \\ \Delta y = v\sin\theta \cdot \Delta t \\ \Delta\theta = \omega\Delta t \end{cases} \tag{7-5}$$

则其直线速度模型的计算公式为

$$\begin{cases} x = x + v\cos\theta \cdot \Delta t \\ y = y + v\sin\theta \cdot \Delta t \\ \theta = \theta + \omega\Delta t \end{cases} \tag{7-6}$$

7.3.2 速度采样

基于移动机器人的直线速度模型，可以根据采样速度模拟出窗口内的行驶轨迹。在实际场景中，移动机器人的速度和加速度都是受到物理约束的，其可行速度范围是根据电动机的动力性能、机器人当前移动速度以及障碍物距离进行确定的。具有采样范围如下：

1）由于机器人的速度范围应在其动力性能限制内，移动机器人自身存在着最大线速度 $v_{\max}$ 和最大转向速度 $\omega_{\max}$，即

$$V_{\mathrm{m}} = \{(v, \omega) | v \in [0, v_{\max}], \omega \in [-\omega_{\max}, \omega_{\max}]\} \tag{7-7}$$

2）移动机器人的速度受加速度影响，不存在突然增大或减小的跳变的情况，且机器人内的电动机力矩有限，最大加速度和最小加速度存在限制，因此速度空间须满足：

$$V_{\mathrm{d}} = \{(v, \omega) | v \in [v_{\mathrm{c}} - \dot{v}_{\mathrm{b}} \Delta t, v_{\mathrm{c}} + \dot{v}_{\mathrm{a}} \Delta t], \omega \in [\omega_{\mathrm{c}} - \dot{\omega}_{\mathrm{a}} \Delta t, \omega_{\mathrm{c}} + \dot{\omega}_{\mathrm{a}} \Delta t]\} \tag{7-8}$$

其中，$\dot{v}_{\mathrm{b}}$ 为移动机器人的最大减速度；$\dot{v}_{\mathrm{a}}$ 为最大加速度；$\dot{\omega}_{\mathrm{a}}$ 为最大转角加速度。

3）移动机器人在运动过程中，由于环境中还可能存在着障碍物，因此在速度空间 $V_{\mathrm{m}} \bigcap V_{\mathrm{d}}$ 中进行采样时，应选择安全的采样速度，保证移动机器人在与障碍物的安全距离外运动，使得机器人能在当前速度下以最大的减速度减速停在障碍物前。即移动机器人速度必须满足：

$$V_{\mathrm{a}} = \{(v, \omega) | v \leqslant \sqrt{2\mathrm{dist}(v, \omega) \cdot \dot{v}_{\mathrm{b}}}, \omega \leqslant \sqrt{2\mathrm{dist}(v, \omega) \cdot \dot{\omega}_{\mathrm{a}}}\} \tag{7-9}$$

其中，$\mathrm{dist}(v, \omega)$ 为基于采样速度估算当前速度的轨迹与障碍物之间的最近距离。对从速度空间 $V_{\mathrm{m}} \bigcap V_{\mathrm{d}}$ 中采样得到的速度组进行判断，舍弃不满足式（7-9）的速度组，对满足式（7-9）的速度组相应的轨迹进行评价选取。

7.3.3 路径评价

路径评价是机器人技术、自动驾驶和智能导航领域不可或缺的一环。路径规划作为智能移动系统决策过程的核心，旨在根据起始点和目标点，结合环境信息，生成一条或多条可行路径。而路径评价则是对这些生成的路径进行深度分析和比较，从而确定最优路径的过程。

路径评价的原理主要基于多属性决策理论，融合了多种评价标准和指标，对路径的优劣进行量化评估。这些指标可能包括路径的长度、所需时间、安全性、平滑性、能源消耗等，根据应用场景的不同，指标的选取和权重分配也会有所差异。通过构建评价模型，将不同指标归一化并加权求和，可以得到每条路径的综合评价得分，进而选出最优路径。在路径评价的过程中，安全性始终是首要考虑的因素。机器人或自动驾驶车辆在运行过程中，必须能够识别并避开障碍物，遵守交通规则，确保行驶安全。因此，路径评价算法会利用传感器收集的环境信息，结合地图数据和交通规则，对路径的安全性进行精确评估。对于存在潜在风险的路径，算法会进行风险预警或排除，确保选择的路径具有足够的安全性。

　　除了安全性，效率也是路径评价中不可忽视的因素。在复杂的交通环境中，不同路径的行驶效率可能存在显著差异。路径评价算法会考虑交通流量、道路状况、信号灯状态等因素，预测并比较不同路径的行驶时间。通过选择行驶效率高的路径，可以减少拥堵和等待时间，提高整体运行效率。此外，平滑性也是路径评价中的一个重要指标。平滑的路径可以减少机器人在运动过程中的加速度和减速度变化，降低能耗和减少机械磨损。因此，路径评价算法会考虑机器人的动力学特性，生成符合其运动能力的平滑路径。通过优化路径的平滑性，可以提高机器人的运动性能和稳定性。

　　在实际应用中，路径评价广泛应用于机器人导航、自动驾驶汽车、无人机巡航、物流配送等多个领域。在机器人导航中，路径评价可以帮助机器人选择安全、高效的路径，避开障碍物并顺利到达目标点。在自动驾驶汽车领域，路径评价可以根据实时交通信息和路况数据，动态调整行驶路径，提高行驶安全性和效率。在无人机巡航中，路径评价可以确保无人机在复杂环境中安全飞行，并优化巡航路径以延长飞行时间。在物流配送领域，路径评价可以帮助物流车辆选择最优的配送路线，减少运输时间和成本。随着技术的不断发展，路径评价在路径规划中的应用也在不断深化和拓展。一方面，随着传感器技术和数据处理能力的提升，可以获取更丰富、更准确的环境信息，为路径评价提供更全面、更精细的数据支持。另一方面，随着人工智能和机器学习技术的不断进步，可以构建更智能、更自适应的路径评价模型，实现对不同场景和需求的灵活应对。

　　在通过速度空间的采样后，采样的速度中存在许多条运动轨迹满足避障要求，但并不是每一条轨迹都是最优的路径。因此需要设定路径的评价策略对多条满足速度空间的轨迹进行最优选择，具体的轨迹评价函数为

$$G(v, \omega) = \alpha \text{heading}(v, \omega) + \beta \text{dist}(v, \omega) + \gamma \text{velocity}(v, \omega) \tag{7-10}$$

其中，$\text{heading}(v, \omega)$ 表示移动机器人在当前采样速度 (v, ω) 方向与目标方向的角度差，方向夹角越小，评分越高；$\text{dist}(v, \omega)$ 与式（7-9）中的定义一致，表示采样速度估算当前速度的轨迹与障碍物之间的最近距离，距离越大，评分越高；$\text{velocity}(v, \omega)$ 表示速度评价函数，线速度值越大，评分越高；α、β、γ 分别为三个对应函数的权重系数，用于调整各个函数的评价占比。

　　通过以上三个部分，DWA 完成了局部路径规划，并输出正确的避障控制命令。

7.3.4　DWA 仿真实现

　　为了验证基于 DWA 的局部路径规划算法的可行性和实时避障能力，本节通过MATLAB 进行仿真实验。其轨迹评价函数（7-10）受 $\text{heading}(v, \omega)$、$\text{dist}(v, \omega)$ 和 $\text{velocity}(v, \omega)$ 三个评价函数所影响，分别由 α、β、γ 这三个权重决定。为了验证这三个评价函数的最优权重，本节分别对这三个权重值进行仿真。实验中定坐标 $(0,0)$ 为起点，$(10,10)$ 为临时目标点，黑色"+"为障碍物，蓝色实线为最终局部路径。

　　（1）$\text{heading}(v, \omega)$ 方位角评价函数实验

首先固定 dist(v,ω) 和 velocity(v,ω) 的权重为 0.5，即 $\beta = 0.5, \gamma = 0.5$，分别取 α 为 0.1、0.5、1.0 三个梯度权重，具体实验结果如图 7-4 所示。

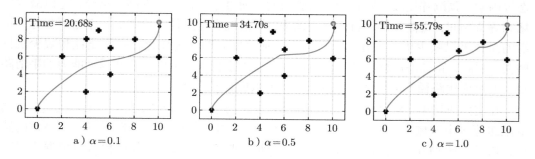

图 7-4　heading(v,ω) 方位角评价函数权重对比实验

由图 7-4a、b 和 c 可以看出，随着方位角评价函数权重 α 越大，其到达目标点直线路径上的障碍躲避能力越差，越容易与障碍发生碰撞，且花费的时间越长。因此，在动态障碍物较多的环境中，α 应该设置小些，在保证总体方向没有错误的情况下，能安全快速地绕开动态障碍物。因此本节将设置 α 为 0.1。

（2）dist(v,ω) 障碍物距离评价函数实验

基于 α 参数的实验结果，固定 heading(v,ω) 和 velocity(v,ω) 的权重，设置 $\alpha = 0.1, \gamma = 0.5$，分别取 β 为 0.1、1.0、2.0 三个梯度权重，具体实验结果如图 7-5 所示。

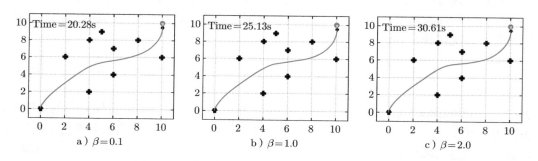

图 7-5　dist(v,ω) 障碍物距离评价函数权重对比实验

图 7-5a、b 和 c 中，当选择较优的 α 时，DWA 的局部规划路径的形状几乎一致，但随着 β 的增大，对路径上的距离值越来越敏感。算法为了能保证与障碍物的距离，会选择较小的速度组，路径规划的时间就较长。因此，根据实验结果，本节将在 $[0.1,0.5]$ 区间选择合适的 β，既保证了与障碍物的安全距离，还能尽量节省局部路径规划时间。

（3）velocity(v,ω) 速度评价函数实验

采用以上两个实验结果的较优参数，固定 heading(v,ω) 和 dist(v,ω) 的权重，设置 $\alpha = 0.1, \beta = 0.1$，分别取 γ 为 0.05、1.0、4.0、10.0 四个梯度权重，具体实验结果如图 7-6 所示。

由图 7-6可知，当速度评价函数的权重 γ 小于 α 和 β 时，DWA 的速度指标将不再重要，根据方位角函数实验结果，方位角权重过大，导致算法无法躲开与目标直线方

向上的障碍物，无法实现避障，将一直以最小速度前进，导致最终路径规划失败，无法到达目标点。而随着 γ 增大，DWA 的路径能够选择较大的速度方向进行避障，路径规划时间较短。然而，由图 7-6c 和 d 可知，随着 γ 持续增大，虽然路径规划花费时间变短了，但当机器人到达目标点时，其速度仍然很大，出现无法"刹车"的情况，尤其在当 $\gamma = 10$ 时，甚至出现超过目标点的情况。因此，速度函数权重 γ 的选择不能小于方位角评价函数和障碍物距离函数的权重，同时，应该保证机器人在快速到达目标点时速度能尽量小。本节将在 [0.5,2] 区间选择合适的 γ。

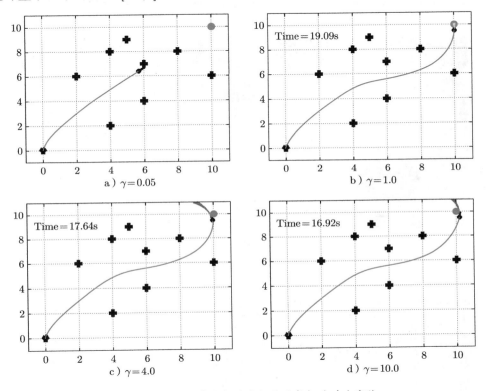

图 7-6　$velocity(v,\omega)$ 速度评价函数权重对比实验

7.4　机器人路径规划实现

为了验证 A* 算法和 DWA 在移动机器人的可行性，本节基于第 6 章构建的栅格地图进行路径规划实现，分别对有障碍和无障碍的情况进行实验，如图 7-7和图 7-8所示。

从图 7-7中可以看出，在无障碍的环境中，机器人可以基于建立好的栅格地图进行全局路径规划，以保证在不会碰到道路两旁的情况下，实现移动机器人准确地驶向目标点。

从图 7-8中可以看出，在原先无障碍的地图中加入临时的障碍物后，机器人可以基于 A* 算法和 DWA 进行全局的路径规划，并在检测到障碍后立刻调整新的路线，得到绕开障碍物的路线，以保证移动机器人不会碰撞到临时障碍，完成移动机器人临时避障任务。

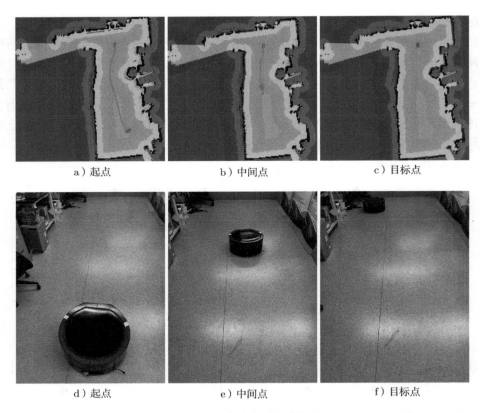

a）起点　　　　　　b）中间点　　　　　　c）目标点

d）起点　　　　　　e）中间点　　　　　　f）目标点

图 7-7　无障碍路径规划实验

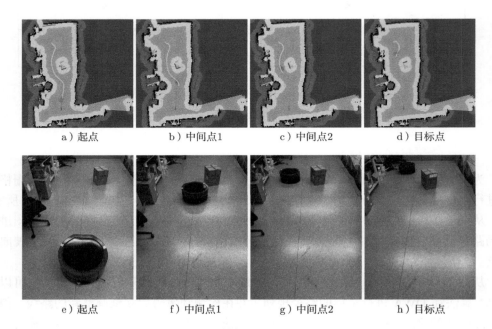

a）起点　　b）中间点1　　c）中间点2　　d）目标点

e）起点　　f）中间点1　　g）中间点2　　h）目标点

图 7-8　有障碍路径规划实验

7.5　基于采样的路径规划算法

基于采样的路径规划算法的主要优点是它们可以在高维度和复杂环境中进行路径规划，而不需要对整个环境进行建模。此外，这种算法通常具有较高的计算效率，适用于实时路径规划。然而，它们的缺点是搜索到的路径可能不是最优的，并且需要足够的采样点来保证路径的存在性。

7.5.1　概率路线图算法

概率路线图（Probabilistic Road Map, PRM）算法是一种广泛应用于机器人路径规划领域的基于采样的方法。PRM 算法通过构建一个概率化的路线图来表示机器人的运动空间，并在该路线图上进行路径搜索，从而找到从起始点到目标点的无碰撞路径。算法流程如下：

1）采样。首先，PRM 算法在机器人的运动空间中进行随机采样，生成一系列离散的无碰撞样本点。这些样本点构成了后续路径规划的基础。

2）碰撞检测。对于每个采样点，算法会进行碰撞检测，确保这些点位于自由空间（即无碰撞区域）内。碰撞检测通常依赖于机器人的几何模型和环境的几何信息。

3）构建路线图。在获得一系列无碰撞的样本点后，算法会计算这些点之间的连接关系。通常，算法会考虑每个样本点的邻域内的其他样本点，并尝试在这些点之间建立连接。如果两点之间的连线（或称为边）不与任何障碍物相交，则这条边被认为是可行的，并被添加到路线图中。

4）路径搜索。一旦构建了完整的路线图，算法就可以在该图上进行路径搜索了。这通常使用图搜索算法（如 Dijkstra 算法、A* 算法等）来实现。算法从起始点开始，搜索通过一系列边到达目标点的路径。由于路线图仅包含无碰撞的点和边，因此搜索到的路径也必然是无碰撞的。

5）路径平滑与优化。在找到可行路径后，算法还可以对其进行平滑和优化，以减小路径长度或提高平滑度。这可以通过插值、样条曲线等方法实现。

由于 PRM 算法是基于采样的，因此它不能保证每次运行都能找到路径。但是，随着采样点数量的增加，找到路径的概率会逐渐接近 1。PRM 算法通常分为两个阶段，即预处理阶段和查询阶段。该算法会在预处理阶段构建概率路线图，而在查询阶段，算法则会在已有的路线图上搜索路径。这种分离策略使得算法可以在预处理阶段进行大量计算，从而提高实时查询的效率。PRM 算法非常适用于高维空间和复杂环境，因为 PRM 算法采用随机采样的方式，它不需要对整个空间进行网格化或离散化。此外，PRM 算法具有可扩展性，PRM 算法可以与其他优化技术相结合，如遗传算法、神经网络等，以提高路径规划的质量和效率。PRM 算法通过随机采样和构建概率路线图，能够在复杂环境中实现可靠的路径规划，所以它在机器人路径规划、无人驾驶等领域有广泛的应用。例如，在未知或复杂环境中，为地面机器人、无人机、水下机器人等提供路径规划，特别是在那些需要频繁重新规划路径的场合。对于无人驾驶领域，PRM 算法可在城市环境或具有复杂道路网络的场景中预规划高精度地图中的路径。综上所述，概率路线图算法是一种高效、灵活且适应性强的路径规划算法，它可以帮助机器人在复杂环境中找到安全、高效的路径，从而实现路径规划目标。

7.5.2 快速扩展随机树算法

快速扩展随机树（Rapidly-exploring Random Tree, RRT）算法是一种基于采样的路径规划方法，主要用于解决高维空间和复杂环境中的机器人路径规划问题。RRT 算法的核心思想是从一个起始点出发，通过随机采样和碰撞检测不断扩展搜索树，直到找到目标点或达到预定的迭代次数。

在 RRT 算法中，搜索树由一系列节点和连接这些节点的边组成。每个节点代表一个无碰撞的状态，边则表示从一个状态转移到另一个状态的过程。算法从一个初始节点开始，不断执行以下步骤：

1）随机采样。在机器人的配置空间（Configuration Space）中随机选择一个点作为目标点。这个点的选择是完全随机的，不受任何约束或偏好的影响。

2）寻找最近节点。在当前的搜索树中找到离目标点最近的节点。这个节点将成为新扩展的起点。

3）扩展树。从最近节点出发，沿着一个朝向目标点的方向扩展一段距离，生成一个新的节点。这个扩展距离通常是一个固定的步长，也可以根据需要进行调整。

4）碰撞检测。检查新生成的节点是否与障碍物发生碰撞。如果发生碰撞，则丢弃该节点，并重新执行步骤 2）和 3），直到生成一个无碰撞的节点。

5）更新搜索树。将新生成的节点添加到搜索树中，并连接它与最近节点之间的边。这样就形成了一个新的搜索树。

6）检查终止条件。如果新生成的节点足够接近目标点（例如，在目标点的某个容差范围内），则算法终止，并输出从起始点到目标点的路径；否则，重复执行步骤 2）～6），直到达到预定的迭代次数或找到目标点。

RRT 算法具有很多优点：①RRT 算法是一种概率完备性算法。这意味着只要迭代次数足够多，且存在可行路径，算法最终都能找到这条路径。②RRT 适用于高维空间。由于 RRT 算法是基于采样的，它不需要对整个配置空间进行网格化或离散化，因此非常适用于高维空间中的路径规划问题。③RRT 对障碍物形状和布局的适应性。RRT 算法对障碍物的形状和布局没有特殊要求，只需要提供障碍物的几何信息即可，这使得算法在实际应用中具有很大的灵活性。④RRT 易于实现。RRT 算法的实现相对简单，不需要复杂的数学推导或优化技术，因此在实际应用中很容易实现和部署。

但是 RRT 也有缺点：①概率非最优性。虽然 RRT 算法能够找到可行路径，但它并不能保证找到最优路径。也就是说，算法生成的路径可能不是最短或最平滑的。②计算效率。由于 RRT 算法是基于随机采样的，它的计算效率相对较低。为了找到一条可行路径，可能需要大量的迭代次数和碰撞检测操作。③对步长的敏感性。RRT 算法的扩展步长对算法的性能有很大影响。如果步长过大，可能会导致算法无法找到可行路径；如果步长过小，则会增加算法的计算量。④局部最优问题。在某些情况下，RRT 算法可能会陷入局部最优解，导致无法找到全局最优路径。这通常发生在障碍物密集或环境复杂的情况下。

RRT 算法主要适用于以下三个场景：

1）RRT 算法在高维空间中的路径规划问题中表现尤为出色。在机器人技术中，高维空间通常指的是包含多个自由度（DOF）的配置空间。在这样的空间中，机器人的可能状态数量急剧增加，使得路径规划问题变得异常复杂。传统的网格化或离散化方法在面对高维空间时，会因为计算量过大而难以实施。而 RRT 算法则不需要对整个配置空间进行这样的处理，它通过随机采样和增量式构建搜索树的方式，逐步探索并扩展可能的路径。这种方法大大降低了计算复杂性，使得在高维空间中寻找有效路径成为可能。因此，无论是对于具有多个关节的工业机器人，还是对于在复杂环境中移动的移动机器人，RRT 算法都能提供有效的路径规划解决方案。

2）RRT 算法适用于复杂环境中的路径规划问题。在现实世界中，机器人往往需要面对各种各样的障碍物和环境布局。这些障碍物可能具有不规则的形状，或者可能以复杂的方式排列。传统的路径规划算法往往需要对障碍物的形状和布局进行特定的建模和处理，这使得它们在面对复杂环境时变得捉襟见肘。然而，RRT 算法对障碍物的形状和布局没有特殊要求。它只需要知道障碍物的大致位置和范围，就可以通过随机采样和碰撞检测的方式，在避开障碍物的同时，寻找可行的路径。这种灵活性使得 RRT 算法在处理复杂环境时具有独特的优势。无论是室内环境中的家具、墙壁，还是室外环境中的树木、建筑物，RRT 算法都能有效地处理这些障碍物，为机器人规划出安全的路径。

3）RRT 算法适用于实时性要求不高的场景。尽管 RRT 算法在路径规划方面表现出色，但其计算效率相对较低。这是因为 RRT 算法需要通过大量的随机采样和扩展操作来构建搜索树，并在每次迭代中检查路径的可行性。这个过程可能需要较长的时间，特别是在复杂的环境中或在高维空间中。因此，RRT 算法并不适合实时性要求非常高的场景，如自动驾驶汽车或高速飞行的无人机等。然而，对于实时性要求不高的场景，如离线路径规划或预先规划的场景，RRT 算法则是一个理想的选择。在这些场景中，可以使用 RRT 算法来生成一条可行路径，然后在实际执行过程中进行路径跟踪和控制。这样，虽然规划阶段可能需要较长的时间，但路径一旦生成，机器人就可以按照该路径进行稳定的运动，无须再进行实时的路径规划。

此外，值得注意的是，尽管 RRT 算法在某些方面存在局限性，如计算效率相对较低，但其优点仍然使其在许多场景中成为首选的算法。例如，RRT 算法可以处理复杂的约束条件，如机器人的动力学约束、非完整约束等。这使得它在处理具有复杂运动特性的机器人路径规划问题时具有独特的优势。此外，RRT 算法还可以与其他算法进行结合，如优化算法、学习算法等，以进一步提高其性能和效率。

RRT 算法的复杂度主要取决于以下因素：①迭代次数。RRT 算法需要执行大量的迭代操作来生成搜索树。迭代次数的增加会提高算法找到可行路径的概率，但也会增加算法的计算量。因此，迭代次数是影响算法复杂度的重要因素之一。②维度。RRT 算法适用于高维空间中的路径规划问题。随着维度的增加，算法的计算量和存储需求也会相应增加。因此，维度是影响算法复杂度的另一个重要因素。③碰撞检测。在 RRT 算法中，每次生成新节点时都需要进行碰撞检测操作。碰撞检测的计算量取决于障碍物的数量和复杂性。因此，碰撞检测也是影响算法复杂度的一个重要因素。总体来说，RRT算法的复杂度是比较高的。

7.5.3　RRT* 算法

Rapidly-exploring Random Tree Star (RRT*) 算法是一种高效且渐进最优的路径规划策略。在现代机器人学和自动控制系统中，路径规划已成为一项核心技术，尤其对于需要自主导航至目标点的移动机器人来说，至关重要。随着应用场景的不断扩大，机器人面临的环境越来越复杂，因此对路径规划算法的性能提出了更高的要求。在众多路径规划算法中，RRT* 算法以其高效、灵活和渐进最优的特点，逐渐受到了研究者和工程师的青睐。

RRT* 算法是在经典的 RRT 算法基础上进行改进的一种路径规划算法。与 RRT 算法一样，RRT* 也是基于随机采样的方法，通过逐步扩展搜索树来探索配置空间。然而，RRT* 算法在保持 RRT 算法概率完备性的同时，通过引入局部路径优化机制，使得生成的路径逐渐逼近最优路径。在 RRT 算法的运行过程中，算法首先随机选择一个目标点，并在当前的搜索树中找到离目标点最近的节点。然后，从这个最近节点出发，沿着一个朝向目标点的方向扩展一段距离，生成一个新的节点。这个扩展过程与 RRT 算法类似，但 RRT 算法在生成新节点后，会检查从起始节点到新节点的整条路径，并进行必要的优化。

RRT* 算法的关键在于其局部路径优化机制。当新节点生成后，算法会检查从起始节点到新节点的整条路径，如果发现存在更优的路径段，就会用新的更优路径段替换原有的路径段。这个过程不断重复，直到无法找到更优的路径段。通过这种方式，RRT* 算法能够在搜索过程中逐步优化路径，使得最终生成的路径逐渐逼近最优路径。与 RRT 算法相比，RRT* 算法的优点在于其生成的路径更优，能够适应更复杂的环境和更高的要求。同时，RRT* 算法保持了 RRT 算法的概率完备性，即只要存在可行路径，算法就能找到它。此外，RRT* 算法对障碍物的形状和布局没有特殊要求，只需要提供障碍物的几何信息即可，这使得算法在实际应用中具有很大的灵活性。

与原始 RRT 算法相比，RRT* 算法的关键改进在于引入了重规划和优化步骤。在构建搜索树的过程中，RRT* 不仅关注新节点的添加，还会定期检查已有节点，并根据一定的优化准则对它们进行重新连接。这种重规划过程有助于消除路径中的冗余和不必要的转折，从而提高路径的平滑度和效率。优化准则在 RRT* 算法中起着至关重要的作用。它通常包括路径长度、障碍物避免以及平滑性等因素。通过综合考虑这些因素，RRT* 算法能够在保证路径可行性的同时，尽可能优化路径的质量和性能。此外，算法还采用了代价函数来评估不同路径的优劣，并根据代价函数的结果选择最优路径。在实际应用中，RRT* 算法还需要考虑如何处理障碍物和约束条件。一种常见的方法是使用碰撞检测算法来判断新生成的节点是否与障碍物发生碰撞。如果发生碰撞，则该节点将被丢弃，并重新生成新的节点进行扩展。此外，算法还可以通过在搜索树中引入约束条件来限制节点的扩展范围，从而确保生成的路径满足特定的要求。

RRT* 算法的另一个显著特点是其强大的扩展性和适应性。由于该算法基于采样原理，因此很容易扩展到高维空间，并处理各种复杂的约束条件。这使得 RRT 算法在处理机器人导航、自动驾驶等复杂问题时具有独特的优势。同时，算法还可以根据具体应用场景进行调整和优化，以更好地满足实际需求。

然而，RRT* 算法也存在一定的局限性。由于引入了局部路径优化机制，RRT* 算法的计算量相比 RRT 算法有所增加。尤其是在环境复杂、障碍物众多的情况下，RRT* 算法需要更多的迭代次数和碰撞检测操作才能找到可行路径。此外，RRT* 算法的扩展步长也对算法的性能有一定影响。如果步长过大，可能会导致算法无法找到可行路径；如果步长过小，则会增加算法的计算量。为了克服这些局限性，研究者们提出了一些改进策略。例如，通过优化采样策略来减少碰撞检测次数，提高算法的计算效率；通过自适应调整扩展步长来平衡算法的搜索速度和精度；通过引入并行计算技术来加速搜索过程等。这些改进策略使得 RRT* 算法在实际应用中更加高效和可靠。

RRT* 算法作为一种高效且渐进最优的路径规划策略，在机器人学、无人驾驶、航空航天等领域具有广泛的应用前景。随着技术的不断进步和应用场景的不断扩大，RRT* 算法将在更多领域发挥重要作用，推动自主导航技术的发展。同时，我们也期待着更多创新性的路径规划算法的出现，为机器人和自动控制系统的发展注入新的活力。

7.6　本章小结

本章对路径规划的理论基础与实现原理进行了深入的研究分析，主要包括全局路径规划和局部路径规划两大核心部分。路径规划作为移动机器人导航的基石，对于确保机器人安全、高效地从起点抵达终点具有至关重要的意义。

首先，本章概述了路径规划算法的实现流程。路径规划算法通常包括环境建模、路径搜索和路径优化等步骤。在环境建模阶段，需要根据传感器数据或先验知识构建出机器人所处环境的地图，这通常是基于栅格地图、拓扑地图或特征地图等方式完成的。在路径搜索阶段，算法会根据起点、终点以及环境信息，在地图中搜索出一条可行的路径。路径优化则是在搜索到可行路径后，根据某些评价指标（如路径长度、平滑度、安全性等）对路径进行进一步的优化，以提高机器人的运动效率或降低能耗。

在全局路径规划方面，本章重点研究了 A* 算法的原理和实现过程。A* 算法是一种启发式搜索算法，它结合了最佳优先搜索和 Dijkstra 算法的特点，通过引入启发函数来指导搜索方向，从而在保证找到最优解的同时，提高了搜索效率。对于局部路径规划部分，本章主要分析了 DWA 的实现过程。DWA 是一种常用于移动机器人局部路径规划的算法，它根据机器人的动力学约束和当前环境信息，在机器人的速度空间内采样得到一组可行的速度，并通过评价函数选择最优的速度进行运动。最后，在移动机器人上对全局路径规划和局部路径规划两部分算法进行了实现。通过集成这两部分算法，保证了移动机器人能够生成最优的全局路径，并在实际运行过程中根据环境变化进行动态避障。

通过本章的研究分析，我们深入理解了路径规划的理论基础与实现原理，掌握了全局路径规划和局部路径规划的关键技术。这些研究成果不仅为移动机器人的导航与控制提供了理论支撑，也为未来路径规划算法的优化和创新提供了有益的参考。随着技术的不断进步和应用场景的不断拓展，路径规划将在智能机器人、自动驾驶等领域发挥越来越重要的作用，我们期待在未来能够看到更多创新性的路径规划算法和应用成果。

习题

1. 对于移动机器人而言，路径规划的作用是什么？
2. 全局路径规划算法有哪些？
3. 阐述 Dijkstra 算法的局限性。
4. 写出常用的距离估计函数。
5. 阐述动态窗口法（DWA）的局部路径规划原理。
6. 常用的基于采样的路径规划算法有哪些？
7. 阐述概率路线图算法的流程。
8. RRT* 算法的应用场景有哪些？

第 8 章　神经网络运动规划与控制

　　移动机器人的轨迹跟踪主要是研究在给定的预期轨迹后，机器人如何准确、快速地跟踪到期望轨迹的问题。将移动机器人轨迹跟踪转化为目标优化收敛的研究，其关键是寻找合适的控制求解方法，让受控的移动机器人能够在控制器的控制下快速、稳定且准确地收敛到预期轨迹上。

　　本章首先对移动机器人运动中的几何关系进行分析，基于第 5 章的机器人运动模型，建立移动机器人的轨迹跟踪模型，确定移动机器人的状态量和控制量。其次基于轨迹跟踪模型的控制方法和原理，采用模型预测控制（MPC），将轨迹跟踪问题转化为二次规划的优化问题。最后，针对二次规划优化问题，基于神经动力学方法，设计一种具有指数型时变参数的递归神经网络（PVG-RNN）进行问题优化求解，得到移动机器人轨迹跟踪的控制量，并在 MATLAB 中进行仿真验证。

8.1　运动规划控制理论基础

　　运动规划控制理论在工程领域和科学研究中被广泛应用，例如，机器视觉、机器人控制、机器学习和图像处理等。尤其在实时系统中，许多优化问题可以转化成受等式和多类不等式约束的时变二次规划问题，很多相关的控制算法被引用来求解受约束的二次规划问题。为了解决时变二次规划问题，迫切需要一种快速和高效的求解器。一般来讲，有两种求解器，分别是数值迭代求解器和神经网络求解器。

　　近年来，机械臂的应用越来越多，例如，工厂生产流水线、智能餐饮服务、精准医疗运营和救灾等。上述应用场景要求机器人具有灵活的构型和可选的优化特性。冗余度机器人作为一种柔性机器人，其执行任务时具有较大的自由度。对于一个给定的末端执行任务，冗余度机械臂是首选的，因为它可以在完成子任务的同时执行主要的末端执行器任务。为了实现冗余度机械臂的控制，逆运动学问题是一个不可回避的问题，即给定末端执行器的目标位置时，求出机器人机械臂对应的各个关节的角度。但由于运动学方程中映射函数的非线性，使得求解逆运动学问题的解析解十分困难。此外，冗余度机器人机械臂是一个冗余度机器人系统，存在无穷解。

　　在过去的研究中，为了求解时变二次规划问题，一些数值迭代求解器得到发展，例如，拉格朗日算法和惩罚函数算法等。可是，传统数值迭代方法的一个缺点是它们涉及复杂的迭代运算，由于迭代运算过程很复杂，往往造成很大的计算负担。因此，传统的数值迭代算法不能满足实时性能要求高的实际任务。为了解决实时问题，基于神经网络的求解器被广泛用来求解在实践过程中具有高实时性要求的时变二次规划问题。

8.2 传统控制算法

最近几年，研究人员提出了多种基于神经网络的算法来求解时变二次规划问题，例如，梯度神经网络、零化神经网络等。梯度神经网络通常用来求解带常系数矩阵的二次规划问题，因为它的求解公式里面不包含系数矩阵的导数，所以无法有效追踪时变二次规划问题的实时解。为了满足系统的实时性要求，Zhang 等人提出了零化神经网络来解决受到等式约束的时变二次规划问题。Miao 等人提出了一种有限时间归零神经网络来解决受到等式约束的时变二次规划问题。可是，上面的两种方法只能解决受到等式约束的时变二次规划问题，但不能有效解决带多类不等式约束的时变二次规划问题。为了解决受到不等式约束的时变二次规划问题，Xia 等人设计了一种基于线性变分不等式的原对偶神经网络，而且证明了基于线性变分不等式的原对偶神经网络的全局收敛性。但是，基于线性变分不等式的原对偶神经网络不是总能达到一个指数收敛的速率。因此，迫切需要设计一个能够有效解决受到等式和不等式约束的时变二次规划问题的具有快收敛速度的神经网络。

为了解决受到等式和多类不等式约束的时变二次规划问题，本章提出了一种基于惩罚策略的固参递归神经网络并且给出了惩罚策略的详细设计过程。提出来的基于惩罚策略的固参递归神经网络的优势在于，它具有指数收敛性以及可以解决受到等式和多类不等式约束的时变二次规划问题。

为了求解机械臂逆运动学问题，常用的线性化方法是在速度水平上对逆运动学问题进行修正。近年来，针对冗余度机械臂的逆运动学问题，许多研究人员提出并开发了多种方案。传统的解决方法是伪逆方法，然而伪逆方法不能考虑不等式约束，二次优化准则的设计也比较困难。此外，矩阵伪逆的计算被认为是一项耗时的工作。近年来，基于二次规划的方法吸引了越来越多研究人员的关注，因为二次子任务很容易被设计为二次规划问题的优化准则或等式和不等式约束。

考虑到冗余度机械臂需要重复完成一些给定的任务，如书写、抓取杯子等。在实际应用场景中，当冗余度机械臂完成主要任务时，有必要考虑一些次要任务，包括重复运动规划、末端机器人姿态保持策略和关节极限规避。为了保证冗余度机械臂在完成重复任务时具有相同的精度，在二次规划控制方案中加入了重复运动规划。重复运动规划使得冗余度机械臂各关节的最终状态和初始状态一致。当冗余度机械臂书写或者手抓杯子时，安装在末端执行器处的笔应垂直于工作平面或保持杯子盛满水的方向朝上。冗余度机械臂末端执行器的姿态应该在整个任务周期保持不变。因此，在冗余度机械臂的运动规划方案中还应该考虑末端执行器的姿态保持策略。

在实际应用中，冗余度机械臂的物理极限也一样存在。在传统的伪逆方法上难以考虑关节极限规避。如果运动规划方案中不考虑关节极限规避，产生的一些关节解可能会跑出安全区，末端执行器任务可能会失败。因为大值的关节解会被安全装置锁定，或者机械臂会被损坏，所以在建立冗余度机械臂运动学模型的时候，需要把关节极限约束考虑进来。

8.3 轨迹跟踪理论基础

本书研究的是两轮差分移动机器人系统，是一种典型的非完整系统，其轨迹跟踪控制问题的求解仍得到很多人的研究分析。轨迹跟踪控制方法主要以运动学方程，或同时考虑机器人的动力学建立机器人控制模型，采用非线性控制方法实现。在移动机器人的轨迹跟踪控制方法上主要分为传统控制方法、现代控制方法和智能控制方法三种，常用的方法有滑模控制、自适应控制、反演控制、预测模型控制等。而在实际的机器人系统中，机器人的执行器，即电动机，通常具有饱和约束问题，其输出为有界的。如果对饱和约束不予考虑，会导致机器人的执行器受损或稳定性变差。而在上述多种方法中，多数轨迹跟踪控制方法没有考虑系统的饱和约束问题，其控制性能存在着不稳定性。其中的模型预测控制算法在控制上则考虑了系统执行器的饱和约束，将移动机器人的速度和角速度约束加入控制优化问题的约束条件中，保证了控制量的输出不会超出饱和约束。

因此，本章在轨迹跟踪控制上基于移动机器人的运动学方程和模型预测控制方法，得到机器人轨迹控制模型并将其转化为二次规划的优化问题。在求解二次规划优化问题时，目前常用的求解方法大多数是基于离散数值方法实现的。当其遇到如模型预测控制的预测步长较大导致计算规模较大，以及轨迹跟踪实时性要求较高的二次规划优化问题时，其求解精度和实时性则无法保证。近年来，神经网络的算法具有并行计算和可硬件实现的特点，开始逐渐应用于二次规划的优化问题，如基于梯度法的神经网络（Gradient-based Neural Network，GNN）、原对偶神经网络（Primal-dual Neural Network，PDNN）、零化神经网络（Zeroing Neural Network，ZNN）等。本章将利用神经动力学方法，设计一种具有指数型时变参数的递归神经网络（Power-type Varying Gain Recurrent Neural Network, PVG-RNN），对得到的轨迹跟踪二次规划问题进行求解，实现机器人的轨迹跟踪。

8.4 轨迹跟踪模型

根据式（5-3），两轮差分移动机器人运动学模型如下：

$$\dot{\boldsymbol{X}} = \begin{bmatrix} \dot{x} \\ \dot{y} \\ \dot{\theta} \end{bmatrix} = \begin{bmatrix} \cos\theta & 0 \\ \sin\theta & 0 \\ 0 & 1 \end{bmatrix} \boldsymbol{u} \tag{8-1}$$

其中，$\dot{\boldsymbol{X}}$ 为机器人状态量的时间导数；$\boldsymbol{u} = [v, \omega]^{\mathrm{T}}$ 为移动机器人的控制量。

在跟踪过程中，假设存在一个具有相同控制量的移动机器人参考轨迹运动，根据机器人运动学方程和实际位姿与参考位姿的几何关系，对机器人的轨迹跟踪位姿状态误差模型进行分析，具体如图 8-1 所示。定义机器人的参考轨迹坐标的运动模型如下：

$$\dot{\boldsymbol{X}}_{\mathrm{r}} = \begin{bmatrix} \dot{x}_{\mathrm{r}} \\ \dot{y}_{\mathrm{r}} \\ \dot{\theta}_{\mathrm{r}} \end{bmatrix} = \begin{bmatrix} \cos\theta_{\mathrm{r}} & 0 \\ \sin\theta_{\mathrm{r}} & 0 \\ 0 & 1 \end{bmatrix} \boldsymbol{u}_{\mathrm{r}} \tag{8-2}$$

其中，$(x_\mathrm{r}, y_\mathrm{r}, \theta_\mathrm{r})$ 表示参考轨迹的坐标点；$\boldsymbol{u}_\mathrm{r} = [v_\mathrm{r}, \omega_\mathrm{r}]^\mathrm{T}$ 为移动机器人的参考控制量。

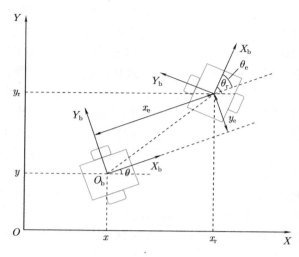

图 8-1 轨迹跟踪位姿状态误差模型

由图 8-1可知，世界坐标系 XOY 与机器人坐标系 $X_\mathrm{b}O_\mathrm{b}Y_\mathrm{b}$ 的角度差为 θ，则两坐标系的转换矩阵为

$$\boldsymbol{R} = \begin{bmatrix} \cos\theta & \sin\theta \\ -\sin\theta & \cos\theta \end{bmatrix} \tag{8-3}$$

基于式（8-1）～ 式（8-3），在坐标系中机器人的位姿状态误差为

$$\boldsymbol{X}_\mathrm{e} = \begin{bmatrix} x_\mathrm{e} \\ y_\mathrm{e} \\ \theta_\mathrm{e} \end{bmatrix} = \begin{bmatrix} \cos\theta & \sin\theta & 0 \\ -\sin\theta & \cos\theta & 0 \\ 0 & 0 & 1 \end{bmatrix} \begin{bmatrix} x_\mathrm{r} - x \\ y_\mathrm{r} - y \\ \theta_\mathrm{r} - \theta \end{bmatrix} \tag{8-4}$$

对位姿误差 $\boldsymbol{X}_\mathrm{e}$ 进行求导得

$$\begin{cases} \dot{x}_\mathrm{e} = \omega y_\mathrm{e} - v + v_\mathrm{r}\cos\theta_\mathrm{e} \\ \dot{y}_\mathrm{e} = -\omega x_\mathrm{e} + v_\mathrm{r}\sin\theta_\mathrm{e} \\ \dot{\theta}_\mathrm{e} = \omega_\mathrm{r} - \omega \end{cases} \tag{8-5}$$

将式（8-5）转化成矩阵形式，移动机器人轨迹跟踪的非线性模型为

$$\dot{\boldsymbol{X}}_\mathrm{e} = \begin{bmatrix} \dot{x}_\mathrm{e} \\ \dot{y}_\mathrm{e} \\ \dot{\theta}_\mathrm{e} \end{bmatrix} = \begin{bmatrix} 0 & \omega & 0 \\ -\omega & 0 & 0 \\ 0 & 0 & 0 \end{bmatrix} \begin{bmatrix} x_\mathrm{e} \\ y_\mathrm{e} \\ \theta_\mathrm{e} \end{bmatrix} + \begin{bmatrix} v_\mathrm{r}\cos\theta_\mathrm{e} - v \\ v_\mathrm{r}\sin\theta_\mathrm{e} \\ \omega_\mathrm{r} - \omega \end{bmatrix} \tag{8-6}$$

对机器人位姿误差导数式（8-6）进行线性化，得到移动机器人轨迹跟踪的线性化模型：

$$\dot{\boldsymbol{X}}_{e} = \begin{bmatrix} 0 & \omega_r & 0 \\ -\omega_r & 0 & v_r \\ 0 & 0 & 0 \end{bmatrix} \bar{\boldsymbol{X}}_e + \begin{bmatrix} 1 & 0 \\ 0 & 0 \\ 0 & 1 \end{bmatrix} \boldsymbol{u}_e \tag{8-7}$$

其中，$\boldsymbol{u}_e$ 为重新定义机器人的控制量，即

$$\boldsymbol{u}_e = \begin{bmatrix} u_1 \\ u_2 \end{bmatrix} = \begin{bmatrix} v_r \cos\theta_e - v \\ \omega_r - \omega \end{bmatrix} \tag{8-8}$$

根据对运动学位姿误差方程的计算求解，得到恰当的控制量输入，对移动机器人指定的参考轨迹进行跟踪控制，实现机器人的位姿状态误差为 $\lim\limits_{t\to\infty}[x_e \quad y_e \quad \theta_e]^{\mathrm{T}} = 0$。

8.5　模型预测控制

模型预测控制的实现过程具体如下：在当前的采样时间域内，根据得到的参考状态信息，将上一步的反馈信息用于在线求解一个多步预测循环的优化问题，并将求解到的控制信息的第一时间序列应用于机器人系统的控制。在下一个采样时刻，重复以上步骤，不断基于参考信息优化求解。具体可以分为三个部分：控制模型、时间域预测和优化求解。

（1）控制模型

在本章的轨迹跟踪控制问题中，机器人对电动机的控制为离散控制，因此，基于欧拉公式，对式（8-7）进行离散化得

$$\bar{\boldsymbol{X}}_e(k+1) = \boldsymbol{A}(k)\bar{\boldsymbol{X}}_e(k) + \boldsymbol{B}(k)\boldsymbol{u}_e(k) \tag{8-9}$$

式中，

$$\boldsymbol{A}(k) = \begin{bmatrix} 1 & \tau\omega_r & 0 \\ -\tau\omega_r & 1 & \tau v_r \\ 0 & 0 & 1 \end{bmatrix}, \boldsymbol{B}(k) = \begin{bmatrix} \tau & 0 \\ 0 & 0 \\ 0 & \tau \end{bmatrix}$$

其中，τ 表示采样时间。

由于式（8-9）中的控制输入是对移动机器人线速度和角速度的直接控制，无法对线速度和角速度进行精确的增量控制，从而无法保证控制过程中的增量突变。因此，对系统 $k+1$ 时刻的状态空间重新定义为

$$\boldsymbol{\xi}(k+1) = \begin{bmatrix} \boldsymbol{X}_e(k+1) \\ \boldsymbol{u}_e(k) \end{bmatrix} \tag{8-10}$$

系统控制量重新定义为

$$\Delta \boldsymbol{u}(k) = \boldsymbol{u}_{e}(k) - \boldsymbol{u}_{e}(k-1) \tag{8-11}$$

根据新的状态空间（8-10）和模型控制量（8-11），忽略移动机器人中的扰动，机器人的跟踪误差系统为

$$\begin{cases} \boldsymbol{\xi}(k+1) = \tilde{\boldsymbol{A}}(k)\boldsymbol{\xi}(k) + \tilde{\boldsymbol{B}}(k)\Delta\boldsymbol{u}(k) \\ \boldsymbol{\eta}(k) = \boldsymbol{C}\boldsymbol{\xi}(k) \end{cases} \tag{8-12}$$

其中，$\boldsymbol{\eta}(k)$ 为 k 时刻的系统输出，

$$\tilde{\boldsymbol{A}}(k) = \begin{bmatrix} \boldsymbol{A}(k) & \boldsymbol{B}(k) \\ \boldsymbol{0}_{2\times 3} & \boldsymbol{I}_{2\times 2} \end{bmatrix}, \tilde{\boldsymbol{B}}(k) = \begin{bmatrix} \boldsymbol{B}(k) \\ \boldsymbol{I}_{2\times 2} \end{bmatrix}, \boldsymbol{C} = \begin{bmatrix} \boldsymbol{I}_{3\times 3} & \boldsymbol{0}_{3\times 2} \end{bmatrix}$$

（2）时间域预测

根据 k 时刻的机器人状态量 $\boldsymbol{\xi}(k)$ 和控制量 $\Delta\boldsymbol{u}(k)$，基于式（8-12），可求解在未来的 $\{k, k+1, k+2, \cdots, k+j, \cdots, k+N_c\}$ 时间域中的系统预测状态，即

$$\{\boldsymbol{\xi}(k+1|k), \boldsymbol{\xi}(k+2|k), \cdots, \boldsymbol{\xi}(k+j|k), \cdots, \boldsymbol{\xi}(k+N_c|k)\} \tag{8-13}$$

其中，$\boldsymbol{\xi}(k+j|k)$ 表示在当前时刻 k 下预测 $k+j$ 时刻的机器人状态量；$N_c > 0$ 为预测时间域的步长。系统加入预测的控制量输出为

$$\{\Delta\boldsymbol{u}(k+1|k), \Delta\boldsymbol{u}(k+2|k), \cdots, \Delta\boldsymbol{u}(k+j|k), \cdots, \Delta\boldsymbol{u}(k+N_c-1|k)\} \tag{8-14}$$

具体地，系统在预测时域为 $N_c - 1$、控制时域为 N_c 的情况下，基于 k 时刻的状态量 $\boldsymbol{\xi}(k|k)$，预测的状态空间（8-13）可以根据控制量空间（8-14）进行预测估计：

$$\begin{cases} \boldsymbol{\xi}(k+1|k) = \tilde{\boldsymbol{A}}(k)\boldsymbol{\xi}(k|k) + \tilde{\boldsymbol{B}}(k)\Delta\boldsymbol{u}(k|k) \\ \boldsymbol{\xi}(k+2|k) = \tilde{\boldsymbol{A}}(k+1)\boldsymbol{\xi}(k+1|k) + \tilde{\boldsymbol{B}}(k+1)\Delta\boldsymbol{u}(k+1|k) \\ \qquad\quad = \tilde{\boldsymbol{A}}(k+1)\tilde{\boldsymbol{A}}(k)\boldsymbol{\xi}(k|k) + \tilde{\boldsymbol{A}}(k+1)\tilde{\boldsymbol{B}}(k)\Delta\boldsymbol{u}(k|k) + \tilde{\boldsymbol{B}}(k+1)\Delta\boldsymbol{u}(k+1|k) \\ \qquad\quad \vdots \\ \boldsymbol{\xi}(k+N_c|k) = \tilde{\boldsymbol{A}}(k+N_c-1)\boldsymbol{\xi}(k+N_c-1|k) + \tilde{\boldsymbol{B}}(k+N_c-1)\Delta\boldsymbol{u}(k+N_c-1|k) \\ \qquad\quad = \boldsymbol{\alpha}(N_c-1, 0)\boldsymbol{\xi}(k+N_c-1|k) + \tilde{\boldsymbol{B}}(k+N_c-1)\Delta\boldsymbol{u}(k+N_c-1|k) + \\ \qquad\qquad \sum_{i=1}^{N_c-1} \boldsymbol{\alpha}(N_c-1, i)\tilde{\boldsymbol{B}}(k+i-1)\Delta\boldsymbol{u}(k+i-1|k) \end{cases} \tag{8-15}$$

其中，$\boldsymbol{\alpha}(a, i) = \prod_{j=i}^{a} \tilde{\boldsymbol{A}}(k+j)$。

将式（8-15）整理为矩阵形式得

$$\boldsymbol{Y}(k) = \boldsymbol{\Psi}\boldsymbol{\xi}(k|k) + \boldsymbol{\Phi}\Delta\boldsymbol{U}(k) \tag{8-16}$$

其中，

$$\boldsymbol{Y}(k) = \begin{bmatrix} \boldsymbol{\xi}(k+1|k) \\ \boldsymbol{\xi}(k+2|k) \\ \vdots \\ \boldsymbol{\xi}(k+N_{\mathrm{c}}|k) \end{bmatrix}, \boldsymbol{\Psi} = \begin{bmatrix} \tilde{\boldsymbol{A}}(k) \\ \tilde{\boldsymbol{A}}(k+1)\tilde{\boldsymbol{A}}(k) \\ \vdots \\ \boldsymbol{\alpha}(N_{\mathrm{c}}-1,0) \end{bmatrix}, \Delta\boldsymbol{U}(k) = \begin{bmatrix} \Delta\boldsymbol{u}(k|k) \\ \Delta\boldsymbol{u}(k+1|k) \\ \vdots \\ \Delta\boldsymbol{u}(k+N_{\mathrm{c}}-1|k) \end{bmatrix}$$

$$\boldsymbol{\Phi} = \begin{bmatrix} \tilde{\boldsymbol{B}}(k) & 0 & \cdots & 0 \\ \tilde{\boldsymbol{A}}(k+1)\tilde{\boldsymbol{B}}(k) & \tilde{\boldsymbol{B}}(k+1) & \cdots & 0 \\ \vdots & \vdots & & \vdots \\ \boldsymbol{\alpha}(N_{\mathrm{c}}-1,1)\tilde{\boldsymbol{B}}(k) & \boldsymbol{\alpha}(N_{\mathrm{c}}-1,2)\tilde{\boldsymbol{B}}(k+1) & \cdots & \tilde{\boldsymbol{B}}(k+N_{\mathrm{c}}-1) \end{bmatrix}$$

（3）优化求解

在实际机器人系统的求解过程中，系统的状态和控制量存在着不同的约束，如电动机的饱和约束、机器人加减速约束等。在求解式（8-15）所述问题时需要考虑控制量和控制增量约束，因此，可以将式（8-15）的求解转化为优化问题，具体如下：

$$\min_{\Delta\boldsymbol{u}(k)} \boldsymbol{J}(k) = \sum_{j=1}^{N_{\mathrm{p}}} \boldsymbol{\xi}^{\mathrm{T}}(k+j|k)\boldsymbol{Q}\boldsymbol{\xi}(k+j|k) + \sum_{j=0}^{N_{\mathrm{c}}-1} \Delta\boldsymbol{u}^{\mathrm{T}}(k+j|k)\boldsymbol{R}\Delta\boldsymbol{u}(k+j|k)$$

$$\text{s.t.} \quad \boldsymbol{\xi}_{\min} \leqslant \boldsymbol{\xi}(k+j|k) \leqslant \boldsymbol{\xi}_{\max}, \forall j = 0, \cdots, N_{\mathrm{c}}-1 \tag{8-17}$$

$$\boldsymbol{u}_{\min} \leqslant \boldsymbol{u}(k+j|k) \leqslant \boldsymbol{u}_{\max}, \forall j = 0, \cdots, N_{\mathrm{c}}-1$$

$$\Delta\boldsymbol{u}_{\min} \leqslant \Delta\boldsymbol{u}(k+j|k) \leqslant \Delta\boldsymbol{u}_{\max}, \forall j = 0, \cdots, N_{\mathrm{c}}-1$$

其中，$\boldsymbol{Q}$ 和 $\boldsymbol{R}$ 为权重矩阵；$\boldsymbol{\xi}_{\min}$ 和 $\boldsymbol{\xi}_{\max}$ 分别为系统状态量的最小值和最大值；$\boldsymbol{u}_{\min}$ 和 $\boldsymbol{u}_{\max}$ 分别为控制量输出的最小值和最大值；$\Delta\boldsymbol{u}_{\min}$ 和 $\Delta\boldsymbol{u}_{\max}$ 分别为控制量增量的最小值和最大值。

结合式（8-17）和优化问题得

$$\min_{\Delta\boldsymbol{U}(k)} \boldsymbol{J}(\Delta\boldsymbol{U}(k)) = ||\boldsymbol{Y}(k) - \boldsymbol{Y}_{\mathrm{ref}}(k)||_{\boldsymbol{Q}}^2 + ||\Delta\boldsymbol{U}(k)||_{\mathrm{R}}^2 \tag{8-18}$$

相应的约束为

$$\boldsymbol{Y}_{\min} \leqslant \boldsymbol{\xi}(k) \leqslant \boldsymbol{Y}_{\max}$$

$$\boldsymbol{U}_{\min} \leqslant \boldsymbol{U}(k) \leqslant \boldsymbol{U}_{\max} \tag{8-19}$$

$$\Delta\boldsymbol{U}_{\min} \leqslant \Delta\boldsymbol{U}(k) \leqslant \Delta\boldsymbol{U}_{\max}$$

其中，$Y_{ref}(k) = 0$ 为参考状态位姿误差；Y_{min} 和 Y_{max} 分别为系统状态量矩阵的最小值和最大值；U_{min} 和 U_{max} 分别为控制量输出矩阵的最小值和最大值；ΔU_{min} 和 ΔU_{max} 分别为控制量增量矩阵的最小值和最大值。

定义 $E(k) = \Psi\xi(k) - \Psi\xi_r(k) = \Psi\xi(k) - Y_{ref}(k)$，则 $Y(k) - Y_{ref}(k) = E(k) + \Phi\Delta U(k)$，代入式（8-18）并展开得

$$
\begin{aligned}
J(\Delta U(k)) =& (Y(k) - Y_{ref}(k))^T Q(Y(k) - Y_{ref}(k)) + \Delta U(k)^T R \Delta U(k) \\
=& (E(k) + \Phi\Delta U(k))^T Q(E(k) + \Phi\Delta U(k)) + \Delta U(k)^T R \Delta U(k) \\
=& E^T(k)QE(k) + (\Phi\Delta U(k))^T Q(\Phi\Delta U(k)) + 2E^T(k)Q(\Phi\Delta U(k)) + \\
& \Delta U^T(k)R\Delta U(k)
\end{aligned}
\tag{8-20}
$$

忽略式（8-20）中与待优化的控制量无关的矩阵项，对公式进行化简，得

$$
\begin{aligned}
J(\Delta U(k)) =& (\Phi\Delta U(k))^T Q(\Phi\Delta U(k)) + 2E^T(k)Q(\Phi\Delta U(k)) + \Delta U^T(k)R\Delta U(k) \\
=& \Delta U^T(k)(\Phi^T Q\Phi + R)\Delta U(k) + 2E^T(k)Q\Phi\Delta U(k) \\
=& \frac{1}{2}\Delta U^T(k)A\Delta U(k) + f^T\Delta U(k)
\end{aligned}
\tag{8-21}
$$

其中，$A = 2(\Phi^T Q\Phi + R)$；$f^T = 2E^T(k)Q\Phi$。

联合式（8-19）和约束（8-21），并转化为标准的二次规划优化问题：

$$
\begin{aligned}
& \min_{\Delta U(k)} \quad \frac{1}{2}\Delta U^T(k)A\Delta U(k) + f^T\Delta U(k) \\
& \text{s.t.} \quad F\Delta U(k) \leqslant b \\
& \qquad \Delta U_{min} \leqslant \Delta U(k) \leqslant \Delta U_{max}
\end{aligned}
\tag{8-22}
$$

其中，

$$
F = \begin{bmatrix} I_{2N_c \times 2N_c} \\ -I_{2N_c \times 2N_c} \\ \Phi \\ -\Phi \end{bmatrix}, b = \begin{bmatrix} U_{max} - U(k-1) \\ -U_{min} + U(k-1) \\ Y_{max} - \Psi\xi(k) \\ -Y_{min} + \Psi\xi(k) \end{bmatrix}
\tag{8-23}
$$

通过求解二次规划优化问题（8-22），得到预测时域内的控制增量序列 ΔU，将序列的第一个控制增量 $\Delta u(k|k)$ 作为机器人轨迹跟踪的控制增量，并通过 $u_e(k) = u_e(k-1) + \Delta u(k|k)$ 得到最终的控制量，实现机器人轨迹跟踪控制。

8.6　变参递归神经网络

8.6.1　不等式约束二次规划问题

变参递归神经网络是基于神经动力学的方法，可以用于求解 8.5 节中得到的二次规划优化问题。由于得到的二次规划优化问题（8-22）具有不等式约束，传统的递归经网络无法直接求解。为了得到问题的最优解，本节采样了一种惩罚策略，将不等式约束等价转化为优化函数中的惩罚项，与优化函数一起求解。

首先，将二次规划优化问题（8-22）的双边约束转化为单边约束，得

$$\min_{\Delta \boldsymbol{U}} \quad \frac{1}{2}\Delta \boldsymbol{U}^{\mathrm{T}} \boldsymbol{A} \Delta \boldsymbol{U} + \boldsymbol{f}^{\mathrm{T}} \Delta \boldsymbol{U} \tag{8-24}$$

$$\text{s.t.} \quad \boldsymbol{K} \Delta \boldsymbol{U} \leqslant \boldsymbol{d} \tag{8-25}$$

其中，

$$\boldsymbol{K} = \begin{bmatrix} \boldsymbol{F} \\ \boldsymbol{I} \\ -\boldsymbol{I} \end{bmatrix}, \boldsymbol{d} = \begin{bmatrix} \boldsymbol{b} \\ \boldsymbol{U}_{\max} \\ \boldsymbol{U}_{\min} \end{bmatrix} \tag{8-26}$$

其次，定义惩罚函数为

$$P(\Delta \boldsymbol{U}) = p \sum_{i=1}^{m} (\mathrm{e}^{-\sigma N_i \Delta \boldsymbol{U}}), \ \sigma > 0, \ p \gtrsim 0 \tag{8-27}$$

其中，p 为惩罚因子；$N_i = d_i - K_i \Delta \boldsymbol{U}$ 且 $i = 1, 2, \ldots, m$。利用所设计的惩罚函数（8-27），二次规划问题（8-24）中的不等式约束条件可以等价转化成优化目标函数中的惩罚项 $P(\Delta \boldsymbol{U})$。其具体思想如下：若求得解 $\Delta \boldsymbol{U}$ 满足不等式约束条件 (8-25)，根据指数函数的性质，惩罚函数 $P(\Delta \boldsymbol{U})$ 的值是一个大于零且接近零的数；否则，惩罚函数 $P(\Delta \boldsymbol{U})$ 的值是一个远大于零的数，此时 $P(\Delta \boldsymbol{U})$ 项将在目标函数中起到惩罚的作用，使得解 $\Delta \boldsymbol{U}$ 不超出其可行域。

因此，惩罚函数 $P(\Delta \boldsymbol{U})$ 的性质可以总结如下：

$$\begin{cases} P(\Delta \boldsymbol{U}) \approx 0, & N_i \geqslant 0 \\ P(\Delta \boldsymbol{U}) \gg 0, & N_i < 0 \end{cases}$$

基于设计的惩罚函数 $P(\Delta \boldsymbol{U})$，将具有不等式约束的二次规划问题（8-25）转化为无不等式约束的二次规划问题：

$$\min_{\Delta \boldsymbol{U}} J(\Delta \boldsymbol{U}) = \frac{1}{2}\Delta \boldsymbol{U}^{\mathrm{T}} \boldsymbol{A} \Delta \boldsymbol{U} + \boldsymbol{f}^{\mathrm{T}} \Delta \boldsymbol{U} + \boldsymbol{P}(\Delta \boldsymbol{U}) \tag{8-28}$$

对式（8-28）进行求解，对 $\Delta \boldsymbol{U}$ 求导得

$$\frac{J(\Delta \boldsymbol{U})}{\Delta \boldsymbol{U}} = \boldsymbol{A} \Delta \boldsymbol{U} + \boldsymbol{f} + p\sigma \sum_{i=1}^{m} (\mathrm{e}^{-\sigma N_i} \boldsymbol{K}_i^{\mathrm{T}}) = 0 \tag{8-29}$$

最后，整理式（8-29），得到待求解的线性时变方程问题：

$$\boldsymbol{A}\boldsymbol{x}(t) + \boldsymbol{b} = 0 \tag{8-30}$$

其中，$\boldsymbol{b} = \boldsymbol{f} + p\sigma \sum\limits_{i=1}^{m}(\mathrm{e}^{-\sigma N_i}\boldsymbol{K}_i^{\mathrm{T}})$；$\boldsymbol{x}(t) = \Delta\boldsymbol{U}$。

8.6.2 变参递归神经网络求解算法

为了求解得到的线性时变方程问题（8-30），首先定义误差函数：

$$\boldsymbol{e}(t) := \boldsymbol{A}\boldsymbol{x}(t) + \boldsymbol{b} \tag{8-31}$$

当误差函数 $\boldsymbol{e}(t)$ 逼近零时，可以获得该时变矩阵方程的最优解 $\boldsymbol{x}(t)$。参考之前的变参神经网络动力学设计 (Varying-Parameter Neural Dynamic Design, VP-NDD) 法则，即当误差函数对时间 t 的一阶导数小于零，误差函数 $\boldsymbol{e}(t)$ 最终可以收敛到零，其一阶导数设计为

$$\dot{\boldsymbol{e}}(t) = -\boldsymbol{g}(t)\boldsymbol{F}(\boldsymbol{e}(t)) \tag{8-32}$$

其中，$\boldsymbol{g}(t) = t^{\lambda} + \lambda$ 为设计的指数型时变增益系数，$\lambda > 0$ 为时变参数的调整系数，其作用是调整误差函数的收敛速度；$\boldsymbol{F}(\cdot) : \mathbf{R}^n \to \mathbf{R}^n$ 为激活函数，为了实现误差函数的导数保持小于零，激活函数 $\boldsymbol{F}(\cdot)$ 必须是单调且递增的奇函数形式，常用的四种符合条件的激活函数如下。

（1）线性激活函数

$$\boldsymbol{F}_1(\boldsymbol{x}) = \boldsymbol{x} \tag{8-33}$$

（2）sigmoid 型激活函数

$$\boldsymbol{F}_2(\boldsymbol{x}) = \frac{1 - \exp(-\zeta)}{1 + \exp(-\zeta)}\frac{1 + \exp(-\zeta\boldsymbol{x})}{1 - \exp(-\zeta\boldsymbol{x})} \tag{8-34}$$

（3）幂型激活函数

$$\boldsymbol{F}_3(\boldsymbol{x}) = \boldsymbol{x}^{\mu} \tag{8-35}$$

（4）幂 sigmoid 型激活函数

$$\boldsymbol{F}_4(\boldsymbol{x}) = \begin{cases} \boldsymbol{x}^{\mu}, & |\boldsymbol{x}| > 1 \\ \dfrac{1 - \exp(-\zeta)}{1 + \exp(-\zeta)}\dfrac{1 + \exp(-\zeta\boldsymbol{x})}{1 - \exp(-\zeta\boldsymbol{x})}, & |\boldsymbol{x}| \leqslant 1 \end{cases} \tag{8-36}$$

将式（8-32）代入式（8-31）得

$$\boldsymbol{A}\dot{\boldsymbol{x}}(t) = -(t^{\lambda} + \lambda)\boldsymbol{F}(\boldsymbol{A}\boldsymbol{x}(t) + \boldsymbol{b}) - \dot{\boldsymbol{b}} \tag{8-37}$$

其中，$\dot{\boldsymbol{b}} = -p\sigma^2 \sum\limits_{i=1}^{m}(\mathrm{e}^{-\sigma N_i}\boldsymbol{K}_i^{\mathrm{T}}\boldsymbol{K}_i\dot{\boldsymbol{x}})$。

合并式（8-37）中的同类项，可以得到最终的 PVG-RNN 为

$$\boldsymbol{M}\dot{\boldsymbol{x}}(t) = -(t^{\lambda} + \lambda)\boldsymbol{F}(\boldsymbol{A}\boldsymbol{x}(t) + \boldsymbol{b}) \tag{8-38}$$

其中，$\boldsymbol{M} = \boldsymbol{A} + p\sigma^2 \sum\limits_{i=1}^{m}(\mathrm{e}^{-\sigma N_i}\boldsymbol{K}_i^{\mathrm{T}}\boldsymbol{K}_i)$。

为了进一步得到模型的网络结构，将其第 i 项展开：

$$\dot{x}_i(t) = \sum_{j=1}^{N_c}(\epsilon_{ij} - m_{ij})\dot{x}_j(t) - (t^{\lambda} + \lambda)\boldsymbol{F}(\sum_{j=1}^{N_c}a_{ij}x_j(t) + b_i) \tag{8-39}$$

其中，ϵ_{ij} 表示单位矩阵的第 i 行和第 j 列元素；m_{ij} 表示矩阵 $\boldsymbol{M}$ 的第 i 行和第 j 列元素。通过式（8-39）可以分析得到该神经网络的拓扑结构，如图 8-2所示。

从图 8-2可以看到，本章所设计的 PVG-RNN 是一种单层全连接结构的递归神经网络结构，属于 Hopfield 神经网络中的一种，可以用常微分方程来描述。通过求解计算 PVG-RNN 模型（8-38）的结果，可以得到逼近真实结果的 $\boldsymbol{x}(t)$，从而得到控制增量 $\Delta \boldsymbol{U}$，取求解结果中的前两项代入式（8-12），求解得到机器人下一时刻的状态量 $\boldsymbol{\xi}(k+1)$，最终分别得到机器人的位姿值和实时控制量输出，实现移动机器人的轨迹跟踪。

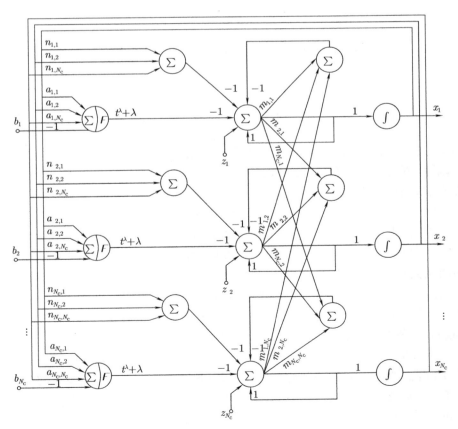

图 8-2　PVG-RNN 拓扑结构图

8.7 计算机仿真验证

本节通过 5 个仿真实验验证了 PVG-RNN 模型跟踪轨迹的准确性和效率。参考轨迹如图 8-3 所示，实验中的 8 字形参考轨迹描述为

$$\begin{cases} x_{\mathrm{R}}(t) = 1.1 + 0.6\sin\left(\dfrac{2\pi t}{40}\right) \\ y_{\mathrm{R}}(t) = 0.9 + 0.3\cos\left(\dfrac{4\pi t}{40}\right) \end{cases} \tag{8-40}$$

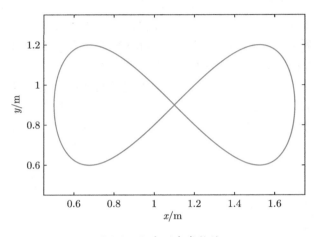

图 8-3　8 字形参考轨迹

8.7.1 不同激活函数对 PVG-RNN 模型的影响

为了分析不同激活函数对模型性能的影响，在 PVG-RNN 模型中应用了三种不同的激活函数 (线性、幂型和幂 sigmoid 型)。

在本实验中，采样间隔设为 $\tau = 0.05\mathrm{s}$。这意味着跟踪任务的周期被划分为 800 个步长。机器人的参考初始状态变量为 $[1.1, 0.90, 0.8]$，实际初始状态变量为 $[1.1, 0.95, 0.8]$。这意味着在 y 轴方向上有一个初始误差。权矩阵为 $\boldsymbol{Q}_{\mathrm{C}} = 30\boldsymbol{I}_{5\times5}$，$\boldsymbol{R}_{\mathrm{C}} = \boldsymbol{I}_{3\times3}$。如图 8-4a 所示，虽然实际角速度可以快速收敛到参考角速度，但在 PVG-RNN 模型中使用线性激活函数时，实际线速度曲线在初始阶段出现振荡。这种现象可能会导致系统不稳定，在实际工程中是没有预料到的。如图 8-4b 和图 8-4c 所示，采用幂型和幂 sigmoid 型激活函数的方法可以很好地跟踪线速度和角速度，并且不存在振动问题。因此，幂型和幂 sigmoid 型激活函数都可以作为 PVG-RNN 模型的激活函数。

计算机模拟结果见表 8-1。表 8-1第 2 行 t 表示三个激活函数 800 步所需的计算时间，第 3 行表示状态变量的最大稳态误差 (MSES)，第 4 行表示控制变量的最大稳态误差 (MSEC)。随着激活函数计算复杂度的增加，所需的计算时间也增加。其中，线性激活函数的计算时间最少，幂型激活函数的计算时间次之。线性激活函数的最大稳态误差最大，幂型激活函数的最大稳态误差最小。因此，本节采用幂型函数作为激活函数。

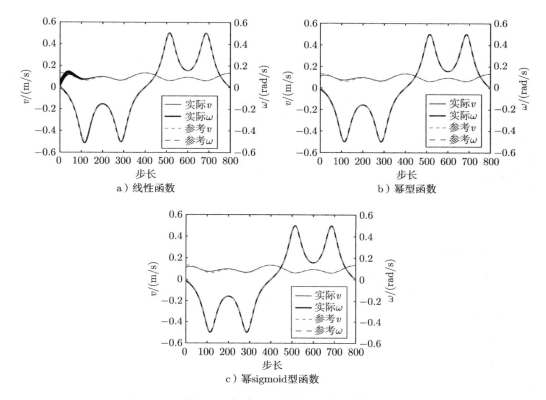

图 8-4　三种激活函数作用下的实际速度和参考速度曲线

表 8-1　不同激活函数下 PVG-RNN 模型的计算时间和 MSE

比较项	线性	幂型	幂 sigmoid 型
t/s	21.15	24.18	26.57
MSES	8.5×10^{-3}	4.5×10^{-3}	4.7×10^{-3}
MSEC	1.1×10^{-2}	8.1×10^{-3}	8.2×10^{-3}

8.7.2　步长对预测水平的影响

N_C 是预测时域的步长，也就是说，状态变量和控制变量在下一段时间内被提前预测。增大预测时域的步长可以在一定程度上提高整体预测精度，但每一步的计算量也相应增加。在本实验中，比较了不同预测时域步长 N_C 的影响，以找到最优的预测水平。本实验采用幂型函数作为激活函数。采样间隔和初始状态与上次实验相同。如表 8-2 所示，随着预测时域步长 N_C 的增加，最大稳态误差略有减小。但是，可以清楚地看到，800 步所需的时间也在逐渐增加。其中，当 N_C 为 20 时，最大稳态误差相对较小，所需时间相对较小。因此，本节采用 20 作为预测时域的步长。

表 8-2　不同步长预测时域所需时间和均方差

N_C	10	20	30	40	50	60
t/s	21.99	24.18	29.91	38.79	51.83	64.65
MSES	8.1×10^{-3}	4.5×10^{-3}	4.5×10^{-3}	4.2×10^{-3}	3.9×10^{-3}	3.8×10^{-3}
MSEC	9.0×10^{-3}	8.1×10^{-3}	7.9×10^{-3}	8.0×10^{-3}	8.0×10^{-3}	7.6×10^{-3}

8.7.3　8字形轨迹跟踪

经过前两节的讨论，选择幂型函数为激活函数，采样间隔 τ 设为 0.05s，预测时域 N_C 步长设为 20，机器人初始状态为 [1.1,0.95,0.8]，初始控制量为 [0,0]。仿真结果如图 8-5 所示。如图 8-5a 所示，实际轨迹可以跟踪参考轨迹，误差保持在相对较小的范围内。如图 8-5b 所示，一开始存在一个位置误差和一个角度误差。经过一段时间后，位置误差和角度误差收敛到接近零。如图 8-5c 和 8-5d 所示，线速度和角速度从 0 开始，并迅速跟上参考速度。在与参考速度保持一致后，也能保持在一定的误差范围内。实验结果表明，所提出的 PVG-RNN 能够快速稳定地解决跟踪问题。

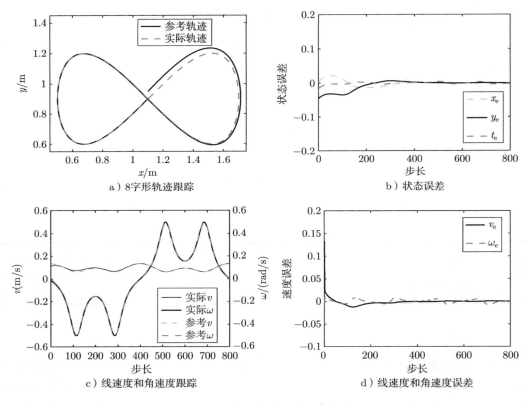

图 8-5　8 字形轨迹跟踪仿真实验

8.7.4　不同初始状态下的轨迹跟踪实验

为了验证该算法在不同初始位置和角度下的 8 字形轨迹跟踪效果，进行了 4 次不同初始状态的实验。初始位置和角度 $[x,y,\theta]$ 分别为 [1.1,0.9,0.8]、[1.1,0.9,1.0]、[1.1,0.95,0.8]、[1.15,0.9,0.8]。不同初始状态下的跟踪轨迹如图 8-6所示。图 8-6a 所对应的初始状态与参考轨迹的初始状态基本相同。结果表明，该算法在该初始状态下能够很好地跟踪参考轨迹。图 8-6b 为有角度误差的初始状态，图 8-6c 为有 y 轴误差的初始状态，图 8-6d 为有 x 轴误差的初始状态。可以看出，由于初始误差的存在，实际轨迹一开始并不在参考轨迹上，但随着误差的收敛，实际轨迹逐渐跟踪参考轨迹。实验表明，在存在初始误差的情况下，本章算法仍能跟踪参考轨迹。

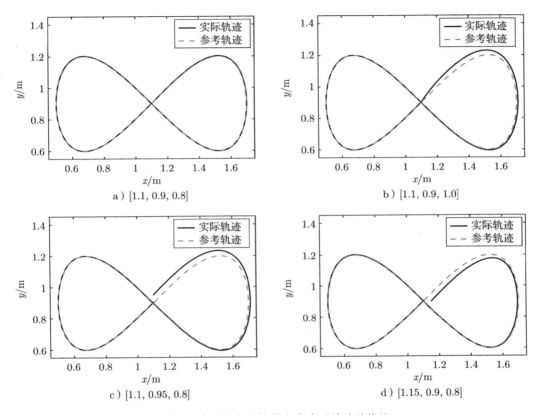

图 8-6　在不同初始位置和角度下的跟踪轨迹

8.7.5　与基于 LVI-PDNN 方法的比较

在本节中，通过实验将本章提出的 PVG-RNN 方法的轨迹跟踪性能与基于 LVI-PDNN 的方法进行比较。将这两种方法应用于圆轨迹跟踪问题，比较了它们的性能。本实验的圆形参考轨迹描述为

$$\begin{cases} x_{\mathrm{R}}(t) = 2\sin\left(\dfrac{\pi t}{10}\right) \\ y_{\mathrm{R}}(t) = 2 + 2\cos\left(\dfrac{\pi t}{10}\right) \end{cases} \tag{8-41}$$

本实验的采样间隔为 0.1s。这意味着跟踪任务的周期被分成 200 步。预测时域为 5，权重矩阵为 $\boldsymbol{Q} = \boldsymbol{I}_{5\times5}$ 和 $\boldsymbol{R} = 0.1\boldsymbol{I}_{5\times5}$。两种方法对同一圆轨迹的跟踪结果如图 8-7 所示。由图可知，两种方法都能收敛到圆形轨迹，但在收敛过程中，本章方法的状态误差小于基于 LVI-PDNN 的方法。根据以往的实验，增加预测水平可以提高收敛精度，同时也增加了计算时间。两种方法在不同预测水平下所需的计算时间见表 8-3。在相同的

预测水平下，本章方法的计算时间比基于 LVI-PDNN 的方法要短。两种方法的计算时间都随着预测时域的增加而增加。但是，当预测时域增加相同大小时，LVI-PDNN 的计算时间比本章方法增加得多。当预测层数大于 15 时，LVI-PDNN 的计算时间长于 20s。也就是说，单步所需的时间长于 0.1s 的采样间隔。

与基于 LVI-PDNN 的方法相比，该方法具有更小的状态误差和更少的计算时间。因此，它更适合于实际应用。

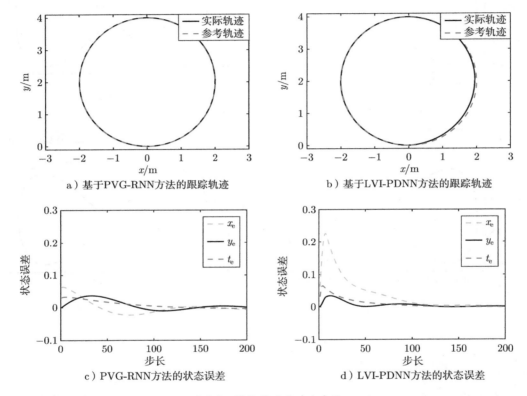

a）基于PVG-RNN方法的跟踪轨迹　　　　b）基于LVI-PDNN方法的跟踪轨迹

c）PVG-RNN方法的状态误差　　　　　d）LVI-PDNN方法的状态误差

图 8-7　圆轨迹跟踪对比实验

表 8-3　两种方法在预测时域所需的时间

（单位：s）

N_C	5	10	15	20
PVG-RNN	4.73	4.81	5.04	5.26
LVI-PDNN	8.00	20.81	74.95	394.22

8.8　实体机器人轨迹跟踪实验

在本节中，将提出的 PVG-RNN 算法在实体移动机器人上实现，对 8 字形轨迹进行跟踪，进一步验证算法的实用性和实时性。移动机器人基于速度反馈和角度反馈，采用 PVG-RNN 算法实时计算控制变量。根据计算出的控制变量，控制移动机器人沿指定轨迹运动。实体移动机器人如图 8-8 所示。为了绘制运动路径，在移动机器人平台驱动轮运动中心点上方放置一个红色标记，作为轨迹标定对象。

图 8-8　实体移动机器人

　　具体要跟踪的轨迹是 8.7.3 节描述的 8 字形轨迹。模型预测控制的实际范围、采样区间以及相关的矩阵系统与前面的总结一致。假设移动机器人的初始姿态为 $[1.1, 0.9, 0.8]$。抽样间隔设为 $\tau = 0.05$s。在实验过程中，移动机器人平台从参考起点出发，在设定的参考轨迹上进行 8 字形轨迹跟踪控制。图 8-9 显示了 8 字形轨迹跟踪的实验过程。移动机器人从初始位置出发，按照设定的参考轨迹移动。可以清楚地看到，实际轨迹与参考轨迹基本重合。最后，移动机器人根据参考速度完成 8 字形轨迹跟踪。

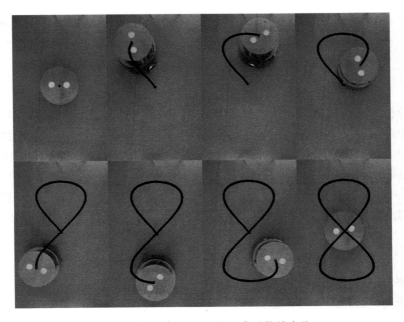

图 8-9　移动机器人跟踪 8 字形轨迹实验

在本实验中，移动机器人的真实角度可以通过 IMU 获得，真实的线速度和角速度可以通过两个车轮编码器的速度转换得到。然而，如果系统想要获得机器人的真实位置，就必须增加新的硬件设备和设计定位算法，这将增加系统控制的复杂性。因此，将当前时刻对下一时刻的预测位置状态视为下一时刻的真实位置。

移动机器人将 PVG-RNN 求解器解出的控制值转换为车轮的速度，并将速度输入车轮驱动程序中。同时，移动机器人还从车轮编码器获得每个时间间隔的实时速度和 IMU 的实时角度，以便下一次计算。通过速度反馈和角度反馈，可以有效地抑制外部干扰引起的速度误差和角度误差。参考角度和实际角度如图 8-10a 所示。实际角度与参考角度曲线基本重合。实验结果表明，该算法能很好地跟踪参考速度。参考速度和实际速度如图 8-10b 所示。虽然实际速度反馈在整个过程中存在一定的噪声，但机器人可以有效地跟踪参考速度曲线。开始时速度有误差，但实际速度很快收敛于参考速度曲线。实验证明，所提出的 PVG-RNN 可以有效地解决轨迹跟踪问题。同时，加入角度反馈和速度反馈，提高了控制精度。

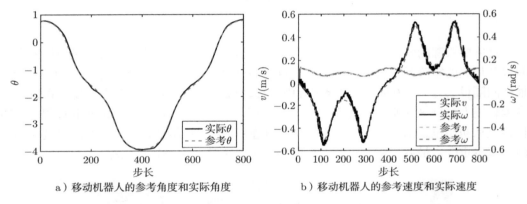

a）移动机器人的参考角度和实际角度　　　b）移动机器人的参考速度和实际速度

图 8-10　角度反馈和速度反馈

8.9　本章小结

本章分析了移动机器人运动中的几何关系，基于机器人运动学模型，建立移动机器人的轨迹跟踪位姿误差模型。针对轨迹跟踪位姿误差模型的控制，本章采用模型预测控制（MPC）作为虚拟控制器并进行了详细的数学理论模型推导，将轨迹跟踪问题转化为二次规划的优化问题。针对轨迹跟踪的二次规划优化问题，本章应用了神经动力学方法，设计了一种具有指数型时变参数的递归神经网络（PVG-RNN）进行问题优化求解，并在 MATLAB 中进行直线和圆形的轨迹跟踪仿真实验，成功验证了算法的有效性。

习题

1. 简要叙述模型预测控制的原理。
2. 传统的轨迹跟踪方法有哪些？
3. 请写出式（8-4）求导得到式（8-5）的具体过程。

4. 请推导出式（8-6）线性化得到式（8-7）的过程。

5. 如何对式（8-7）进行离散化？

6. 为什么求解过程中要求解速度的增量而不是直接求解速度？

7. 优化目标函数中的惩罚项具有什么样的性质？

8. 请用 MATLAB 画出线性型、sigmoid 型、幂型和幂 sigmoid 型激活函数的曲线。

第 9 章　移动机器人人机交互

　　移动机器人的人机交互是指移动机器人通过各种交互手段与人类用户进行信息交流和任务协作的过程。这一领域结合了机器人技术、人机交互技术、人工智能、心理学和社会学等多个学科的知识，旨在使机器人更加自然、高效地与人类协同工作和生活。人机交互存在多种交互模式，高级的人机交互系统会尝试模拟情感交流，通过语调、表情、动作等方式表达"情感"，增强用户的沉浸感和互动体验。设计直观易用的用户界面，确保不同年龄段和技能水平的用户都能轻松与机器人交互，这包括图形界面、语音反馈、物理按钮等。移动机器人的人机交互是一个多维度、高度综合的研究领域，目标是建立和谐、高效的机器人–人类合作关系，推动机器人技术在社会各领域的广泛应用。本章主要介绍人机交互的概念、研究内容、发展历史以及部分应用实例。

9.1　人机交互概述

　　人机交互是一门综合学科，与认识心理学、人机工程学、多媒体技术、虚拟现实技术等密切相关。其中，认识心理学与人机工程学是人机交互技术的理论基础，而多媒体技术、虚拟现实技术与人机交互是相互交叉和渗透的。

9.1.1　什么是人机交互

　　人机交互，作为连接人类与机器之间的桥梁，在当今数字化时代扮演着举足轻重的角色。其应用广泛，涉及工业控制、医疗诊断、智能家居、娱乐休闲等多个领域，不仅提高了工作效率，也极大地丰富了人们的日常生活。而其工作原理则基于对用户输入的识别、解释和响应，实现了人与机器之间的无缝沟通。

　　在工业控制领域，人机交互的应用显得尤为重要。例如，现代化的生产线往往配备了智能控制系统，工人可以通过触摸屏或语音指令来操作机器，实现自动化生产。这种交互方式不仅提高了生产效率，还降低了人为操作错误的风险。同时，通过实时监控和数据分析，人机交互系统还能帮助管理者及时发现生产过程中的问题，从而采取相应措施进行调整和优化。在医疗领域，人机交互技术的应用也取得了显著成果。医疗机器人能够为患者自动测量血压，如图 9-1 所示。甚至有些医疗机器人可以协助医生进行手术操作，通过精确的控制系统和传感器，实现对患者病灶的精准定位和治疗。此外，智能语音助手（图 9-2）可以帮助医生快速查阅病历、诊断病情，提高了工作效率。而对于患者来说，人机交互系统则提供了更加便捷和个性化的医疗服务体验，如在线问诊、健康管理等。智能家居领域是人机交互技术的又一重要应用场景。通过智能音箱、手机 APP 等终端设备，用户可以轻松实现对家中灯光、空调、安防系统等设备的远程控制。这种人机交互方式不仅提高了生活的便利性，还使得家居环境更加舒适和安全。同时，智能家居系统还能根据用户的习惯和需求进行智能调节，如自动调节室内温度、湿度等，为用户创造一个更加宜居的生活环境。娱乐休闲领域同样是人机交互技术大展拳脚的舞台。游戏、音乐、影视等娱乐产品通过运用先进的交互技术，为用户带来了沉浸式的体验。虚拟现实、增强现实等技术使得用户可以身临其境地感受游戏或影片中的场景，而智能音响和语音助手则能为用户带来更加便捷的音乐和影视播放体验。此外，人机交互技术还在社交领域发挥着重要作用，通过视频通话、语音聊天等方式，人们可以跨越地域限制，实现远程交流和互动。

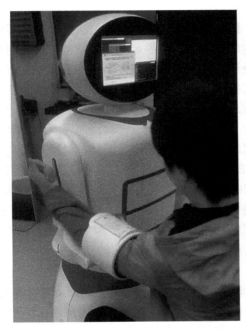

图 9-1　智能医疗机器人测量血压

图 9-2　语音交互

　　人机交互的工作原理基于对用户输入的识别、解释和响应。首先，系统通过传感器、摄像头、麦克风等设备捕捉用户的输入信号，如手势、语音、触摸等。然后，这些信号被转化为计算机可识别的数据格式，并经过算法处理和分析，以理解用户的意图和需求。最后，系统根据用户的需求生成相应的输出响应，如控制指令、文本信息、图像显示等，以实现与用户的交互。在这个过程中，人工智能技术发挥着关键作用。通过机器学习和深度学习等技术，人机交互系统能够不断优化和改进对用户输入的理解和响应方式，提高交互的准确性和效率。同时，随着技术的不断进步，人机交互系统也在逐步拓展其应用领域和功能范围，以满足人们日益增长的需求。人机交互的应用和工作原理不仅展现了技术的力量，也体现了人类智慧与创新。它使得人与机器之间的沟通更加自然、高效和智能，为人们的生活和工作带来了极大的便利。随着技术的不断发展，人机交互将在更多领域发挥重要作用，推动社会进步和发展。

9.1.2 人机交互的研究内容

人机交互的研究内容十分广泛，涵盖了建模、设计、评估等理论和方法，以及在Web、移动计算、虚拟现实等方面的应用研究，下面将进一步详细介绍。

1. 人机交互界面表示模型与设计方法

人机交互界面表示模型与设计方法是构建高效、直观且用户友好的界面体验的核心要素。它们共同构成了人机之间沟通的桥梁，确保信息的准确传递与高效交互。界面表示模型提供了界面的结构框架，而设计方法则指导我们如何根据用户需求与交互场景来优化这一框架。

在界面表示模型方面，通常采用层次化、模块化的方式来构建。层次化结构将界面内容划分为不同的层级，每个层级都有其特定的功能和信息展示。这种结构有助于用户快速定位所需信息，减少操作路径。模块化设计则将界面拆分为多个独立的模块，每个模块负责完成特定的交互任务。这种设计方式提高了界面的可维护性和可扩展性，使得界面能够根据不同的需求进行灵活调整。在设计方法上，注重以用户为中心的设计理念。首先，通过深入的用户研究，了解用户的习惯、需求和行为模式，为界面设计提供有力的依据。其次，运用原型设计和迭代优化的方法，不断试错、调整，确保界面设计符合用户的期望和习惯。此外，还注重界面的视觉设计和交互设计。视觉设计通过色彩、字体、图标等元素的搭配，营造出美观、和谐的界面风格；交互设计则关注用户与界面之间的操作流程和反馈机制，确保操作的流畅性和自然性。在构建人机交互界面时，还需要考虑信息的组织与呈现。通过合理的信息架构和布局设计，使得界面信息层次清晰、易于理解。同时，利用动态效果和过渡动画等手法，增强界面的动态感和趣味性，提升用户的使用体验。

此外，随着技术的不断发展，人机交互界面也在不断创新和变革。例如，虚拟现实、增强现实等技术的引入，使得界面设计突破了传统的二维平面限制，为用户带来了更加沉浸式的体验。智能语音交互、手势识别等技术的应用，也使得界面交互方式更加多样化和自然化。在界面设计过程中，还需要关注可用性和可访问性。可用性是指界面是否易于使用、是否能够满足用户的基本需求；而可访问性则关注界面是否对所有用户都友好，包括那些有视觉、听觉或其他身体障碍的用户。为了实现高可用性和可访问性，需要遵循一系列设计原则和最佳实践，如保持界面简洁明了、提供明确的操作提示和反馈、支持多种输入方式等。

人机交互界面表示模型与设计方法是一个综合性的过程，涉及多个方面的考虑和实践。通过构建合理的界面表示模型、运用以用户为中心的设计方法、关注信息的组织与呈现以及不断创新和变革，可以打造出高效、直观且用户友好的人机交互界面，为用户带来更加优质的使用体验。同时，也需要不断关注技术的发展和用户需求的变化，及时调整和优化界面设计策略，确保界面始终保持在行业前沿水平。在这个数字化时代，人机交互界面的设计不仅是技术层面的挑战，更是对设计师们综合能力和创新思维的考验。通过不断学习和实践，我们可以不断提升自己的设计水平，为用户创造出更加美好的人机交互体验。

2. 可用性分析与评估

人机交互的可用性分析与评估是确保用户与机器之间顺畅沟通、提升用户体验的重要环节。它涉及对用户需求的深入挖掘、界面设计的合理性评估以及用户反馈的细致分析等多个方面，旨在通过科学的手段和方法，提升人机交互的效率和效果。

在可用性分析的初始阶段，首先要对目标用户进行深入研究。通过问卷调查、用户访谈和观察等方法，收集用户对人机交互界面的期望、习惯以及在使用过程中可能遇到的困难。这些宝贵的用户数据为我们提供了设计界面的重要依据，帮助我们更好地理解用户需求，从而设计出更符合用户习惯和操作逻辑的界面。接下来，对界面设计进行细致的评估。这包括界面的布局、色彩搭配、字体大小、图标设计等视觉元素的评估，以及界面操作流程、交互方式等交互元素的评估。采用专家评审、用户测试等多种方法，对界面的可用性进行全面而深入的分析。通过这些评估，能够发现界面设计中存在的问题和不足，为后续的优化和改进提供方向。在评估过程中，用户反馈是一个至关重要的环节。邀请一定数量的代表性用户，让他们在实际使用界面的过程中提出自己的意见和建议。这些反馈可以帮助我们更准确地了解用户在使用界面时的真实感受，从而发现那些可能被忽视的问题。同时，用户反馈也是不断优化界面设计的重要依据，它能够帮助我们不断完善界面功能、提升用户体验。完成可用性分析和评估后，需要根据分析结果对界面设计进行针对性的优化。这可能包括调整界面布局、优化操作流程、改进交互方式等。在优化过程中，要始终关注用户的需求和体验，确保新的设计能够更好地满足用户的期望。同时，还要关注新技术和新趋势的发展，将它们融入界面设计中，提升界面的创新性和前瞻性。

值得注意的是，可用性分析和评估是一个持续的过程。随着技术的不断进步和用户需求的不断变化，需要定期对界面设计进行更新和优化。这需要我们保持敏锐的洞察力和创新精神，不断探索新的设计理念和方法，以适应不断变化的市场环境。此外，还需要关注不同用户群体的差异性。不同的用户可能有不同的操作习惯、认知能力和需求偏好。因此，在可用性分析和评估过程中，要充分考虑这些差异，为不同的用户群体提供定制化的界面设计方案。这不仅可以提升用户的满意度和忠诚度，也有助于扩大产品的市场份额和影响力。

人机交互的可用性分析与评估是一个复杂而重要的过程。它需要我们深入了解用户需求、细致评估界面设计、认真倾听用户反馈，并根据分析结果进行针对性的优化和改进。只有这样，才能打造出真正符合用户需求、具有高效性和易用性的人机交互界面，为用户带来更好的使用体验和价值。同时，随着技术的不断发展和市场的不断变化，我们还需要保持敏锐的洞察力和创新精神，不断探索新的设计理念和方法，以适应未来人机交互领域的发展趋势和挑战。

3. 多通道交互技术

研究视觉、听觉、触觉和力觉等多通道信息的融合理论和方法，使用户可以使用语音、手势、眼神、表情等自然的交互方式与计算机系统进行通信。多通道交互主要研究多通道交互界面的表示模型、多通道交互界面的评估方法以及多通道信息的融合等。其中，多通道信息融合是多通道用户界面研究的重点和难点。多通道交互技术，作为人机交互领域的重要分支，以其独特的多维度、多方式特性，为用户提供了更为自然、高效的交互体验。这种技术打破了传统单一交互方式的局限，融合了语音、手势、眼动、触控等多种交互通道，使得用户可以根据具体场景和个人习惯，灵活选择最适合的交互方式。

在多通道交互技术中，语音交互扮演着举足轻重的角色。通过语音识别技术，系统能够准确理解用户的语音指令，并做出正确的响应。这种交互方式不仅适用于日常对话，还能在复杂场景中发挥作用，如智能家居控制、车载导航等。用户只需通过简单的语音命令，就能轻松完成一系列操作，大幅提高了交互效率。手势交互则是多通道交互技术的另一大亮点。借助手势识别技术，系统能够捕捉用户的手部动作，并将其转化为计算机可理解的指令。这种交互方式尤其适用于需要双手操作或需要快速响应的场景，如游戏娱乐、虚拟现实等。通过手势交互，用户能够更直观地表达自己的意图，实现更加自然的交互体验。眼动交互作为近年来兴起的交互方式，也在多通道交互技术中占据了重要地位。通过眼动追踪技术，系统能够实时捕捉用户的眼球运动，分析用户的视觉焦点和注意力分布。这种交互方式在辅助阅读、视觉障碍辅助等领域具有广阔的应用前景。除了上述几种交互方式外，多通道交互技术还融合了触控、笔写等多种交互通道。这些交互方式各具特色，可以相互补充，共同构成一个多维度、多层次的交互体系。用户可以根据具体需求和环境条件，灵活选择最适合的交互方式，实现更加高效、自然的交互体验。

多通道交互技术的优势在于其灵活性和适应性。不同的交互通道具有不同的特点和适用场景，通过融合多种交互通道，系统能够更全面地捕捉用户的意图和需求，提供更加精准、个性化的服务。同时，多通道交互技术还能够降低用户的认知负荷和操作难度，提高用户的满意度和忠诚度。然而，多通道交互技术也面临着一些挑战和问题。首先，不同交互通道之间的融合和协同是一个复杂的问题。如何实现不同通道之间的无缝切换和互补，提高交互的连贯性和一致性，是多通道交互技术需要解决的关键问题。其次，多通道交互技术还需要考虑用户的隐私和安全问题。如何保护用户的个人信息和交互数据，防止数据泄露和滥用，也是该技术需要关注的重要方面。尽管如此，随着技术的不断进步和应用场景的不断拓展，多通道交互技术的前景依然广阔。未来，我们可以期待更加自然、智能的多通道交互系统的出现，它们将能够更好地理解用户的需求和意图，提供更加个性化、高效的服务。同时，多通道交互技术也将与其他先进技术相互融合，共同推动人机交互领域的发展和创新。

4. 智能用户界面

智能用户界面的最终目标是使人机交互与人和人之间交互一样自然、方便。上下文感知、三维输入、语音识别、手写识别和自然语言理解等都是构建智能用户界面需要解决的重要问题。智能用户界面，作为人机交互领域的璀璨明珠，以其智能化、个性化的特点，正逐渐改变着人们的生活方式和工作模式。它不仅仅是一个简单的界面展示工具，更是连接人与机器、人与信息、人与服务的桥梁，为人们提供了前所未有的便捷和体验。

　　智能用户界面的核心在于其智能化特性，如图 9-3 所示是一个智能情感监测系统的智能用户界面的例子。智能用户界面借助先进的人工智能技术，如机器学习、自然语言处理等，能够深入理解用户的意图和需求，并根据用户的习惯和行为进行智能推荐和个性化展示。无论是搜索引擎的智能推荐、智能音箱的语音交互，还是智能家居的自动化控制，智能用户界面都在默默地为人们的生活增添着色彩。在智能用户界面的设计中，个性化是一个不可忽视的方面。每个用户都有自己独特的喜好和习惯，智能用户界面能够根据用户的个人信息、历史记录等数据，为用户量身定制专属的界面和功能。比如，新闻应用可以根据用户的阅读偏好推送定制化的新闻内容，音乐应用可以根据用户的听歌历史推荐相似的歌曲。这种个性化的设计不仅提高了用户的使用体验，也增强了用户与界面之间的情感连接。

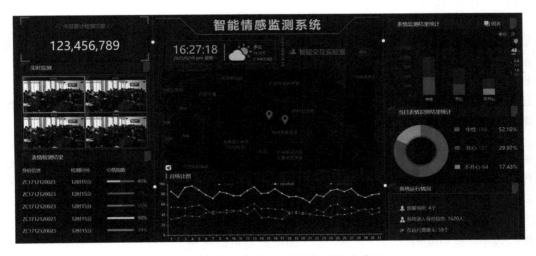

图 9-3　智能情感监测系统的智能用户界面

　　智能用户界面的另一个显著特点是其交互方式的多样性和自然性。传统的用户界面往往依赖于鼠标、键盘等物理设备进行交互，而智能用户界面则突破了这一限制，支持语音、手势、眼动等多种交互方式。这使得用户可以根据具体的场景和需求，选择最自然、最方便的交互方式。比如，在驾驶过程中，用户可以通过语音指令来控制车载系统，无须分心操作物理按键；在娱乐场景中，用户可以通过手势来操控游戏或多媒体应用，享受更加沉浸式的体验。智能用户界面的智能化和个性化特性，使得它在各个领域都有着广泛的应用。在医疗领域，智能用户界面可以帮助医生快速获取患者的病历信息和检查结果，提高诊疗效率；在教育领域，智能用户界面可以根据学生的学习进度和能力水平，提供个性化的学习资源和辅导；在娱乐领域，智能用户界面可以为用户推荐符合其口味的电影、音乐和游戏，丰富用户的休闲娱乐生活。

　　智能用户界面以其智能化、个性化的特点，正在改变着人们的生活方式和工作模式。它不仅能够理解用户的意图和需求，提供个性化的服务，还支持多种自然、便捷的交互方式。虽然面临挑战，但随着技术的不断进步和应用场景的不断拓展，智能用户界面的发展前景依然充满无限可能。我们有理由相信，未来的智能用户界面将更加智能、更加人性化，为人们带来更加美好的使用体验。

5. 群件

群件是指为群组协同工作提供计算机支持的协作环境，主要涉及个人或群组间的信息传递、群组内的信息共享、业务过程自动化与协调以及人和过程之间的交互活动等。目前，与人机交互技术相关的研究内容主要包括群件系统的体系结构、计算机支持的交流与共享信息的方式、交流中的决策支持工具、应用程序共享以及同步实现方法等内容。群件，作为人机交互技术中不可或缺的一环，在促进团队协作、提高工作效率以及优化信息交互方面发挥着重要作用。群件系统通过集成多种交互方式和信息共享机制，为团队成员提供了一个协作共享的平台，使得团队成员能够跨越地域和时间的限制，实现高效的信息传递和任务协同。

群件的组成通常包括多个核心模块，它们协同工作，共同实现群件的功能。首先是通信模块，它负责团队成员之间的实时通信，包括文字聊天、语音通话、视频会议等功能，确保信息的即时传递和有效沟通。其次是共享模块，它提供了文件共享、屏幕共享、日程共享等功能，使得团队成员可以方便地共享资源、同步信息，促进团队协作。此外，还有协作模块，它支持多人同时编辑文档、协同完成任务等功能，提升了团队协作的效率和效果。

群件的工作原理基于网络技术和数据同步机制。它通过网络连接团队成员的设备，实现信息的实时传输和同步。在团队成员进行通信或共享操作时，群件系统会将这些操作转化为数据指令，通过网络传输到其他成员的设备上，从而实现信息的共享和同步。同时，群件系统还会对数据进行加密和安全处理，确保信息传输的安全性和可靠性。

在人机交互技术的应用中，群件发挥了至关重要的作用。首先，群件提升了团队协作的效率。通过实时通信和共享功能，团队成员可以迅速了解彼此的工作进展、交流意见和想法，从而避免信息孤岛和重复劳动，提高团队协作的整体效率。其次，群件优化了信息交互的方式。传统的信息交互方式往往存在信息传递延迟、信息丢失等问题，而群件通过实时同步和共享功能，确保了信息的准确性和完整性，提高了信息交互的质量和效率。此外，群件还降低了团队协作的成本。通过网络连接，团队成员可以随时随地参与协作，不受到地域和时间的限制，从而降低了团队协作的成本和门槛。同时，群件在人机交互技术中的应用也在不断扩展和创新。随着人工智能、大数据等技术的不断发展，群件系统正在实现更加智能化和个性化的服务。例如，通过机器学习算法，群件系统可以分析团队成员的沟通习惯和协作模式，自动推荐最佳的协作方式和策略，提高团队协作的智能化水平。此外，群件系统还可以根据团队成员的个人喜好和需求，提供定制化的界面和功能，实现更加个性化的服务体验。

6. Web 设计

Web 设计，作为互联网时代的艺术与技术结合体，早已超越了单纯的页面制作和视觉呈现，它涵盖了用户体验、交互设计、信息架构、视觉表现等多个维度。Web 设计不仅关乎一个网站或应用的外观，更关乎其背后的逻辑、功能以及用户与界面之间的情感连接。

在 Web 设计的世界里，用户体验是核心。一个好的 Web 设计首先要考虑用户的需求和行为模式，通过深入的用户研究，理解用户在使用过程中的痛点、期望和习惯。设计师需要精心策划信息架构，确保用户在浏览网站时能够迅速找到所需信息，而不会被复杂的层级结构或冗余的内容所困扰。同时，设计师还要关注交互设计，通过合理的交互元素和动效设计，引导用户完成操作，提供流畅、自然的交互体验。视觉表现是 Web 设计的重要组成部分。色彩、字体、排版、图片等元素的选择和搭配，直接影响着用户对网站的第一印象和整体感受。设计师需要运用专业的视觉设计技巧，创造出既符合品牌形象又能吸引用户的视觉风格。同时，响应式设计也是现代 Web 设计不可或缺的一部分，它确保了网站能在不同设备和屏幕尺寸上呈现出良好的视觉效果和用户体验。

在 Web 设计过程中，技术实现同样重要。设计师需要了解并掌握 HTML、CSS、JavaScript 等前端技术，确保设计的可行性和可访问性。同时，随着技术的不断进步，新的设计工具和技术也不断涌现，如 CSS Grid、SVG、WebAssembly 等，这些新技术为 Web 设计提供了更多的可能性和创新空间。Web 设计是一个综合性的工作，它要求设计师具备跨学科的知识和技能，能够在多个维度上进行思考和创作。设计师需要不断学习和探索新的设计理念和技术，以应对不断变化的市场需求和用户行为。同时，设计师还需要具备敏锐的洞察力和创新精神，能够发现并解决问题，创造出具有独特魅力和价值的 Web 作品。

随着移动互联网的普及和 5G 技术的推广，Web 设计面临着前所未有的机遇和挑战。一方面，移动设备的多样性和碎片化使得 Web 设计需要更加注重兼容性和响应性；另一方面，5G 技术的高速和低延迟特性为 Web 应用提供了更丰富的交互形式和更流畅的用户体验。因此，Web 设计师需要紧跟时代步伐，不断更新自己的知识和技能，以适应新的市场需求和技术变革。

7. 移动界面设计

移动计算、普适计算等技术对人机交互技术提出了更高的要求，面向移动应用的界面设计已成为人机交互技术研究的一个重要内容。由于移动设备的便携性、位置不固定性、计算能力有限性以及无线网络的低带宽高延迟等诸多的限制，移动界面的设计方法、移动界面可用性与评估原则、移动界面导航技术以及移动界面的实现技术和开发工具，都是当前人机交互技术的研究热点。

移动界面设计，作为现代人机交互的核心领域，其重要性不言而喻。随着智能手机的普及和移动互联网的迅猛发展，移动应用已成为人们日常生活的重要组成部分，而移动界面设计则直接关系到用户的使用体验和满意度。移动界面设计首先要考虑的是用户体验。在狭小的屏幕空间中，如何合理布局元素、优化操作流程、提升交互效率，都是设计师需要深入思考的问题。设计师需要深入研究用户的使用习惯和需求，通过用户调研、数据分析等手段，获取真实有效的用户反馈，从而指导设计实践。良好的用户体验不仅能提升用户黏性，还能增强品牌认知度，为企业创造更大的商业价值。在视觉设计方面，移动界面设计追求的是简约、清晰和美观。由于移动设备屏幕尺寸有限，设计师需要运用精炼的视觉元素和色彩搭配，营造出舒适、易读的界面氛围。同时，设计师还需要注重界面的响应式设计，确保在不同尺寸和分辨率的屏幕上都能呈现出良好的视觉效果。

交互设计是移动界面设计的另一大重点。设计师需要运用各种交互手段，如滑动、点击、拖拽等，来引导用户完成操作任务。通过合理的交互设计，可以减少用户的认知负担，提高操作效率。此外，设计师还需要关注动效设计，通过微妙的动画和过渡效果，提升界面的流畅性和趣味性。随着技术的不断进步，移动界面设计也在不断创新和发展。例如，随着人工智能和机器学习技术的应用，移动界面设计可以实现更智能的个性化推荐和自适应调整；而虚拟现实和增强现实技术的融入，则为移动界面设计带来了更加沉浸式的体验。这些新技术的应用，不仅丰富了移动界面设计的手段和形式，也为用户带来了更加新颖和丰富的体验。

移动界面设计是一个综合性、复杂性的工作，涉及用户研究、视觉设计、交互设计等多个方面。设计师需要不断学习和探索新的设计理念和技术手段，以适应不断变化的市场需求和用户行为。同时，设计师还需要保持敏锐的洞察力和创新精神，关注行业动态和技术趋势，不断推陈出新，为用户带来更加优秀的移动界面设计作品。

9.1.3　人机交互的发展历史

作为计算机系统的一个重要组成部分，人机交互技术一直伴随着计算机的发展而发展。人机交互技术的发展过程，也是从人适应计算机到计算机不断适应人的发展过程。它经历了如下几个阶段。

1. 命令行界面交互

计算机语言经历了由最初的机器语言、汇编语言，直至高级语言的发展过程，这个过程也可以看作人机交互的早期发展过程。最初，程序通常采用机器语言指令（二进制机器代码）或汇编语言编写，通过纸带输入机或卡读机输入，程序执行完毕，则通过打印机输出计算结果，人与计算机的交互一般是采用控制键或控制台直接手工操作，这种形式很不符合人们的习惯，既耗费时间，又容易出错，只有专业的计算机管理员才能做到运用自如。后来，出现了 ALGOL 60、FORTRAN、COBOL、PASCAL 等高级语言，使人们可以用比较习惯的符号形式描述计算过程，交互操作由受过一定训练的程序员完成，命令行界面开始出现。这一时期，程序员可采用批处理作业语言或交互命令语言的方式和计算机打交道，虽然要记忆许多命令和熟练地敲击键盘，但已可用较方便的手段来调试程序、了解计算机执行的情况。通过命令行界面，人们可以通过问答式对话、文本菜单或命令语言等方式来进行人机交互。命令行可以看作第一代人机界面，如图9-4所示。在这种界面中，计算机的使用者被看成操作员，计算机对输入信息一般只做出被动的反应，操作员主要通过操作键盘输入数据和命令信息，界面输出以字符为主，显然，这种人机界面交互方式缺乏自然性。

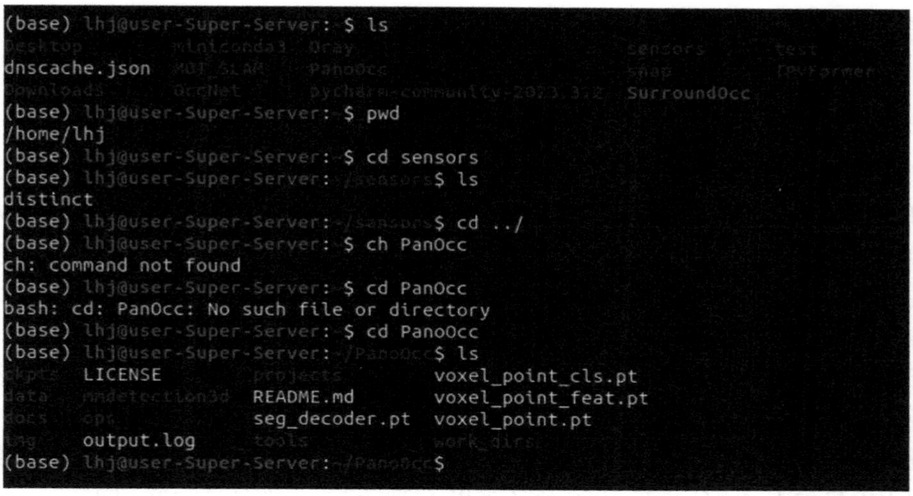

图 9-4　命令行界面交互

2. 图形用户界面交互

图形用户界面（Graphical User Interface，GUI）是一种采用图形方式显示的计算机操作用户界面。它允许用户使用鼠标等输入设备操纵屏幕上的图标或菜单选项，以选择命令、调用文件、启动程序或执行其他一些日常任务。在图形用户界面中，用户看到和操作的都是图形对象，应用的是计算机图形学的技术。图形用户界面的发展历史可以追溯到 1973 年，当时第一个可视化操作的 Alto 计算机在施乐帕洛阿尔托研究中心（Xerox PARC）完成。这是第一个把计算机所有元素结合到一起的图形界面操作系统，使用三键鼠标、位运算显示器、图形窗口、以太网络连接。随后，许多公司都推出了具有图形用户界面的产品，如苹果公司的 Apple Lisa 和 Macintosh 个人计算机、IBM 的 OS/2 以及微软的 Windows 等。图形用户界面具有多种特点，例如，可视化，GUI 通过使用图形和图像来呈现用户界面，使用户能够直观地看到和理解界面元素、控件和操作；具备良好的交互性，GUI 提供了丰富的交互方式，用户可以使用鼠标、键盘、触摸屏等设备与界面进行直接交互，实现操作、输入和反馈。GUI 提供了布局和组织界面元素的功能，可以以直观的方式将控件和信息进行排列和分组，使界面更易于理解和使用。GUI 允许用户对界面进行个性化定制，如调整字体、颜色、布局等，以满足不同用户的偏好和需求。GUI 能够及时给予用户操作的反馈和系统的响应，如鼠标悬停效果、按钮按下的效果等，增加用户的互动性和满意度。GUI 提供了可视化的编程环境和工具，使开发人员可以通过拖拽、设置属性等方式进行界面设计和交互逻辑的编写。

图形用户界面凭借其直观、便捷、可定制等特点，在各种应用场景中都发挥着重要作用。在电子设备中，图形用户界面的应用最为广泛，如手机、计算机、平板电脑等设备都采用了图形用户界面，让用户可以通过触摸屏幕或者鼠标等方式来进行操作。随着智能家居的不断普及，图形用户界面也进入家庭生活。如通过智能音箱控制家庭中的灯光、空调、电视等设备，这些设备都采用了图形用户界面，让用户可以通过语音或者手机等方式来进行操作。这种方式让生活变得更加便捷，并可以更好地满足用户的个性化需求。

3. 自然和谐的人机交互

当前，虚拟现实、移动计算、普适计算等技术的飞速发展，对人机交互技术提出了新的挑战和更高的要求，同时也提供了许多新的机遇。在这一阶段，自然和谐的人机交互方式得到了一定的发展。基于语音、手写体、姿势、视线、表情等输入手段的多通道交互是其主要特点，目标是使人能以声音、动作、表情等自然方式进行交互操作，在自然和谐的人机交互技术发展过程中，人们除了致力于研究开发真实感的三维用户界面和基于声音、动作、表情等多种通道的自然交互方式，还发明了大量新的交互设备，如美国麻省理工学院的 Ivan Sutherland 早在 1968 年就开发了头盔式立体显示器，为现代虚拟现实技术奠定了重要基础；1982 年美国加州 VPL 公司开发出了第一副数据手套，用于手势输入；该公司在 1992 年还推出了 Eyephone 液晶显示器；同样在 1992 年，Tom Defanti 等推出了一种沉浸式虚拟现实环境——CAVE 系统，该系统可提供一个房间大小的四面立方体投影显示空间。目前，人类常用的自然交互方式——基于语音和笔的交互技术，包括手写识别、笔式交互、语音识别、语音合成、数字墨水等，已经有了很大的发展。如中国科学院自动化研究所的"汉王笔"手写汉字识别系统、微软亚洲研究院发明的数字墨水技术、中国科学院人机交互技术与智能信息处理实验室研制的笔式交互软件开发平台等，其中不少成果已经商品化。另外，20 世纪 90 年代，美国麻省理工学院 Nicholas Negroponte 领导的媒体实验室在新一代多通道用户界面方面做了大量开创性的工作。近年来，强大的社会需求产生了各式各样的应用场景。要想实现自然和谐的人机交互关系，需要在进行交互设计时考虑物理、社会等不同的技术环境，理解人机交互的复杂本质，探索与之相关的社会的、自然的和认识的环境以及人们使用计算机的原因，将领域知识应用到系统设计中，并在此过程中逐步形成人机交互新方法，发现更新、更好的计算范式。如图 9-5所示是智能数字人与人的互动场景。

图 9-5　智能数字人与人的互动场景

9.1.4　人机交互的应用

人机交互技术的发展，极大地促进了计算机的快速发展与普及，已经在教育、娱乐和日常生活等领域得到广泛应用。

在教育行业，已有一些科研机构研发出沉浸式的虚拟世界系统，通过和谐自然的交互操作手段，让学习者在虚拟世界自如地探索未知世界，激发他们的想象力，启迪他们的创造力。通过触摸屏幕或手势控制，学生可以在课堂中自由提问或回答老师的问题，实现更加自由灵活的互动模式。这样的交互方式不仅突破了传统教学模式的局限，还使学生更加积极投入课程，提高了教学效果。传统的评估方式往往烦琐且要求高，而智能学习评估系统可以通过人机智能交互技术与学习者进行有效的互动，为教师和学生提供高效、智能的评估手段。系统还可以利用大数据分析实时监控学生的学习情况，为教师提供及时的反馈和建议。

在文化娱乐领域，交互设备和交互技术十分重要，可为用户提供良好的交互体验。例如，滕王阁旅游区通过 AI 数字人为游客提供《滕王阁序》的背诵评分和互动体验。数字人能与游客进行语音互动，提供历史文化知识，增加了游客的参与感和沉浸感。南浔古镇和中国国家版本馆广州分馆也分别推出了 AI 虚拟镇长和虚拟讲解员，为游客提供历史故事的讲述和实时信息解答，提升了游客的游览体验。人机交互技术通过提供沉浸式和互动性的体验，吸引了更多的观众和游客。同时，这种新型互动与导览技术的应用也为文化娱乐行业带来了新的商业模式和盈利机会。在演艺产业中，人机共舞的表演形式改写了传统表演的艺术语汇，为观众带来了全新的视觉和感官体验。通过机器与舞者的交互表演，传递了技术对人类意志、身体经验和思维模式的规训和改变，引发了观众对人机共存未来的哲学和伦理层面的反思。人机交互技术在文化娱乐领域的应用已经越来越广泛，为游客和观众带来了更加丰富的体验，还降低了人力成本、提高了效率，并促进了文化艺术消费的增长。

人机交互技术已应用于人们日常生活的各个方面。人们每天都在使用的智能手机和平板电脑就是人机交互技术的重要应用。通过触摸屏技术，人们可以轻松地与设备进行交互，浏览网页、观看视频、玩游戏、发送消息等。语音识别技术也使人们能够通过语音命令来控制设备，如打开应用、查询天气等。通过智能家居系统，可以利用人机交互技术控制家中的各种设备，如灯光、空调、电视等。通过智能手机或智能音响等设备，可以方便地设定场景模式、调整设备参数，甚至进行远程控制，实现家居生活的智能化和便利化。

9.2　语音交互

语音交互技术是指通过声音信号作为输入和输出媒介，实现人与计算机之间的交互，从而实现信息的传递和任务的执行。它利用语音识别、语音合成和自然语言处理等技术，使计算机能够理解和生成自然语言，进而与人进行对话。语音交互技术的发展历程可以追溯到 20 世纪 50 年代，当时贝尔实验室建立了第一个单人语音数字识别系统，但当时能识别的词汇量非常少，几乎无法商用。20 世纪六七十年代，技术发展的方向主要集中在扩展可识别的词汇和争取实现"连续语音"的识别。20 世纪 80 年代，语音技术的实用性进一步扩展到日常语音中，出现了交互式语音应答（Interactive Voice Response，IVR）系统。21 世纪初，IVR 系统广泛应用于机票预订、银行转账、查询天气、收听交通信息等领域。如今，用户的语音交互习惯已经得到了进一步发展，语音交互技术已经成为人们获取信息、完成任务的重要工具。语音交互技术，作为近年来快速发展的一项前沿技术，已经逐渐渗透到人们生活的各个角落，使人与机器之间的交流变得更加自然和便捷。

语音交互技术的核心环节之一是语音识别，其目标是将人的语音信号转化为可识别的文本或命令。语音识别技术包括语音特征提取和模式匹配等步骤，通过建立语音模型和语言模型来识别和理解语音输入。同时，语音交互技术还包括语音合成技术，即计算机将文本转化为语音输出，使用户能够听到机器的回答或提示。此外，自然语言处理技术也是语音交互技术的重要组成部分，它使计算机能够理解自然语言，并生成符合人类语言习惯的回复。图 9-2所示智能医疗机器人是支持语音交互功能的。一个完整的语音识别系统大致可分为语音特征提取、声学模型与模式匹配、语言模型与语义理解三部分。

9.2.1 语音特征提取

在语音识别系统中，模拟的语音信号在完成 A/D 转换后成为数字信号，但时域上的语音信号很难直接识别，因此需要从语音信号中提取语音的特征，一方面可以获得语音的本质特征；另一方面也起到数据压缩的作用。输入的模拟语音信号首先要进行预处理，包括预滤波、采样和量化、加窗、端点检测、预加重等。目前常用的特征提取方法是基于语音帧的，即将语音信号分为有重叠的若干帧，对每一帧提取语音特征。例如，V9TM 嵌入式语音输入法，其采用的语音库采样率为 8kHz，因此采用的帧长为 256 个采样点（即 32ms），帧步长或帧移（即每一帧语音与上一帧语音不重叠的长度）为 80 个采样点（即 10ms）。语音特征提取是语音识别、语音合成、语音情感分析等领域中至关重要的技术，旨在从原始的语音信号中提炼出能够反映语音本质特性的信息，为后续的处理和识别提供有效的数据基础。这一技术原理涉及多个层面，包括信号的预处理、时域和频域分析、特征参数计算等，是一个复杂而精细的过程。

在语音特征提取的初始阶段，通常需要对原始语音信号进行预处理，包括采样、量化、分帧和加窗等步骤。采样和量化是将模拟语音信号转换为数字信号的关键步骤，确保信号的数字化表示能够尽可能地保留原始信息。分帧则是基于语音信号的短时平稳性，将连续的信号划分为短时的帧，以便进行后续的分析。加窗操作则是为了减少帧与帧之间的不连续性，平滑信号的变化。接下来，时域分析和频域分析是语音特征提取中的核心环节。时域分析主要关注语音信号随时间的变化特性，通过计算信号的短时能量、短时过零率等参数，反映语音信号的动态特性。这些参数对于区分清浊音、检测语音的起点和终点等非常有用。而频域分析则关注语音信号的频率成分，通过傅里叶变换等方法，将信号从时域转换到频域，提取出语音信号的频谱特性。这些频谱特性能够反映语音的音调、音色等关键信息。

在频域分析中，常用的特征参数包括线性预测系数（LPC）、Mel 频率倒谱系数（MFCC）等。LPC 是通过线性预测分析得到的系数，能够反映语音信号的频谱包络信息，对于语音合成和识别具有重要意义。MFCC 则是基于人耳的听觉特性进行设计的特征参数，它通过对 Mel 刻度上的频谱进行倒谱分析，得到一组能够反映语音音色特性的系数。这些系数在语音识别和情感分析等领域中得到了广泛应用。除了时域和频域分析外，语音特征提取还可能涉及其他高级技术，如基于深度学习的方法。深度学习模型，如卷积神经网络（CNN）和循环神经网络（RNN），能够自动学习语音信号中的复杂特征表示。这些模型通过大量的数据训练，能够捕捉到语音信号中难以用传统方法描述的高阶特征，进一步提高语音处理的性能。在实际应用中，语音特征提取还需要考虑多种因素，如噪声的影响、说话人的差异等。为了应对这些挑战，研究者们提出了各种算法和技术，如噪声抑制算法、说话人自适应技术等，以提高特征提取的鲁棒性和准确性。

语音特征提取是一个复杂而精细的过程，综合运用了信号处理、统计学和机器学习等多学科的知识。通过预处理、时域分析、频域分析和高级技术的结合，可从原始的语音信号中提取出丰富而有效的特征信息，为后续的语音处理和应用提供坚实的基础。随着技术的不断进步和应用场景的不断拓展，语音特征提取技术将在更多领域发挥重要作用，为人们带来更加便捷和智能的语音交互体验。

9.2.2　声学模型与模式匹配

声学模型对应于语音到音节概率的计算。在识别时将输入的语音特征同声学模型进行匹配与比较，得到最佳的识别结果。目前采用的最广泛的建模技术是隐马尔可夫模型（HMM）建模和上下文相关建模。

马尔可夫模型是一个离散时域有限状态自动机，HMM 是指这一马尔可夫模型的内容状态外界不可见，只能观察到各个时刻的输出值。对语音识别系统，输出值通常是从各个帧计算而得的声学特征。用 HMM 刻画语音信号需做出两个假设，一是内部状态的转印只与上一个状态有关，二是输出值只与当前状态（或当前的状态转移）有关，这两个假设大大降低了模型的复杂度。语音识别中使用 HMM 通常是用从左向右单向、带自环、带跨越的拓扑结构来对识别基元建模，一个音素是一个三至五状态的 HMM，一个词是构成词的多个音素的 HMM 串行起来构成的 HMM，而连续语音识别的整个模型就是词和静音组合起来的 HMM。

上下文相关建模方法在建模时考虑了协同发音的影响。协同发音是指一个音受前后相邻音的影响而发生变化，从发声机理上看就是人的发声器官在一个音转向另一个音时只能逐渐变化，从而使得后一个音的频谱与其他条件下的频谱产生差异。上下文相关模型能更准确地描述语音，只考虑前一音的影响的称为 Bi-Phone，考虑前一音和后一音的影响的称为 Tri-Phone。英语的上下文相关建模通常以音素为基元，由于有些音素对其后音素的影响是相似的，因而可以通过音素解码状态的聚类进行模型参数的共享。

9.2.3 语言模型与语义理解

计算机对语音识别结果进行语法、语义分析，理解语言的意义以便做相应的反应。该工作通常是通过语言模型来实现的。语言模型计算音节到字的概率，主要分为规则模型和统计模型两种。

统计语言模型是用概率统计的方法来揭示语言单位内在的统计规律，其中，N-Gram模型简单有效，被广泛使用。N-Gram模型基于这样一种假设：第 n 个词的出现只与前面 $n-1$ 个词相关，而与其他任何词都不相关，整句的概率就是各个词出现概率的乘积。这些概率可以通过直接从语料中统计 n 个词同时出现的次数得到。常用的是二元的 Bi-Gram 和三元的 Tri-Gram。语言模型的性能通常用交叉熵和复杂度来衡量。交叉熵是用该模型对文本识别的难度，或者从压缩的角度来看，每个词平均要用几个位来编码。复杂度是用模型表示这一文本平均的分支数，其倒数可视为每个词的平均概率。

语音识别系统选择识别基元的要求是有准确的定义、能得到足够数据进行训练、具有一般性。英语通常采用上下文相关的音素建模，汉语的协同发音不如英语严重，可以采用音节建模。系统所需的训练数据大小与模型复杂度有关。模型设计得过于复杂以至于超出了所提供的训练数据的能力，会使得性能急剧下降。大词汇量、非特定人、能识别连续语音的语音识别系统通常称为听写机。其架构就是建立在声学模型和语言模型基础上的 HMM 拓扑结构。训练时对每个基元用前向后向算法获得模型参数，识别时将基元串接成词，词间加上静音模型并引入语言模型作为词间转移概率，形成循环结构。汉语具有易于分割的特点，可以先进行分割再对每一段进行解码，这是提高效率的一种简化方法。

用于实现人机口语对话的系统称为对话系统。受目前技术所限，对话系统往往是面向一个狭窄领域、词汇量有限的系统，其题材有旅游查询、订票、数据库检索等。其前端是一个语音识别器，识别产生的 N-best 候选，由语法分析器进行分析获取语义信息，再由对话管理器确定应答信息，由语音合成器输出。由于目前的系统往往词汇量有限，也可以用提取关键词的方法来获取语义信息。

语音识别系统的性能受许多因素的影响，包括不同的说话人、说话方式、环境噪声、传输信道等。提高系统鲁棒性，是要提高系统克服这些因素影响的能力，使系统在不同的应用环境、条件下性能稳定；自适应是根据不同的影响来源，自动地、有针对性地对系统进行调整，在使用中逐步提高性能。语音识别技术在实际使用中取得了较好的效果，但如何克服影响语音的各种因素还需要更深入的分析。目前听写机系统还不能完全实用化以取代键盘的输入，但识别技术的成熟同时推动了更高层次的语音理解技术的研究。由于英语与汉语有着不同的特点，针对英语提出的技术在汉语中如何使用也是一个重要的研究课题，四声等汉语本身特有的问题也有待解决。

9.3 人脸识别

在数字化时代，人脸识别技术已成为身份认证和识别领域的重要工具。该技术通过捕捉和分析人脸的特征，能够在众多场景中提供安全、便捷的身份验证方案。人脸识别检测的实现基于图像处理和模式识别的原理，通过对人脸图像的预处理、特征提取和匹配，最终实现个体身份的精准识别。人脸识别检测的过程主要包括以下几个步骤：首先是人脸检测，即从输入的图像或视频流中自动检测出人脸的存在；其次是特征提取，即从检测到的人脸图像中提取出独特的面部特征，如眼睛、鼻子、嘴巴的形状和位置等；最后是特征匹配，即将提取出的特征与数据库中的已知人脸特征进行比对，从而确定个体的身份。

随着技术的发展，人脸识别检测已广泛应用于多个领域。在安全监控中，人脸识别技术能够帮助识别出犯罪嫌疑人或失踪人员；在支付领域，通过人脸识别技术可以实现无接触式的支付体验；在智能家居中，该技术可用于识别家庭成员并调整家居环境；在医疗保健领域，人脸识别可用于患者身份的自动验证和记录。此外，在娱乐、广告和教育等多个行业，人脸识别技术也展现出了广阔的应用前景。人脸识别检测技术的发展得益于算法的不断优化和计算能力的提升。早期的人脸识别方法主要基于手工设计的特征提取算法，如主成分分析（PCA）和线性判别分析（LDA）。然而，这些方法在处理复杂场景时面临诸多挑战，如光照变化、面部表情和遮挡等。近年来，深度学习技术的崛起为人脸识别带来了革命性的突破，特别是卷积神经网络（CNN）和循环神经网络（RNN）等深度学习模型的应用，极大地提高了人脸识别的准确性和鲁棒性。

尽管人脸识别技术取得了显著的进步，但仍面临一些挑战和问题。例如，在隐私保护方面，如何确保个人面部数据的安全性和隐私性是一个亟待解决的问题。此外，人脸识别技术也可能受到种族、性别和年龄等因素的影响，导致识别性能的不平等。因此，如何消除这些偏见和歧视，提高人脸识别技术的公平性和公正性，也是未来研究的重要方向。展望未来，人脸识别检测技术将继续在多个领域发挥重要作用。随着技术的不断进步和应用场景的不断扩展，人脸识别技术将变得更加精准、高效和智能。例如，在自动驾驶领域，人脸识别技术可用于识别行人和乘客，提高行车安全性；在智能家居领域，该技术可以实现更加个性化的家居体验；在医疗保健领域，人脸识别可用于实现自动化的病历管理和药物分发等。同时，随着人工智能和机器学习技术的不断发展，人脸识别检测将与其他技术相结合，形成更加智能化的系统。例如，将人脸识别技术与语音识别技术相结合，可以实现更加自然和智能的人机交互；将其与大数据分析技术相结合，可以挖掘出更多有价值的信息，为决策提供支持。此外，随着边缘计算和物联网技术的普及，人脸识别技术将在更多设备上实现实时、高效的处理，为人们的生活带来更多便利。未来，随着技术的不断发展和优化，人脸识别技术将在更多领域发挥重要作用，为社会的发展带来深远的影响。我们期待着这一技术的未来发展，相信它将为我们创造更加安全、便捷和智能的未来。

9.4　人体运动检测

在科技日新月异的今天，人体运动检测已成为计算机视觉领域的一个重要分支，它通过分析视频或图像序列中的动态信息，实现对人体行为的自动识别和理解。这一技术的原理涉及多个学科的知识，包括图像处理、模式识别、人工智能等。通过捕捉人体在运动过程中的姿态、轨迹和速度等关键信息,人体运动检测技术在多个领域都展现出了巨大的应用潜力。人体运动检测的核心原理基于视频序列中像素强度的时空变化。这种变化可以反映人体的动态特征,如行走、跑步、跳跃等。通过提取这些特征,再结合机器学习或深度学习算法,系统能够对人体运动进行自动识别和分类。这一过程中,常用的算法包括光流法、背景减除法和基于深度学习的目标检测算法等。这些算法各有优缺点,适用于不同的场景和需求。

在适用场景方面,人体运动检测技术广泛应用于智能监控、人机交互、体育训练、医疗康复等领域,图 9-6 是运动检测在智能虚拟人中的应用。在智能监控中,人体运动检测可以帮助识别异常行为,提高安全性能。在人机交互中,它能够实现更加自然和智能的用户体验。在体育训练中,人体运动检测可以提供科学的训练指导,帮助运动员提高技术水平。在医疗康复领域,该技术则可以辅助医生进行疾病诊断和治疗效果评估。随着技术的不断发展,人体运动检测在精度和效率上都有了显著的提升。尤其是在深度学习技术的推动下,人体运动检测算法的性能得到了极大的提升。然而,目前的人体运动检测技术仍面临着一些挑战,如复杂环境下的鲁棒性、多目标跟踪的准确性以及实时性等问题。为了解决这些问题,研究者们正在不断探索新的算法和技术,以期在未来实现更加精准和高效的人体运动检测。

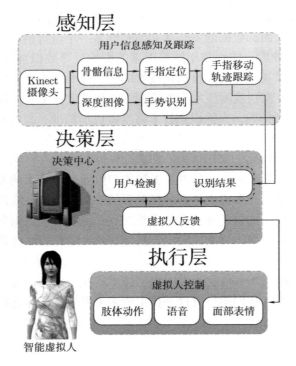

图 9-6　运动检测在智能虚拟人中的应用

展望未来,人体运动检测技术的发展前景十分广阔。随着计算能力的提升和算法的优化,人体运动检测将在更多领域发挥重要作用。例如,在自动驾驶领域,人体运动检测可以帮助车辆识别行人和其他动态障碍物,提高行车安全性。在虚拟现实和增强现实领域，该技术可以实现更加逼真的人机交互体验。此外，人体运动检测还有望在智能家居、智能安防等领域发挥重要作用，为人们的生活带来更多便利。同时，随着人工智能技术的不断发展，人体运动检测将与更多技术相结合，形成更加智能化的系统。例如，将人体运动检测与语音识别技术相结合，可以实现更加自然和智能的人机交互；将其与大数据分析技术相结合，可以挖掘出更多有价值的信息，为决策提供支持。这些技术的发展将推动人体运动检测在更多领域的应用，为社会的发展带来深远的影响。

9.5　行人跟踪

在智能监控、人机交互、自动驾驶等多个领域，行人跟踪技术都扮演着至关重要的角色。作为计算机视觉领域的一个重要分支，行人跟踪旨在从视频序列中准确识别并持续追踪行人的运动轨迹。这一技术不仅要求能够实时地检测出行人的位置，还需要在连续帧之间建立起行人身份的一致性。其原理涉及图像处理、机器学习、模式识别等多个领域的知识，是计算机视觉领域的研究热点之一。

行人跟踪的主要原理可以概括为目标检测、特征提取和轨迹匹配三个步骤。首先，目标检测是行人跟踪的前提，其任务是在视频帧中准确地检测出行人的位置。这通常依赖于背景减除、运动检测等方法，以及近年来兴起的深度学习目标检测算法。其次，特征提取是行人跟踪的关键，它通过对行人图像进行特征分析，提取出能够唯一标识行人的特征信息。这些特征可以是颜色、纹理、形状等低层特征，也可以是通过深度学习得到的高层语义特征。最后，轨迹匹配是将连续帧中的行人特征进行关联，从而建立起行人的运动轨迹。这通常依赖于匹配算法，如卡尔曼滤波、粒子滤波等。行人跟踪技术广泛应用于智能监控、人机交互、自动驾驶等领域。在智能监控中，行人跟踪可以帮助识别出异常行为，提高安全性能。例如，在商场、车站等公共场所安装监控摄像头，通过行人跟踪技术可以实时监测行人的运动轨迹，从而及时发现并处理可能的安全隐患。在人机交互中，行人跟踪可以实现更加自然和智能的用户体验。例如，在虚拟现实游戏中，通过行人跟踪技术可以实时捕捉玩家的运动轨迹，从而实现更加逼真的游戏体验。在自动驾驶中，行人跟踪技术可以帮助车辆准确识别并避让行人，提高行车安全性。

随着技术的不断发展，行人跟踪技术在精度和效率上都有了显著的提升。特别是在深度学习技术的推动下，行人跟踪算法的性能得到了极大的提升。然而，目前行人跟踪技术仍面临着一些挑战，如复杂环境下的鲁棒性、多目标跟踪的准确性以及实时性等问题。为了解决这些问题，研究者们正在不断探索新的算法和技术，以期在未来实现更加精准和高效的行人跟踪。在行人跟踪技术的发展过程中，深度学习技术起到了关键作用。深度学习模型，尤其是卷积神经网络（CNN）和循环神经网络（RNN），为行人跟踪提供了强大的特征提取能力。通过训练大量的行人数据，深度学习模型可以学习到丰富的行人特征表示，从而提高行人检测的准确性和鲁棒性。此外，深度学习模型还可以与传统的行人跟踪算法相结合，形成更加高效的行人跟踪系统。除了深度学习技术外，近年来还有一些新兴的技术对行人跟踪产生了积极的影响。例如，基于光流法的方法可以通过分析像素点的运动信息来实现行人跟踪；基于多视图几何的方法可以利用多个摄像头的视角信息来提高行人跟踪的准确性和稳定性；基于强化学习的方法则可以通过不断试错来优化行人跟踪策略，提高跟踪性能。

尽管行人跟踪技术已经取得了显著的进展，但仍然存在一些挑战和问题。首先，复杂环境下的鲁棒性是一个重要的问题。在实际应用中，行人跟踪经常面临光照变化、遮挡、背景混乱等挑战，这些因素都可能导致行人跟踪失败。因此，如何提高行人跟踪算法在复杂环境下的鲁棒性是一个亟待解决的问题。其次，多目标跟踪的准确性也是一个重要的挑战。在拥挤的场景中，如何准确地识别并跟踪多个行人是一个具有挑战性的问题。此外，实时性也是行人跟踪技术面临的一个重要问题。在实际应用中，行人跟踪算法需要在保证准确性的同时，尽可能地提高处理速度，以满足实时性的要求。展望未来，行人跟踪技术的发展前景十分广阔。随着深度学习、强化学习等人工智能技术的不断发展，行人跟踪算法的性能将得到进一步提升。同时，随着计算能力的提升和算法的优化，行人跟踪技术将能够在更多场景下实现实时、高效的处理。此外，随着5G、物联网等新技术的发展，行人跟踪技术将有望与其他技术相结合，形成更加智能化的系统。例如，在自动驾驶领域，行人跟踪技术可以与车辆传感器、高精度地图等技术相结合，实现更加安全、智能的行车体验。在智能安防领域，行人跟踪技术可以与人脸识别、行为分析等技术相结合，提高安全监控的效率和准确性。

行人跟踪技术作为计算机视觉领域的一个重要分支，在智能监控、人机交互、自动驾驶等多个领域都发挥着重要作用。随着技术的不断发展和优化，行人跟踪技术将在未来发挥更加重要的作用，为人们的生活带来更多便利和惊喜。

9.6　交互型机器人

随着人工智能技术的飞速发展，交互型机器人已成为现代科技的一大亮点。这些机器人不仅拥有高度智能化的处理能力，还能与人类进行自然、流畅的交互，从而极大地丰富了人们的生活和工作方式。

交互型机器人的核心原理在于其强大的感知、学习和决策能力。如图9-7所示是机器人与人互动的一个真实场景。通过先进的传感器和算法，机器人可以捕捉并解析人类的语言、表情、手势等多种信息，实现与人类的自然交互。同时，借助机器学习技术，机器人能够从大量的数据中学习并优化自己的交互方式，以提供更加人性化、智能化的服务。此外，交互型机器人还配备了先进的决策系统，能够根据不同情境做出合理的反应和决策，确保交互的顺畅和高效。交互型机器人适用于多种场景。在教育领域，它们可以作为智能助手，为学生提供个性化的辅导和学习体验。在医疗领域，交互型机器人可以作为虚拟护士或医疗助手，协助医生进行手术操作、患者监护等工作。在娱乐领域，它们可以作为智能玩具或表演艺术家，为用户提供丰富多彩的娱乐体验。此外，在零售、客服、家庭服务等领域，交互型机器人也发挥着越来越重要的作用。

当前，交互型机器人技术已经取得了显著的进展。随着深度学习和自然语言处理技术的不断发展，机器人的交互能力得到了极大的提升。同时，硬件技术的进步也为交互型机器人的发展提供了有力支持。然而，交互型机器人仍面临着一些挑战，例如，如何更好地理解人类的情感和意图、如何在复杂环境中实现高效交互等。展望未来，交互型机器人技术的发展前景十分广阔。随着技术的不断进步和创新，未来的交互型机器人将更加智能、自然和人性化，它们将能够更深入地理解人类的情感和需求，为人类提供更加贴心、高效的服务。同时，随着应用场景的不断拓展，交互型机器人将在更多领域发挥重要作用，为社会的发展带来深远的影响。

图 9-7　机器人与人的互动场景

9.7　本章小结

本章深入探讨了移动机器人与人机交互技术的奥秘，并详细阐述其在实际应用中的广泛表现。人机交互作为机器人技术的重要组成部分，其涉及领域广泛，不仅涵盖了语音交互、识别技术，还包括行为模仿和跟踪定位等多个方面。这些技术的融合，使得移动机器人能够更好地理解并执行人类的指令，同时也为人类提供了更为便捷、智能的交互体验。

首先，语音交互在移动机器人中的应用非常广泛。随着语音识别技术的不断进步，机器人已经能够准确识别并理解人类的语音指令。用户只需通过简单的口头命令，就可以让机器人完成各种任务，如导航、查询信息、控制家电等。这种交互方式不仅方便快捷，而且极大地提高了用户的使用体验。同时，机器人还能够通过语音合成技术，将信息以语音的形式反馈给用户，使得交互过程更加自然、流畅。其次，识别技术在移动机器人的人机交互中也发挥着至关重要的作用。这包括图像识别、物体识别、人脸识别等多个方面。通过这些技术，机器人能够准确识别周围的环境和物体，从而实现自主导航和避障。此外，识别技术还可以帮助机器人识别人类的动作和姿态，进而理解人类的意图和需求，从而为用户提供更加精准的服务。行为交互是移动机器人人机交互的另一个重要方面。通过模拟人类的行为和动作，机器人能够在与人交互的过程中展现出更加人性化的特质。例如，机器人可以通过模仿人类的面部表情和肢体语言，来传递情感信息，从而与用户建立起更加紧密的联系。这种交互方式不仅增强了机器人的亲和力,也使得用户更加愿意与机器人进行交流和互动。最后,跟踪技术在移动机器人人机交互中也具有广泛的应用。通过实时跟踪目标物体或人物,机器人能够持续关注并获取相关信息,为各种应用提供有力的支持。例如,在安防领域,移动机器人可以通过跟踪技术实现对特定区域的持续监控,及时发现异常情况并采取相应的措施。这种技术的应用不仅提高了安防系统的效率,也增强了其智能化水平。

移动机器人的人机交互技术正处于快速发展的阶段。随着人工智能、机器学习等技术的不断进步和创新,人机交互将变得更加自然、流畅和智能。未来的移动机器人将能够更好地理解人类的意图和需求,提供更加个性化、精准的服务。同时,随着 5G、物联网等新一代信息技术的普及和应用,机器人与人之间的信息交换将变得更加高效和便捷,人机交互的体验也将得到极大的提升。它不仅改变了人们与机器人的交互方式,也为人们的生活和工作带来了更多的便利和惊喜。未来,随着技术的不断进步和创新,人机交互将更加深入、广泛地渗透到人们的日常生活中,成为人类生活不可或缺的一部分。

习题

1. 人机交互有哪些常见的使用场景?
2. 人机交互的研究内容是什么?
3. 采用命令行界面进行人机交互有什么优缺点?
4. 语音交互设计哪些技术? 请简要阐述。
5. 人脸识别检测的原理是什么?
6. 交互型机器人有哪些优势?

参 考 文 献

[1]   COOK G. Mobile Robots: Navigation, Control Remote Sensing[M]. New York: Wiley, 2011.

[2]   FERNÁNDEZ E, CRESPO L S, MAHTANI A, et al. ROS 机器人程序设计 [M]. 刘锦涛, 张瑞雷, 等译. 2 版. 北京: 机械工业出版社, 2016.

[3]   NEWMAN W S. ROS 机器人编程: 原理与应用 [M]. 李笔锋, 祝朝政, 刘锦涛, 译. 北京: 机械工业出版社, 2019.

[4]   THRUN S, BURGARD W, FOX D. Probabilistic Robotics[M]. Cambridge: MIT Press, 2005.

[5]   LIAN C, XU X, CHEN H, et al. Near-optimal tracking control of mobile robots via receding-horizon dual heuristic programming [J]. IEEE transactions on cybernetics, 2017, 46(11): 2484-2496.

[6]   谭民, 王硕. 机器人技术研究进展 [J]. 自动化学报, 2013, 39(7): 963-972.

[7]   KOVÁCS B, SZAYER G, TAJTI F., et al. A novel potential field method for path planning of mobile robots by adapting animal motion attributes [J]. Robotics & autonomous systems, 2016, 82(C): 24-34.

[8]   PATLE B K, GANESH B L, PANDEY A, et al. A review: on path planning strategies for navigation of mobile robot [J]. Defence technology, 2019, 15(4): 582-606.

[9]   YU H S, WANG Y N. A review on mobile robot localization and map-building algorithms based on particle filters [J]. Robot, 2007, 29(3): 281-280.

[10]   MAIMONE M, CHENG Y, MATTHIES L. Two years of visual odometry on the mars exploration rovers [J]. Journal of field robotics, 2010, 24(3): 169-186.

[11]   HUANG S, WANG Z, DISSANAYAKE G. Sparse local submap joining filter for building large-scale maps [J]. IEEE transactions on robotics, 2008, 24(5): 1121-1130.

[12]   KÜMMERLE R, GRISETTI G, STRASDAT H, et al. G2O: a general framework for graph optimization[C]. // IEEE International Conference on Robotics and Automation, Shanghai, 2011: 3607-3613.

[13]   BAILEY T, NIETO J, GUIVANT J, et al. Consistency of the EKF-SLAM algorithm[C]// IEEE/RSJ International Conference on Intelligent Robots and Systems, Beijing, 2006: 3562-3568.

[14]   STENTZ A, FOX D, MONTEMERLO M, et al. FastSLAM: a factored solution to the simultaneous localization and mapping problem with unknown data association [C]// Proceedings of AAAI National Conference on Artificial Intelligence, Edmonton, 2002, 50(2): 240-248.

[15]   GRISETTIYZ G, STACHNISS C, BURGARD W. Improving grid-based SLAM with Rao-Blackwellized particle filters by adaptive proposals and selective resampling[C]// Proceedings of the 2005 IEEE International Conference on Robotics and Automation, Barcelona, 2005: 2432-2437.

[16]   KOHLBRECHER S, VON STRYK O, MEYER J, et al. A flexible and scalable slam system

with full 3D motion estimation[C]// IEEE International Symposium on Safety, Security, and Rescue Robotics, Kyoto, 2011: 155-160.

[17]   TSARDOULIAS E, PETROU L. Critical rays scan match SLAM [J]. Journal of intelligent & robotic systems, 2013, 72(3-4): 441-462.

[18]   THRUN S, MONTEMERLO M. The graph SLAM algorithm with applications to large-scale mapping of urban structures [J]. International journal of robotics research, 2006, 25(5/6): 403-429.

[19]   HESS W, KOHLER D, RAPP H, et al. Real-time loop closure in 2D LIDAR SLAM[C]// IEEE International Conference on Robotics and Automation (ICRA), Stockholm, 2016: 1271-1278.

[20]   HAN D, LI Y, SONG T, et al. Multi-objective optimization of loop closure detection parameters for indoor 2D simultaneous localization and mapping [J]. Sensors, 2020, 20(7): 1906.

[21]   ENGEL J, SCHPS T, CREMERS D. LSD-SLAM: large-scale direct monocular SLAM[C]// European Conference on Computer Vision, Zurich, 2014: 834-849.

[22]   SCHERER S A, ZELL A. Efficient onbard RGBD-SLAM for autonomous MAVs[C]// IEEE/RSJ International Conference on Intelligent Robots and Systems, Tokyo, 2013: 1062-1068.

[23]   MUR-ARTAL R, MONTIEL J M M, TARDOS J D. ORB-SLAM: a versatile and accurate monocular SLAM system [J]. IEEE transactions on robotics, 2015, 31(5): 1147-1163.

[24]   FOX D, BURGARD W, KRUPPA H., et al. A probabilistic approach to collaborative multi-robot localization [J]. Autonomous robots, 2000, 8(3): 325-344.

[25]   DANIEL K, NASH A, KOENIG S, et al. Theta*: any-angle path planning on grids [J]. Journal of artificial intelligence research, 2010, 39(1): 533-579.

[26]   NASH A, KOENIG S, LIKHACHEV M. Incremental Phi*: incremental any-angle path planning on grids [C]// International Joint Conference on Artificial Intelligence. San Mateo: Morgan Kaufmann Publishers Inc., 2009: 1824-1830.

[27]   ROESMANN C, FEITEN W, WOESCH T, et al. Trajectory modification considering dynamic constraints of autonomous robots[C]// 7th German Conference on Robotics, Munich, 2012: 1-6.

[28]   田永永, 李梁华. 基于速度方向判定的动态窗口法 [J]. 农业装备与车辆工程, 2018, 56(8): 39-42.

[29]   FOX D, BURGARD W, THRUN S. The dynamic window approach to collision avoidance [J]. IEEE robotics & automation magazine, 2002, 4(1): 23-33.

[30]   KANELLAKOPOULOS I, KOKOTOVIC P V, MORSE A S. Systematic design of adaptive controllers for feedback linearizable systems [J]. IEEE transactions on automatic control, 2002, 36(11): 1241-1253.

[31]   LEVANT A. Principles of 2-sliding mode design [J]. Automatica, 2007, 43(4): 576-586.

[32]   GU D, HU H. Receding horizon tracking control of wheeled mobile robots [J]. IEEE transactions on control systems technology, 2006, 14(4): 743-749.

[33]   ZHANG Q, LIU H HT. UDE-based robust command filtered backstepping control for close formation flight [J]. IEEE transactions on industrial electronics, 2018, 65(11): 8818-8827.

[34]   FERRARA A, INCREMONA G P. Design of an integral suboptimal second-order sliding mode controller for the robust motion control of robot manipulators [J]. IEEE transactions

on control systems technology, 2015, 23(6): 2316-2325.

[35] LIMA P F, NILSSON M, TRINCAVELLI M, et al. Spatial model predictive control for smooth and accurate steering of an autonomous truck [J]. IEEE transactions on intelligent vehicles, 2017, 2(4): 238-250.

[36] PAN S, TAN T, JIANG Y. A global continuation algorithm for solving binary quadratic programming problems [J]. Computational optimization & applications, 2008, 41(3): 349-362.

[37] DANG C, LEI X. A barrier function method for the nonconvex quadratic programming problem with box constraints [J]. Journal of global optimization, 2000, 18(2): 165-188.

[38] ZHANG Z J, LU Y Y, ZHENG L N, et al. A new varying-parameter convergent-differential neural-network for solving time-varying convex QP problem constrained by linear-equality [J]. IEEE transactions on automatic control, 2018, 63(12): 4110-4125.

[39] ZHANG Y, LI Z. Zhang neural network for online solution of time-varying convex quadratic program subject to time-varying linear-equality constraints [J]. Physics letters A, 2009, 373(18-19): 1639-1643.

[40] LI Z, DENG J, LU R, et al. Trajectory-tracking control of mobile robot systems incorporating neural-dynamic optimized model predictive approach [J]. IEEE transactions on systems man & cybernetics systems, 2017, 46(6): 740-749.

[41] KHOOGAR A R, TEHRANI A K, TAJDARI M. A dual neural network for kinematic control of redundant manipulators using input pattern switching [J]. Journal of intelligent & robotic systems, 2011, 63(1): 101-113.

[42] WANG J. Recurrent neural network for solving quadratic programming problems with equality constraints [J]. Electronics letters, 2002, 28(14): 1345-1347.

[43] ZHANG Y, JIANG D, WANG J. A recurrent neural network for solving sylvester equation with time-varying coefficients [J]. IEEE transactions on neural networks, 2002, 13(5): 1053-1063.

[44] MIAO P, SHEN Y, HUANG Y, et al. Solving time-varying quadratic programs based on finite-time Zhang neural networks and their application to robot tracking [J]. Neural computing & applications, 2015, 26(3): 693-703.

[45] MIAO P, SHEN Y, LI Y, et al. Finite-time recurrent neural networks for solving nonlinear optimization problems and their application [J]. Neurocomputing, 2016, 177: 120-129.

[46] ZHANG Z, FU T, YAN Z, et al. A varying-parameter convergent-differential neural network for solving joint-angular-drift problems of redundant robot manipulators [J]. IEEE/ASME transactions on mechatronics, 2018, 23(2): 679–689.

[47] MIKI T, LEE J, HWANGBO J, et al. Learning robust perceptive locomotion for quadrupedal robots in the wild [J]. Science robotics, 2022, 7(62): eabk2822.

[48] 孙新柱, 胡寿松. 多目标约束下的满意容错控制方法 [J]. 自动化学报, 2008, 34(8): 937-942.

[49] 徐俊艳, 张培仁. 非完整轮式移动机器人轨迹跟踪控制研究 [J]. 中国科学技术大学学报, 2004, 3(3): 121-125.

[50] WANG Z P, YANG W R, DING G X. Sliding mode control for trajectory tracking of nonholonomic wheeled mobile robots based on neural dynamic model [C]// Second WRI Global Congress on Intelligent Systems, Wuhan, 2010, 2: 270-273.

[51] MONTEMERLO M S, WHITTAKER W, THRUN S. Simultaneous localization and mapping

with unknown data association using fastSLAM [C]// Proceedings of the IEEE International Conference on Robotics & Automation (ICRA), Taipei, 2003, 2: 1985-1991.

[52]   曹政才, 赵应涛, 付宜利. 车式移动机器人轨迹跟踪控制方法 [J]. 电子学报, 2012, 40(4): 632-635.

[53]   ZHANG Z, LIN W, ZHENG L, et al. A power-type varying gain discrete-time recurrent neural network for solving time-varying linear system [J]. Neurocomputing, 2020, 388: 24-33.